Egon Bojkow

Getränke-verpackung und Umwelt

Auswirkungen der
Verpackung von Getränken
und flüssigen
Molkereiprodukten
auf die Umwelt

Daten und Fakten
zur Verpackungs-
diskussion

Springer-Verlag Wien New York

Dipl.-Ing. Dr. nat.techn. Egon Bojkow

Verpackungslabor für Lebensmittel und Getränke,
c/o Universität für Bodenkultur, Wien, Österreich

Mit 51 Abbildungen

CIP-Titelaufnahme der Deutschen Bibliothek

Bojkow, Egon:
Getränkeverpackung und Umwelt : Auswirkungen der Verpackung von Getränken und flüssigen Molkereiprodukten auf die Umwelt ; Daten und Fakten zur Verpackungsdiskussion / von Egon Bojkow. – Wien : Springer, 1989

ISBN-13:978-3-211-82134-3 e-ISBN-13:978-3-7091-9041-8
DOI: 10.1007/978-3-7091-9041-8

Vorwort

Umweltfragen der Konsumgüterverpackung, vor allem deren Beitrag zum Abfallproblem, nehmen heute einen breiten Raum in der öffentlichen Diskussion ein. Widersprüchliche Expertenaussagen, eine schier unüberblickbare Fülle an Publikationen und Fachbeiträgen sowie die meist tendenziöse Berichterstattung in den Medien machen es nicht nur der breiten Öffentlichkeit schwer, sich eine zutreffende Meinung zu diesem Thema zu bilden. Auch für den Lebensmittel- und Verpackungsexperten ist es mühevoll, sich aus den umfangreichen und divergierenden Darstellungen ein abgerundetes Bild für richtige Entscheidungen zu verschaffen. Schließlich spielen in der gesamten Umweltthematik nicht nur naturwissenschaftlich-technische Fragen, sondern auch wirtschaftliche Interessen eine gewichtige Rolle. So ist jeder Verpackungshersteller interessiert, seinem Erzeugnis auch über ein positives "Umweltimage" eine gute Marktposition zu verschaffen.

In der vorliegenden Darstellung wurde versucht, abseits subjektiver, wirtschaftlicher Interessen einen Überblick über die Umweltauswirkungen von Einweg- und Mehrwegverpackungen für stille und kohlensäurehältige Getränke zu geben, wobei auf die Kontroverse um die "umweltgerechte" Verpackung flüssiger Molkereiprodukte ausführlich eingegangen wurde. Soweit dies möglich war, wurde versucht, Lösungsansätze aufzuzeigen, die sowohl den funktionellen Aufgaben der Getränkeverpackung als auch volkswirtschaftlichen und umweltbezogenen Zielsetzungen gerecht werden. Dem eigentlichen Thema wurde in drei Kapiteln

- eine kurze Einführung in die technischen, wirtschaftlichen und umweltbezogenen Aufgaben der Lebensmittelverpackung
- eine Darstellung der produktbezogenen Anforderungen an Getränkeverpackungen
- sowie ein materialkundlicher Leitfaden über die Eigenschaften der wichtigsten Packstoffe und Packmittel für Lebensmittel und Getränke

vorangestellt.

Grundlage der vorliegenden, in einigen Kapiteln stark verkürzten Buchfassung ist eine in mehrjähriger Arbeit entstandene, umfangreiche Auswertung und Dokumentation der zu diesem Thema verfügbaren Literatur sowie eine von den Primärdaten ausgehende, nachvollziehbar aufbereitete Gegenüberstellung des einschlägigen Datenmaterials[1)].

Den Vereinigungen "Österreichische Milchinformationsgesellschaft" und "Verpackungslabor für Lebensmittel und Getränke" sei für die Anregung zu diesem Werk sowie für dessen Förderung gedankt.

Besonderer Dank gebührt Herrn Prof. Dipl.-Ing. Dr. H. Köttl vom Institut für Agrarökonomik an der Universität für Bodenkultur in Wien, der wesentlichen Anteil an der Erarbeitung des Grundkonzeptes hatte und dessen kritische Durchsicht in den einzelnen Phasen des Entstehens stets wertvolle Anregungen enthielt.

Weiters ist auch den Mitarbeitern des Verpackungslabors für Lebensmittel und Getränke, Herrn Ing. H. Schlair und Herrn Ing. G. Pötzl, für die oft bis in die späten Nachtstunden währende Mithilfe bei der Bearbeitung und Zusammenstellung des umfangreichen Datenmaterials zu danken. Schließlich sei auch Frau G. Szabo für die Übertragung des Manuskriptes in die endgültige Druckvorlage gedankt.

Den Mitarbeitern des Springer-Verlages danke ich für die stets angenehme Zusammenarbeit und für die sorgfältige Durchsicht der Druckvorlage. Wenn das Buch einigermaßen frei von Druckfehlern sein sollte, so haben sie wesentlichen Anteil daran.

Dem Bemühen um Objektivierung kontroversieller Standpunkte in dieser Thematik entsprechend, möge das vorliegende Werk zum besseren Verständnis von Umweltauswirkungen von Getränkeverpackungen im Hinblick auf eine sachgerechte Lösung der damit verbundenen Fragen und legislativen Vorhaben beitragen.

Wien, Dezember 1988 E. Bojkow

1) Diese kann vom
Verpackungslabor f. Lebensmittel u. Getränke
Universität für Bodenkultur
Gregor-Mendel-Straße 33
A-1180 Wien
Tel. 0222/31 63 21
bezogen werden.

Verzeichnis der Kapitel

Aufgaben der Lebensmittelverpackung

Inhaltsverzeichnis

Eine ausführliche, auf die technischen Grundlagen eingehende Darstellung der hier abgedruckten Kurzfassung dieses Kapitels kann vom

Verpackungslabor f. Lebensmittel u. Getränke
Universität für Bodenkultur
Gregor-Mendel-Straße 33
A-1180 Wien
Tel. 0222/31 63 21

bezogen werden.

1. Allgemeine Anforderungen an Lebensmittelverpackungen

1.1. Übersicht (1)(2)(3)(4)(5)

Verpackungen sind nicht Selbstzweck, sondern unentbehrliche Hilfsmittel zur Verbringung von Gütern in einwandfreiem Zustand, mit geringstem Aufwand vom Hersteller zum Verbraucher. Die in Übersicht 1 zusammengefaßten technischen, ökonomischen, rechtlichen, verbraucherorientierten und ökologischen Anforderungen sollen mit dem geringstmöglichen materiellen und wirtschaftlichen Aufwand (Ressourcenschonung und Kostengünstigkeit) erfüllt werden. Diese Forderung definiert das Verpacken von Gütern als Optimierungsaufgabe.

Übersicht 1: Spektrum der Anforderungen an Verpackungen

TECHNIK	Schutz des Packgutes vor Verlust, Verderb, Qualitätsabfall und Beschädigungen Rationalisierung und Erleichterung der Warendistribution durch Bildung lager- und versandfähiger Einheiten
ÖKONOMIE	Präsentation der Ware in verbrauchsgerechter, ansprechender Form Kostengünstigkeit hinsichtlich Verpackungsaufwand und Verpackungsleistung
RECHT	Beachtung geltender Rechtsvorschriften
VERBRAUCHER	Verbraucherfreundlichkeit bezüglich Produkterkennung, Information, Handling und Bequemlichkeit
UMWELT	Geringstmögliche Umweltbelastung bei Herstellung, Distribution, Gebrauch und Entsorgung

Durch die Verknüpfung von Anforderungen aus verschiedenen Fachgebieten, ergibt sich für die Verpackungstechnik eine interdisziplinäre Aufgabenstellung. Wie die Auflistung der wichtigsten Faktoren, welche beim Verpacken von Lebensmitteln berücksichtigt werden müssen, in Abb. 1 erkennen läßt, erstreckt sich die Aufgabe der Verpackungstechnik auf die Schaffung von Systemen, welche die Abwicklung des (zumeist automatisierten) Verpackungsvorganges, die Erfüllung logistischer Funktionen, sowie die Wiederverwendung, Verwertung oder problemlose Entsorgung verbrauchter Packmittel gewährleisten: Verpackungstechnik ist Systemtechnik.

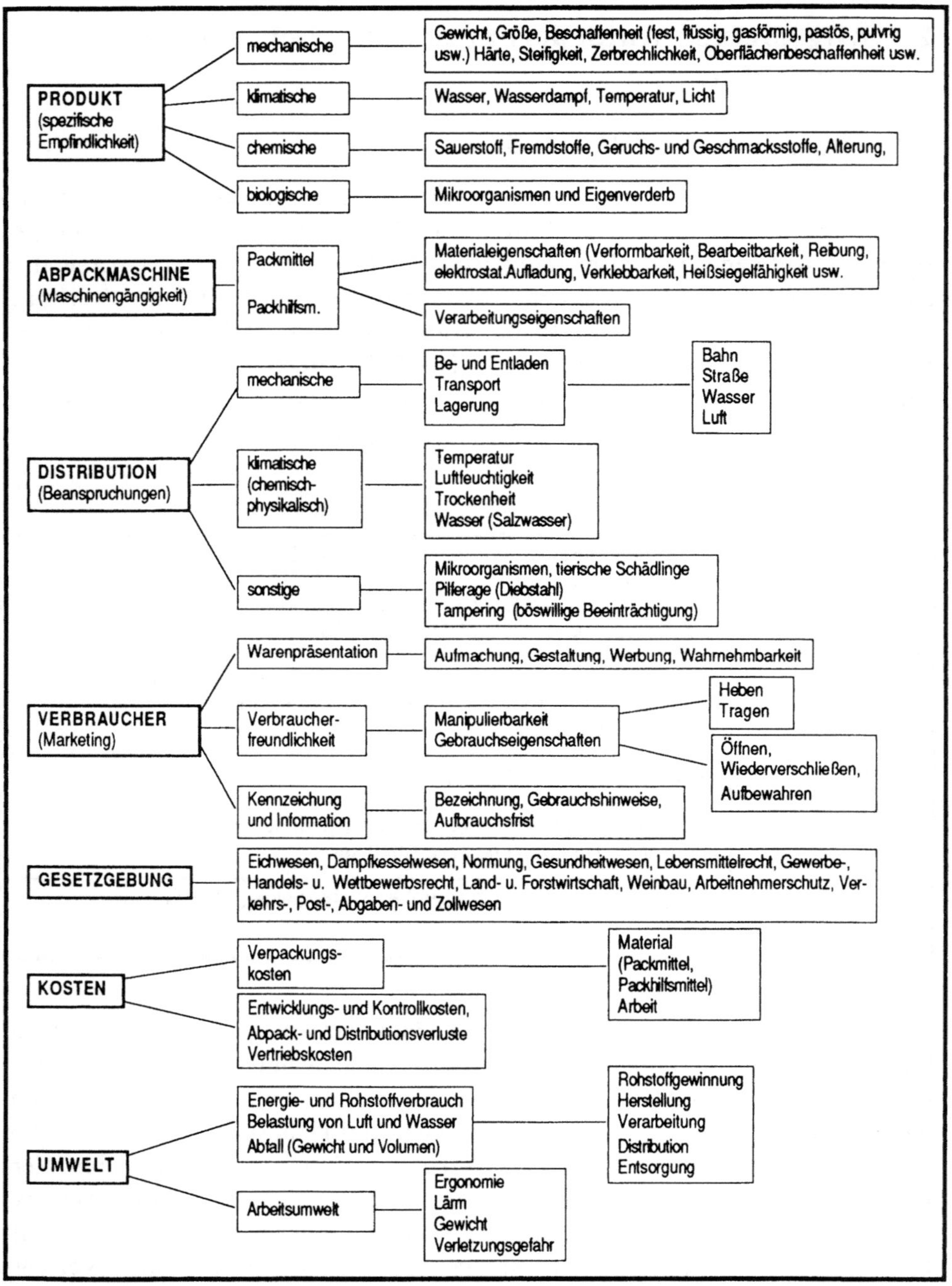

Abb. 1: Faktoren, die beim Verpacken von Lebensmitteln zu berücksichtigen sind

1.2. Schutz des Packgutes

1.2.1. Grundsätzliche Anforderungen (1)(5)(6)(7)

Wie Übersicht 2 zusammenfassend zeigt, soll die Verpackung das Gut vor Verunreinigungen durch Fremdstoffe, vor mechanischen Schäden, klimatischen Einflüssen, Qualitätseinbuße, tierischen Schädlingen, Mikroorganismen und - im Rahmen des Möglichen - vor Diebstahl (Pilferage) und unerwünschter Manipulation an der Ware (Tampering) schützen.

Die Vielzahl und Verschiedenartigkeit der einzelnen Packgüter stellt naturgemäß unterschiedliche Anforderungen an die Verpackung. Aufgrund der notwendigen Verpackungsmaßnahmen können Lebensmittel nach ihrer Empfindlichkeit gegenüber Außeneinflüssen und nach verpackungstechnisch relevanten Eigenschaften folgendermaßen gruppiert werden:

- vorwiegend wasserdampfempfindliche Lebensmittel
- vorwiegend sauerstoffempfindliche Lebensmittel
- lichtempfindliche Lebensmittel
- Lebensmittel mit Neigung zu mikrobiologischem Verderb
- flüssige Lebensmittel
- stark aromatische oder aromaempfindliche Lebensmittel
- und aggressive Füllgüter.

Voraussetzung für die Verwendung eines Packstoffes im Lebensmittelverkehr ist die Zulassung nach § 30 des Lebensmittelgesetzes (1975) und die grundsätzliche Eignung für den vorgesehenen Verwendungszweck.

1.2.2. Schutz vor mechanischen Schäden (1)(5)(8)

Als weitere vordringliche Aufgabe muß die Verpackung das Packgut auf dem Verteilungsweg vor mechanischen Schäden und substantiellem Verlust schützen. Bei Versand- oder Transportverpackungen muß nicht immer die Ware das Packgut sein. Viel häufiger besteht es aus Einzelhandelspackungen, die zu einem Packstück zusammengefaßt sind, das sicher und rationell gelagert und transportiert werden kann. Um den Schutz vor mechanischen Einwirkungen übernehmen zu können, muß die Transportverpackung gegenüber den zu erwartenden

- Stoßbeanspruchungen
- Stauchbeanspruchungen
- und Rüttelbeanspruchungen

Übersicht 2: Schutzfunktionen der Verpackung

SCHUTZ VOR	EINFLUSSFAKTOREN	BEISPIELE FÜR DEN EINFLUSS AUF DAS PACKGUT
MECHANISCHEN SCHÄDEN	Be- und Entladen, Transportieren und Lagern	Beschädigung, Verlust
KLIMATISCHEN EINFLÜSSEN	zu hohe Luftfeuchtigkeit	Erweichen, Klumpen, chem. u. mikrobiologische Veränderungen feuchtigkeitsempfindlicher Güter
	zu geringe Luftfeuchtigkeit	Hartwerden, Welken oder Austrocknen durch Feuchtigkeitsverlust, Gefrierbrand von Tiefkühlware, Auskanten von Butter
	Sonnenlicht und kurzwelliges, künstliches Licht	Zerstörung bestimmter Vitamine, Nähr- und Inhaltstoffe in Zusammenwirken mit Luftsauerstoff, nachteilige Veränderungen von Farbe, Geruch und Geschmack
QUALITÄTSEINBUSSE DURCH ABIOTISCHEN VERDERB	Luftsauerstoffeinwirkung	Zerstörung bestimmter Vitamine, Nähr- und Inhaltstoffe, nachteilige Veränderungen von Farbe, Geruch und Geschmack (wird durch Lichteinwirkung zumeist beschleunigt)
	Fremdstoffeinwirkung	Geruchs- und /oder Geschmacksübertragungen, Verunreinigungen
	Alterung und Eigenverderb	nachteilige Veränderung von Geruch, Geschmack, Aussehen und /oder Konsistenz
QUALITÄTSEINBUSSE DURCH BIOLOGISCHEN VERDERB	Mikroorganismen	Schimmelbildung, Gerinnen, Säuerung, Trübung, geschmackliche und geruchliche Veränderungen, Genußuntauglichkeit bis Gesundheitsschädlichkeit
	Nagetiere und Insekten	Fraßschäden, Ungenießbarkeit
DIEBSTAHL (PILFERAGE)	Mensch	wirtschaftliche Verluste
MANIPULATION AN DER WARE (TAMPERING)	Mensch	Veränderung, Verfälschung, Genußuntauglichkeit

ausreichende Festigkeit aufweisen und den Zusammenhalt der zu einer Versandeinheit zusammengefaßten Einzelhandelspackungen gewährleisten. Der Verbraucherpackung fällt der Schutz des Packgutes vor mechanischen Belastungen im Einzelhandel und beim Konsumenten zu.

1.2.3. Schutz vor klimatischen Einflüssen

Wasserdampfempfindliche Lebensmittel (1)(5)(9)
Aufgabe der Verpackung wasserdampfempfindlicher Lebensmittel ist es, das Packgut entweder vor Feuchtigkeitsaufnahme oder Feuchtigkeitsverlust zu schützen, wofür die Wasserdampfdichtigkeit der Verpackung auf die zulässige Änderung des Wassergehaltes im Produkt sowie auf die erforderliche Haltbarkeitszeit abgestimmt sein muß.

Gase oder Dämpfe können durch Poren im Packstoff (z.B. an Verschluß- oder Knickstellen) infolge Diffusion oder Strömung durchtreten. Durch unverletzte, für Gase oder Dämpfe durchlässige Packstoffe findet der Durchtritt infolge Lösungsdiffusion statt. Letzterer ist mit Ausnahme von Glas und Metallen bei allen Packstoffen mehr oder minder stark der Fall und muß bei der Packstoffauswahl für gas- und wasserdampfdichte Verpackungen (z.B. für Vakuum-, Schutzgas- oder Druckgaspackungen) entsprechend berücksichtigt werden.

Sauerstoffempfindliche Lebensmittel (1)(5)(10)
Die Barriereeigenschaften gegenüber Sauerstoff müssen bei der Verpackung sauerstoffempfindlicher Güter berücksichtigt werden, wobei zwei Erfordernisse im Auge zu behalten sind:
- die genügende Absenkung des Sauerstoffangebotes im Freiraum der Packung, um eine unzulässige Qualitätsminderung bis zur Aufbrauchsfrist zu vermeiden
- die Auswahl geeigneter Packmittel, um ein Einwandern von Luftsauerstoff in die Packung aufgrund eines Gesamt- oder Partialdruckunterschiedes zur Umgebungsatmosphäre im notwendigen Ausmaß zu verhindern.

Lichtempfindliche Lebensmittel (1)(5)(11)
Der Schutz lichtempfindlicher Lebensmittel vor schädigenden Lichtstrahlen ist durch Auswahl entsprechend lichtdichter, bzw. die schädlichen Wellenlängen des Lichtes (UV- und kurzwelliges Licht) absorbierender Packmittel sicherzustellen.

1.2.4. Schutz vor der Einwirkung von Mikroorganismen (1)

Obwohl - sterile Lebensmittel ausgenommen - die Vermeidung des Verderbs durch Mikroorganismen primär eine hygienische und nicht eine verpackungstechnische Aufgabe ist, fällt der Schutz vor Kontamination auf dem Verteilungsweg dennoch der Verpackung zu. Auch müssen die Packmittel je nach Haltbarkeit und Neigung des Füllgutes zu mikrobiologischem Verderb entsprechend keimarm sein. Dies setzt deren Herstellung, Transport und Lagerung unter strengsten hygienischen Bedingungen voraus. Bei Mehrweggebinden muß ein entsprechend niedriger Keimgehalt durch ausreichende Reinigungs- und Desinfektionsbehandlung sichergestellt werden. Auch bei Packmitteln, die zusammen mit dem Lebensmittel sterilisiert werden, ist durch entsprechende Hygienemaßnahmen der Keimgehalt ebenso niedrig zu halten wie bei Packmitteln für die aseptische Abpackung, die vor dem Befüllen noch einem Entkeimungsprozeß unterzogen werden müssen. Weiters dürfen die Packmittel keine Poren aufweisen, durch welche Mikroorganismen durchtreten können, was zu Nachinfektionen und Verderb des Füllgutes führen kann.

1.2.5. Verpackung flüssiger oder fetter Lebensmittel (1)

Verpackungen für flüssige Lebensmittel dürfen keine Poren in Verschlüssen, Knickstellen und Heißsiegel- bzw. Schweißnähten aufweisen, durch die Füllgut durchtreten kann. Behältnisse für kohlensäurehältige Flüssigkeiten, die unter Innendruck stehen, müssen zusätzlich entsprechende Innendruckfestigkeit und Gasdichtigkeit des Werkstoffes sowie des Verschlusses aufweisen.

Da Fettdichtigkeit praktisch auf Öldichtigkeit und damit auf Flüssigkeitsdichtigkeit hinausläuft, gleichen die Anforderungen an Verpackungen für fette Lebensmittel grundsätzlich jenen für flüssige Füllgüter. Darüberhinaus muß noch auf Fettbeständigkeit und Freiheit des Packstoffes von Kupfer- und Eisenionen geachtet werden.

1.2.6. Verpackung stark aromatischer oder aromaempfindlicher Lebensmittel (1)

Für die Auswahl einer Verpackung für stark aromatische oder aromaempfindliche Lebensmittel ist entscheidend, ob der Aromaverlust eines verpackten Lebensmittels verhindert werden soll oder ob die Einwirkung von Fremdaromen auf ein - meist wenig Eigenaroma aufweisendes und daher aromaempfindliches - Füllgut vermieden werden soll. Packmittel für stark aromatische Füllgüter werden in der Regel aus gas- und wasserdampfdichten Materialien hergestellt, die gleichzeitig wasser- und fettdicht sind. Da natürliche Aromen aus einer Vielzahl oft unbekannter Komponenten mit unterschiedlicher Geruchsintensität und Flüchtigkeit bestehen, deren Permeation durch den Packstoff selektiv erfolgt, gibt es - Glas und Metalle ausgenommen - keine allgemeine Aromadichtigkeit. Sie ist für das spezielle Gut in jedem Einzelfall zu prüfen. Es darf auch nicht übersehen werden, daß Packstoffe gelegentlich einen schwachen Eigengeruch oder -geschmack aufweisen, der sich auf das Packgut übertragen kann. Papiergeruch, Korkgeschmack, Metallgeschmack, Klebstoff- oder Druckfarbengeruch sind bekannte Begriffe. Deshalb müssen Packmittel insbesondere für geruchs- und geschmacksempfindliche Lebensmittel ständig sensorischen Prüfungen unterzogen werden.

1.2.7. Verpackung aggressiver Füllgüter (1)

Aggressive Füllgüter mit niedrigem oder hohem pH-Wert können metallische Packmittel angreifen. Obwohl die Korrosionsanfälligkeit von Metalldosen relativ selten den begrenzenden Haltbarkeitsfaktor für Sterilkonserven darstellt, führt sie aber zum Metallübergang auf das Füllgut, dessen damit verbundener Abfall im Genußwert unerwünscht ist. Schließlich ist die Anreicherung eines Lebensmittels mit Metallen bereits in physiologisch unbedenklichen Mengen geschmacklich wahrnehmbar. Um dies zu vermeiden, werden Metalldosen zumeist innenlackiert. Eine weitere Schutzmaßnahme ist die sorgfältige, sauerstofffreie Abfüllung aggressiver Füllgüter. Bei Kunststoffen kann es durch Einwirken polarer Substanzen und gleichzeitiges Vorhandensein mechanischer Spannungen zur Spannungsrißkorrosion kommen, von der Polyäthylen hoher Dichte und Polystyrol besonders bedroht sind.

1.2.8. Schutz vor tierischen Schädlingen (1)

Zum Schutz vor tierischen Schädlingen ist die Bekämpfung von Ungeziefer und Schädlingen in Fabrikations- und Lagerräumen sowie in Transportmitteln weitaus rationeller als die Verwendung absolut insekten- oder nagetiersicherer Verpackungen.

1.2.9. Schutz vor Diebstahl und unerlaubter Manipulation (1)(5)(12)

Diebstahl und unerlaubte Manipulation an der Ware sind Probleme, denen seitens der Verpackung nur in begrenztem Ausmaß begegnet werden kann. Verschlüsse, die ein unbefugtes Öffnen mit nachfolgendem Wiederverschließen der Packung erkennen lassen oder schwierig zu "reparieren" sind, bieten einen gewissen Schutz vor Warenmanipulation. Auf Karton kaschierte Blisterpackungen für kleinstückige Packgüter erschweren den im Selbstbedienungshandel zur fixen Kalkulationspost gewordenen (kleinen) Warendiebstahl, erwecken aber beim Käufer den Eindruck eines übertriebenen Verpackungsaufwandes.

1.3. Rationalisierung und Erleichterung der Distribution

1.3.1. Grundsätzliches (13)(14)

Aufgabe der Warendistribution ist es, Güter
- in entsprechender Menge
- zur richtigen Zeit
- und am richtigen Ort

mit dem geringstmöglichen Aufwand bereitzustellen, was durch länger gewordene Verteilungswege (infolge des industriellen Konzentrationsprozesses) und den intensiven, internationalen Warenaustausch einen nicht zu unterschätzenden Einfluß auf den Letztverbraucherpreis hat. Durch den Zwang zur Kostensenkung und Rationalisierung und den Übergang zum Selbstbedienungssystem verlagerte sich das Portionieren und Abpacken der Waren vom Lebensmitteleinzelhandel zum Hersteller, der diese Dienstleistungen mit Automaten rascher und kostengünstiger abwickeln kann. Auf dem Verteilungsweg, der die Stufen
- Herstellen und Konfektionieren
- Portionieren und Abpacken
- Transportieren und Lagern
- Anbieten und Verkaufen
- Nutzen und Beseitigen

umfaßt, bestimmt die Gestaltung einer Stufe die Höhe der Aufwendungen in den anderen Stufen, weshalb eine optimale Ausrichtung der Distributionskette nicht isoliert auf den geringstmöglichen Aufwand in jeder einzelnen Stufe, sondern auf den geringsten Gesamtaufwand abzielen muß.

Die Voraussetzungen für eine Verpackung, welche sich optimal in die Transportkette einfügt, müssen

- bei der Verpackungsplanung geschaffen werden
- den innerbetrieblichen Materialfluß berücksichtigen
- auf eine optimale Nutzung der Transport- und Lagerkapazität (Raum und Gewicht) auf dem Vertriebsweg
- und auf eine den lokalen Gegebenheiten angepaßte Abwicklung des Warenumschlages abzielen.

Die Transportverpackung muß auf rationellen Einsatz von Förder- und Hebeeinrichtungen an den Umschlagplätzen abgestimmt sein, wofür

- die Normung der Packmittel
- modulgerechte Abmessungen der Verbraucher- und Transportverpackung
- die Bildung transportsicherer und stapelfähiger Versandeinheiten durch Palettierung, Ladungssicherung oder Containerisierung
- einzelhandelsgerechte, auf die Regalmaße abgestimmte, leicht manipulierbare Packstücke und Packstückgewichte

Voraussetzung sind.

Palettengerechte, leichte, platzsparende (z.B. quaderförmige) und stapelfähige Packmittel werden *nicht* geradflächigen (z.B. ovalen oder zylindrischen), nicht stapelfesten und schwereren Verpackungen vorgezogen. Modulgerechte und platzsparende Verpackungen erhöhen durch Verbesserung der Lieferfähigkeit, -schnelligkeit und -sicherheit die Marktpräsenz einer Ware. Dies hat zusammen mit dem Zwang zur Kostensenkung und Rohstoffeinsparung die fortschreitende Verdrängung herkömmlicher Packmittel, wie z.B. Glasflaschen durch Verbundkartonverpackungen oder Kunststoffbehältnisse, bei stillen Getränken bewirkt. Mehrweggebinde erhöhen durch

- Pfandverrechnung und zusätzliche Kontrollarbeiten
- Manipulations- und Umschlagaufwand für den Gebinderücktransport
- größer werdende Entfernungen zwischen Produktionsbetrieben und Verbrauchermärkten
- höheres Gewicht und größeren Raumbedarf (gegenüber logistisch günstigeren Einweg-Verpackungssystemen insbesondere für stille Getränke)
- Unterhalt beachtlicher, zusätzlicher Lagerkapazitäten zur Lagerung der Leergebindereserven zwischen saisonal bedingten Absatzspitzen

den Distributionsaufwand. Die Größe des Versorgungsbereiches und die

Effektivität des Gebinderücklaufes, der bei Nichtvorhandensein einer betriebseigenen Distributionskette wesentlich geringer ist, setzen dem Mehrwegsystem ökonomische und ökologische Grenzen.

1.3.2. Rationalisierung beim Abpacker (13)(14)

Der Abpacker ist bestrebt, durch weitgehende Ausnutzung seiner Fördereinrichtungen bei der Übernahme der Packmittel und deren innerbetrieblichem Transport, diese zeitsparend an die Zuführungseinrichtungen der Verpackungsmaschinen heranzubringen. Nach dem (meist vollautomatisierten) Portionieren und Verpacken werden - entsprechende Abpackeinrichtungen vorausgesetzt - ebenfalls vollautomatisch transportgerechte Packstücke gebildet und dem Zwischen- oder Auslieferungslager zugeführt. All dies setzt die Automateneignung der zugekauften Packmittel, Packhilfsmittel sowie der fertigen Verbraucher- und Transportverpackungen voraus. Der durch zunehmende Automation erzielte Rationalisierungseffekt wird allerdings durch einen immer kleiner werdenden Spielraum für Verpackungsänderungen erkauft.

1.3.3. Rationalisierung beim Transporteur (13)(14)

Der Transporteur ist an einer möglichst raschen Abwicklung der Umschlagarbeiten, optimalen Nutzung der Ladekapazität und größtmöglichen Ladungssicherheit interessiert. Für Waren, die während des Transportes eine Reifung bzw. Alterung erfahren, wird der Zeitfaktor in der Distributionskette zusätzlich zur qualitativen Komponente.

1.3.4. Rationalisierung der Lagerung (13)(14)

Da Produkte auch während des Transportes lagern, ergibt sich eine gewisse Überschneidung zwischen Lager- und Transportfunktion. Für die Ausnutzung der Lagerkapazität ist die Stapelfähigkeit der Transporteinheiten ein wesentliches Kriterium. Für nicht stapelfähige Transporteinheiten werden deshalb vielfach Regallager verwendet, deren Beschickung und Leerung mit Hilfe von Hubstaplern oder elektronisch gesteuerten Einrichtungen erfolgt. Ein weiterer Vorteil des Regallagers liegt im unmittelbaren Zugriff zu jeder Transporteinheit und in der leichten Realisierbarkeit der "first in - first out"-Regel bei der Lagerumwälzung.

1.3.5. Rationalisierung im Handel (13)(14)(15)(16)

Die Rationalisierung auf der Handelsstufe wurde durch den Übergang zum Selbstbedienungssystem vollzogen. Neben wirtschaftlichen Entwicklungen (Konjunktur, Personalmangel und Preisdruck) begünstigte die bessere Erfüllung der Marktfunktion durch

- den größeren Sortimentumfang
- das gleichzeitige Lagern und übersichtliche, konsumgerechte Präsentieren der Waren
- das Überwälzen der Verkaufsinformation und Werbung auf die Verpackung bzw. auf Verkaufshilfen (z.B. Display-Verpackungen)
- das Zurückverlegen des Portionierens und Verpackens auf den Warenproduzenten
- die Übertragung der Regalentnahme und Einkaufszusammenstellung auf den Käufer
- und den weitgehenden Verzicht auf Schaufenstergestaltung

diese Entwicklung, welche auch den Tätigkeitsumfang des Verkaufspersonals beträchtlich reduzierte. Dennoch entfallen durch das

- Entfernen logistisch notwendiger Umverpackungen
- Auspreisen der Waren
- und Plazieren derselben im Verkaufsraum

die meisten manipulationsintensiven Arbeiten innerhalb der Verteilungskette auf den Einzelhandel, weshalb dieser berechtigterweise auch Einfluß auf die Verpackungsgestaltung in bezug auf Gewicht, Volumen, Handlichkeit und Manipulationsaufwand nimmt.

1.4. Verbraucherfreundlichkeit

1.4.1. Warenpräsentation (16)(17)(18)

Neben einem den Verbraucherwünschen entsprechenden Produktkonzept ist dessen Umsetzung in der Warenpräsentation mit Hilfe einer verbraucherfreundlichen Verpackungsgestaltung für den Kaufentscheid mitbestimmend. Erkennbarkeit eines Produktes und Differenzierung gegenüber Konkurrenzprodukten im Warenregal sowie Übereinstimmung von Aufmachung und Inhalt sind hiefür wesentliche Kriterien. Um sich im Selbstbedienungshandel "selbst zu verkaufen", muß sich eine Verpackung verkaufsfördernd präsentieren, auch wenn mehrere Packungen nebeneinander, übereinander oder hintereinander im Regal ausgeschlichtet sind.

Letztlich ist das technisch perfekte Aussehen der Verpackung ein entscheidendes Auswahlkriterium für den Konsumenten, da beschädigte und unansehnliche Packungen wieder ins Regal zurückgestellt werden. Im Einzelhandel, am sogenannten "point of sale" entscheidet sich letztlich, ob das Verpackungskonzept seinen Zweck, den Absatz eines Produktes sicherzustellen, erfüllt hat. Wahrnehmungspsychologische Kriterien, wie Auffälligkeit, Produkt- bzw. Markenerkennbarkeit und Lesbarkeit der Produktkennzeichnung sind in diesem Zusammenhang besonders zu beachten.

1.4.2. Verbraucherinformation (18)(19)

Die ausreichende Information des Verbrauchers ist eine weitere essentielle Funktion der Verpackung. Im Selbstbedienungshandel muß sie das Verkaufsgespräch ersetzen, weshalb wichtige Beschriftungen kurz und noch in einiger Entfernung gut lesbar sein sollen. Grafische Darstellungen sollten naturgetreu und von hoher Druckqualität sein. Größe und Aufmachung der Verpackung soll mit Quantität und Qualität des Inhaltes übereinstimmen, wobei marktschreierische Gestaltung auf lange Sicht ebenso abträglich ist wie mangelhafte Ausstattung.

1.4.3. Gebrauchseigenschaften (16)(17)(18)(20)(21)

Während anfänglich die technischen Anforderungen des Produktschutzes und der Warendistribution bei der Verpackungsgestaltung im Vordergrund standen, wird durch die Wettbewerbssituation, den Fortschritt in der Verpackungstechnik und die Umweltdiskussion heute mehr Wert auf verbraucher- und "umweltfreundliche" Verpackungen (bzw. was allgemein dafür gehalten wird) gelegt.

Eine selbstbedienungsgerechte Verpackungsgestaltung berücksichtigt aber auch konsumentenbezogene Handhabungskriterien, wie

- Trage- und Entnahmemöglichkeit mit einer Hand (weil die zweite Hand oft durch den Tragekorb behindert ist)
- ausreichende Festigkeit und Sicherheit der Verpackung (um gegenseitiges Beschädigen im Tragekorb oder im Einkaufswagen zu vermeiden).

Beim Nachhausetransport spielen

- ausreichende Dichtigkeit gegenüber dem Füllgut oder unerwünschten Außeneinflüssen sowie Unempfindlichkeit gegenüber mechanischen Beschädigungen

- Kompaktheit (insbesondere von Mehrstück- und Transportverpakkungen)
- geringes Verpackungsgewicht
- und unproblematische Transportierbarkeit

eine wichtige Rolle. Für die Lagerung im Haushalt sind

- platzsparende Unterbringung (vor allem im Kühlschrank)
- und Dichtigkeit (auch nach dem Wiederverschließen)

bedeutsam. Beim Gebrauch sind problemloses Öffnen, Entleeren oder portionsweises Entnehmen und Wiederverschließen der Verpackung Kriterien, die den Wiederverkauf in nicht zu unterschätzender Weise mitbestimmen.

Zusätzlich dient die Verpackung der Warenhygiene und schafft die Voraussetzungen für ein reichhaltiges Warenangebot und längere Haltbarkeit, was die Haushaltsbevorratung erleichtert. Oft haben Verpakkungen durch ihre Weiterverwendbarkeit noch einen Zweitnutzen.

Obwohl allgemein "umweltfreundliche" Verpackungen verlangt werden, bevorzugt der überwiegende Teil der Konsumenten, insbesondere der berufstätige Verbraucher, praktische und der Bequemlichkeit entgegenkommende Verpackungen. Aber auch für den umweltbewußten Konsumenten muß eine Verpackung primär zweckentsprechend sein. Nicht funktionsgerechte Verpackungen rufen Kritik hervor.

1.5. Wahrnehmung umweltorientierter Anforderungen (22)(23)(24)

Auf die Umweltauswirkungen Bedacht nehmende Verpackungskonzepte berücksichtigen die in Übersicht 3 zusammengefaßten Anforderungen. Diese kommen nicht nur der Forderung nach weitestgehender Schonung der Ressourcen und Umwelt, sondern auch nach Wirtschaftlichkeit entgegen. Insofern herrscht auf dem Verpackungsgebiet kein grundsätzlicher Konflikt zwischen technischen, wirtschaftlichen und ökologischen Zielsetzungen. Inwieweit diese bei Herstellung, Gebrauch und Entsorgung einer Verpackung realisiert wurden, bedarf der Erstellung eines Umweltprofils (einer sog. "ÖKO-Bilanz") für das betreffende Verpackungssystem, worauf so wie auf die Erfüllung umweltorientierter Anforderungen durch die gebräuchlichsten Getränkeverpackungen in den Kapiteln V und VI ausführlich eingegangen wird. Die Beurteilung der "Umweltfreundlichkeit" einer Verpackung allein aufgrund des Packstoffes, aus dem sie hergestellt wurde, führt zu Fehlschlüssen.

Übersicht 3: Umweltorientierte Anforderungen an Verpackungen

ANFORDERUNGEN	ZIELSETZUNGEN
geringstmöglicher Rohstoff- und Energieverbrauch	Schonung der Ressourcen
geringstmögliche Luft- und Wasserbelastung bei Herstellung, Distribution, Gebrauch und Entsorgung	Schonung essentieller Lebensgrundlagen
möglichst geringes Gewicht	Einsparung an Transportenergie und Erleichterung der Gütermanipulation
optimale Nutzung der Raumkapazität	Verringerung der Umweltauswirkungen baulicher Einrichtungen sowie von Transportmitteln
möglichst geringer Beitrag zum Litterproblem	keine Naturverschandelung, saubere Straßen und Plätze
Verbesserung der Arbeitsumwelt	weniger Lärm, Gewicht und Verletzungsgefahr
Wiederverwendbarkeit[1)], Verwertbarkeit[1)] oder unproblematische Entsorgbarkeit	Beitrag zur Abfallvermeidung bzw. zur umweltschonenden Abfallbeseitigung

1) im technisch möglichen, organisatorisch durchführbaren sowie wirtschaftlich und ökologisch vertretbaren Ausmaß

1.6. Berücksichtigung bestehender Rechtsvorschriften (25)

1.6.1. Verpackung und Kennzeichnung von Waren

Wie in den meisten industrialisierten Ländern wurden auch in Österreich Gesetze und Verordnungen erlassen, die direkt oder indirekt auf die Verpackung oder Kennzeichnung von Waren Bezug nehmen. Sie entsprechen dem Wunsch des Gesetzgebers, der zunehmenden Bedeutung der Verpackung im Warenverkehr Rechnung zu tragen und durch ein System von Gesetzen und Richtlinien zu regeln. Der Schwerpunkt des gesetzgeberischen Wirkens liegt naturgemäß neben den im Haushalt verwendeten Chemikalien, wie Haushaltsreiniger und Arzneimittel, auf dem Lebensmittelsektor sowie beim Transport gefährlicher Güter.

Insgesamt regeln 236 Gesetze, Verordnungen und Erlässe diese Materie, von denen in den Übersichten 4 - 8 nur die wichtigsten, auf Lebensmittelverpackungen bezogenen Rechtsvorschriften, nach Fachbereichen geordnet, angeführt werden. Sie betreffen

- das Eichwesen, Dampfkesselwesen und die Normung
- das Gesundheitswesen und Lebensmittelrecht
- das Gewerbe-, Handels- und Wettbewerbsrecht
- Land- und Forstwirtschaft sowie Weinbau
- den Arbeitnehmerschutz
- sowie die Verpackung und Kennzeichnung von Waren.

1.6.2. Verkehrs- und Postwesen

Im Verkehrs- und Postwesen wird insbesondere der Transport gefährlicher Güter durch eine Vielzahl nationaler Vorschriften geregelt, die auch in der österr. Rechtsordnung ihren Niederschlag fanden. Den normierenden Überbau für alle Transportvorschriften bilden die "UN-Empfehlungen", welche auch Verpackungsempfehlungen enthalten.

Weiters sei erwähnt, daß Post und Bahn in Schadensfällen auf die Einrede der mangelhaften Verpackung verzichten, wenn geprüfte und zugelassene "transportsichere" Verpackungen verwendet werden.

1.6.3. Export und Import

Für den Export und Import verpackter Waren existiert eine nahezu unübersehbare Fülle von Verpackungsvorschriften, die es erforderlich macht, sich vor Durchführung grenzüberschreitender Handelsgeschäfte mit verpackten Waren über einschlägige Vorschriften des Empfängerlandes oder auch der Transitländer genau zu informieren. Das gleiche gilt auch für das Abgaben- und Zollwesen, das mit seinen gesetzlichen Grundlagen häufig Bezug auf die Warenverpackung oder deren Beschaffenheit nimmt.

Verpackungsvorschriften im Export und Import beziehen sich sowohl auf die Beschriftung, Markierung und Kennzeichnung von Packstücken als auch auf die Erfüllung bestimmter Voraussetzungen, wie z.B. die Schutzbehandlung von Verpackungen aus Holz gegen Schädlingsbefall oder das Verbot der Einfuhr gebrauchter Verpackungen.

I/18

Übersicht 4: Österreichische Rechtsvorschriften für die Verpackung von Lebensmitteln, Verzehrprodukten und Zusatzstoffen
Bereich: EICHWESEN, DAMPFKESSELWESEN UND NORMUNG

GESETZ / VERORDNUNG	BGBl. Nr.	BEZUGNAHME
Maß- und Eichgesetz	152/1950 i.d.F. 174/1973	Gewichtsstücke und Waagen einschließlich Zählwaagen und Wägemaschinen Abfüllmaschinen Lager- und Transportbehälter Korbflaschen Schankgefäße Flaschen
Flaschenverordnung	182/1968	Flaschen aus Glas, Porzellan, Steinzeug oder anderen formfesten Werkstoffen sowie aus elastischen Werkstoffen (Kunststoffen) für den einmaligen Gebrauch, für flüssige Lebensmittel mit Nenninhalten von 0,1 - 2,0 l, ausgenommen Syphonflaschen (Sonderregelungen für Suppenwürze-, 0,33 l Bier-, Mineralwasser- u. Milchflaschen mit innerem Halsdurchmesser > 25 mm)
Dampfkesselverordnung (inkl. Ausnahmebestimmungen)	83/1948 i.d.F. 510/1986	Versandbehälter für verdichtete oder unter Druck gelöste Gase Druckgaspackungen und Kartuschen Versandbehälter für kohlensäurehältige Getränke nahtlose Aluminiumflaschen Blechdosen unter Druck befüllte und verschlossene Glasflaschen (Syphonflaschen) Ein- oder Mehrweg-Glasflaschen für CO_2-hältige Getränke
Normengesetz	240/1971	ÖNORM-Kennzeichen nur für einige Erzeugnisse bindend

Übersicht 5: Österreichische Rechtsvorschriften für die Verpackung von Lebensmitteln, Verzehrprodukten und Zusatzstoffen
Bereich: GESUNDHEITSWESEN, LEBENSMITTELRECHT (Teil 1)

GESETZ / VERORDNUNG	BGBl. Nr.	BEZUGNAHME
Bundesgesetz über natürliche Heilvorkommen und Kurorte	272/1958	Kennzeichnung von Tafelmineral- und Tafelquellwässern
Mineralwasserverordnung	526/1935	Abfüllung von Tafelmineral- und Tafelquellwässern nur in Glasflaschen
Lebensmittelgesetz	86/1975	Inverkehrbringung von Lebensmitteln, Verzehrprodukten, Zusatzstoffen, kosmetischen Mitteln und Gebrauchsgegenständen (Packmittel und Packhilfsmittel) sowie deren Kennzeichnung
Lebensmittelkennzeichnungsverordnung	627/1973	Kennzeichnung verpackter Lebensmittel, Verzehrprodukte, Zusatzstoffe (Einzelhandels- und Transportverpackungen)
Fleischuntersuchungsgesetz	522/1982	Verpackungsmaterial und Verpackungsvorgang (Hygiene)
Fleischhygieneverordnung	280/1983	Verpackungsmaterial und Verpackungsvorgang (Hygiene)
Fleischuntersuchungsverordnung	142/1984	Verpackung, Kennzeichnung und Lagerung von entbeintem Fleisch während des Gefriervorganges
Geschirrverordnung	258/1960	Zinntuben oder -folien, Konservendosen, Tuben, Folien und Behältnisse bzw. deren Verschlüsse, Schläuche für flüssige Lebensmittel und Dichtungsringe aus Kautschuk
Süßstoffverordnung	DRGBl I/ 1939, S. 366	Kennzeichnung von Verpackungen für Süßstoffe Kennzeichnung von Verpackungen von unter Verwendung von Süßstoffen hergestellten Lebensmitteln Kennzeichnung diätetischer, unter Verwendung von Süßstoff und Zucker hergestellter Lebensmittel

I/20

Übersicht 5: Österreichische Rechtsvorschriften für die Verpackung von Lebensmitteln, Verzehrprodukten und Zusatzstoffen
Bereich: GESUNDHEITSWESEN, LEBENSMITTELRECHT (Teil 2), ABFALL

GESETZ / VERORDNUNG	BGBl. Nr.	BEZUGNAHME
Verordnung über den Verkehr mit Enteneiern	118/1947	Kennzeichnung von Packungen für Enteneier
Verordnung über die Bezeichnung der örtlichen Herkunft von gebrannten, geistigen Getränken	152/1953	Ersichtlichmachung der Herkunft bzw. Fertigstellung gebrannter, geistiger Getränke
Verordnung über den Verkehr mit Honig und Kunsthonig	262/1954	Bezeichnungsvorschriften
Verordnung über den Verkehr mit Essigsäure zu Genußzwecken	148/1959	Art der Verpackung für Essig mit mehr als 15 % wasserfreier Essigsäure, gläserne Großbehältnisse für die gewerbliche Verwendung
Speiseeisverordnung	6/1973	Verpackungen von Speiseeis
Verordnung vom 2.4.1901, womit die Verwendung ungenießbarer Gegenstände für Eßwaren sowie das Verkaufen und Feilhalten solcher mit ungenießbaren Gegenständen versehenen Eßwaren verboten wird	-	Einschränkung der Verwendung von Metall- und Holzteilen in oder in Verbindung mit zum Verkauf bestimmten Eßwaren (Metallklammern und Holzstäbchen zum Abbinden von Würsten)
Sonderabfallgesetz	186/1983	Inverkehrbringung bestimmter Verpackungen (Beschränkungen oder Verbote)

I/21

Übersicht 6: Österreichische Rechtsvorschriften für die Verpackung von Lebensmitteln, Verzehrprodukten und Zusatzstoffen
Bereich: GEWERBE, HANDELS- UND WETTBEWERBSRECHT

GESETZ / VERORDNUNG	BGBl. Nr.	BEZUGNAHME
Bundesgesetz gegen unlauteren Wettbewerb	531/1923 i.d.F. 120/1980 wvlb. 448/1984	Gestaltung, Ausstattung und Informationsinhalt von Verpackungen, Mogelpackungen
Verordnung über portugiesische Weine	140/1952	Führung der Herkunftsbezeichnung "Porto" oder "Madeira"
Verordnung für Schokolade in Tafeln, Riegeln oder Blöcken	309/1970	Gewichte der im Einzelhandel abzugebenden Stücke
Preisgesetz	260/1976 i.d.F. 265/1984	Angabe des Bruttopreises auf Sachgütern, die an den Letztverbraucher abgegeben werden
Grundpreisauszeichnungsverordnung	276/1982 i.d.F. 279/1983	zusätzliche Angabe des Liter- bzw. Kilopreises bei unrunden Abpackmengen
Internationales Abkommen über die Anwendung der Ursprungsbezeichnung für Käse (Stresa)	135/1955	Herkunfts- oder Gattungsbezeichnungen

I/22

Übersicht 7: Österreichische Rechtsvorschriften für die Verpackung von Lebensmitteln, Verzehrprodukten und Zusatzstoffen
Bereich: ARBEITNEHMERSCHUTZ

GESETZ / VERORDNUNG	BGBl. Nr.	BEZUGNAHME
Verordnung, mit welcher das Gewerbe der Sodawassererzeugung an eine Konzession gebunden wird	212/1910	Beschaffenheit von Kohlensäurebehältern Reinigung, Abfüllung und Lagerung von Sodawasserflaschen
Verordnung, womit Heimarbeit in gewissen Erzeugungszweigen aus Gründen des Verbraucherschutzes verboten wird	227/1956	Verpackung von Lebens- und Genußmitteln sowie von Heil- und kosmetischen Mitteln
Arbeitnehmerschutzgesetz	544/1982	vorstehende, spitze Gegenstände an Betriebsmitteln, Transportbehältern, Verpackungsmaterial u. dergl.

Übersicht 8: Österreichische Rechtsvorschriften für die Verpackung von Lebensmitteln, Verzehrprodukten und Zusatzstoffen
Bereich: LAND- UND FORSTWIRTSCHAFT, WEINBAU

GESETZ / VERORDNUNG	BGBl. Nr.	BEZUGNAHME
Milch-Qualitätsverordnung	145/1955	Kennzeichnung und Angaben über Qualitätsklassen von Milch, Butter, Butterschmalz, Topfen, Käse, Kondensmilch, Trockenmilch und Kasein
Plombierungsverordnung	258/1921	Inverkehrsetzung von Milch
Verordnung über den Verkehr mit Kuhmilch	90/1931	Inverkehrsetzung von Milch
Weingesetz	444/1985	Abgabe von Wein an Letztverbraucher nur in Glasflaschen (ausgenommen bei Genuß am Ort der Verarbeitung)
Qualitätsklassengesetz	161/1967	Kennzeichnungsvorschriften und Normen für Verpackung landwirtschaftlicher Erzeugnisse
Verordnung über die Ausmahlung von Roggen und Weizen	125/1958	Kennzeichnung von Mahlerzeugnissen inkl. Gries und Kleie

1.7. Kostengünstigkeit (14)(26)(27)

Wie in Abschn. 1.1. dieses Kapitels postuliert, sollen Verpackungen ihre Aufgabe mit dem geringstmöglichen wirtschaftlichen Aufwand erfüllen. Dazu ist aber festzuhalten, daß kostengünstig nicht zwangsläufig mit billig gleichzusetzen ist. Eine Verpackung kann "billig" sein und dennoch nicht kostengünstig, weil sie die gestellten Anforderungen nicht oder nur unzureichend erfüllt, was zu Qualitätseinbußen, Verlusten und Mindererlösen oder zu Mehraufwendungen in anderen Bereichen führen kann.

Das Anforderungsprofil an eine Verpackung kann durch ein bestimmtes Packmittel sowohl untererfüllt (unzulängliches Verpacken) als auch übererfüllt (zu aufwendiges Verpacken) sein. In beiden Fällen werden die Vermarktungskosten steigen: Bei Untererfüllung, z.B. wegen höherer Vertriebskosten oder Warenverlusten, bei Übererfüllung wegen der höheren Verpackungskosten. Mithin ist eine kostengünstige Verpackung in eindeutiger Weise als jene Verpackung definiert, welche die Gesamtkosten der Warenvermarktung, die heute zwischen 15 und 25 % des Unternehmensumsatzes liegen, so gering wie möglich hält. Ziel wirtschaftlich ausgewogenen Verpackens ist es, den Verpackungsaufwand so zu steuern, daß daraus ein minimaler Gesamtaufwand resultiert.

Urteile über die Angemessenheit oder Kostengünstigkeit von Verpackungen können aus den dargestellten Gründen nur vor dem Hintergrund des gesamten Vertriebsaufwandes ausgesprochen werden. Deshalb sind direkte Kostenvergleiche zwischen verschiedenen Packmitteln ebenso wertlos wie Gegenüberstellungen von Letztverbraucherpreisen und Verpackungskosten, die als Beweis für die Warenverteuerung durch Verpackungen herhalten sollen.

Im Prinzip wird man davon ausgehen können, daß heute schon allein der scharfe Wettbewerb auf dem Lebensmittelmarkt zur Geringhaltung der Verpackungskosten zwingt. Verpackungen für Luxusgüter und Mogelpackungen können dabei gelegentlich eine Ausnahme bilden, stellen aber durch ihre Mehrkosten und die Wettbewerbssituation eine mengenmäßig periphere Markterscheinung dar. Schließlich will niemand Verpackungen kaufen, weder der Konsument, noch der Warenproduzent, der nicht interessiert ist, seine Wettbewerbsposition durch unnötige Verpackungskosten zu verschlechtern. Dieses Interesse ist ein wirksames Regulativ für den wirtschaftlichen und sparsamen Einsatz von Packmitteln.

2. Volkswirtschaftliche Bedeutung der Warenverpackung

2.1. Wirtschaftsentwicklung und Verpackungsverbrauch (1)(28)

Die Bedeutung des Verpackungsaufwandes für die Qualitätserhaltung und die Vermeidung von Verlusten durch verdorbene oder ruinierte Waren wird angesichts des Warenüberangebotes in den hochentwickelten Industriestaaten vielfach übersehen.

Der Stand der wirtschaftlichen Entwicklung eines Landes und der Verpackungsverbrauch stehen in engem Zusammenhang. Dies bestätigt sich sowohl im (horizontalen) Vergleich zwischen Ländern verschiedener Entwicklungsstufen als auch im (vertikalen) Vergleich verschiedener Stufen der volkswirtschaftlichen Entwicklung eines Landes. Daher sehen, allein schon aus Gründen der Verlustminderung, Hilfsprogramme für Entwicklungsländer auch den Aufbau eines nationalen Verpackungswesens vor. In den Industriestaaten haben folgende Faktoren zu einer wachsenden Bedeutung der Verpackungswirtschaft geführt:

- die Entdeckung der Frischhaltepackung als Mittel zur Qualitätserhaltung und zur Vermeidung des Verderbs empfindlicher Güter
- die Ausweitung des internationalen Warenhandels nach dem zweiten Weltkrieg
- die Entwicklung neuer Stoffe (z.B. Kunststoffe und Verbundmaterialien) und Technologien zur Packmittelherstellung und Abpackung
- die Ausbreitung des Selbstbedienungssystems und der damit verbundene Bedarf an verbrauchsgerecht vorverpackten Waren
- die Konzentration des Lebensmittelhandels sowie die Industrialisierung, Rationalisierung und Automation der Konsumgüterherstellung
- die gestiegenen, zum Teil gesetzlich verankerten Hygiene-, Qualitäts- und Haltbarkeitsanforderungen an Lebensmittel, zum Schutz des Konsumenten
- sowie die Nutzung der Verpackung als Verkaufshilfe, Informations- und Werbeträger.

Daß auch in den industrialisierten Ländern der Packmittelverbrauch keine "Eigendynamik" entwickelt, zeigt die wertmäßige Entwicklung des österreichischen Verpackungsverbrauches und des Produktionswertes von Industrie und Gewerbe in den letzten 21 Jahren in Tab. I. Der Verpackungsverbrauch wuchs proportional zum Produktionswert und zeigt eher relative Abnahmetendenzen.

Tab. I: Entwicklung des österr. Verpackungsverbrauches (wertmäßig) und des Produktionswertes von Industrie und Gewerbe 1966 -1987 nach ÖIV (36) (37) und Österr. Stat. Zentralamt (28) (29)

Jahr	Produktionswert Industrie u. Gewerbe (Mio öS)	Verpackungs-verbrauch (Mio öS)	in % des Produktions-wertes von Industrie und Gewerbe
1966	153.579,2	3.969,6	2,58
1972	282.488,4	6.944,9	2,46
1974	354.214,8	8.290,4	2,34
1976	399.677,2	9.171,8	2,29
1978	452.806,8	9.338,4	2,06
1980	566.750,4	12.581,4	2,22
1982	647.966,6	13.909,1	2,15
1984	703.213,9	15.544,4	2,21
1986	733.711,6	16.385,0	2,23
1987	728.479,1	16.734,6	2,30

2.2. Bedeutung der Warenverpackung für Wirtschaft und Konsument (1)

Zweckmäßiges Verpacken führt in allen Wirtschaftsbereichen zu Kosteneinsparungen, worin die besondere Bedeutung für Wirtschaft und Konsument zu sehen ist. Verbrauchsgerechte Verpackungen sind auch Voraussetzung für das Selbstbedienungssystem, dessen Akzeptanz durch den Konsumenten auf die Zeitersparnis beim Einkauf und das umfangreichere Warenangebot zurückzuführen ist.

Trotz mancher Polemik gegen "sinnlos aufwendige" oder "unnötige" Verpackungen kann allein aus wirtschaftlicher Sicht auf Verpackungen nicht verzichtet werden. Ihre Menge steht in direktem Zusammenhang mit der produzierten Warenmenge und wird stets mit dieser steigen oder sinken (siehe Tab. I).

Von Konsumentenseite wird der Verpackungsaufwand oft als übertrieben empfunden. Dieser Eindruck wird auch durch die meist kunstvolle und aufwendige grafische Gestaltung von Verpackungen hervorgerufen. Meist beruht die Kritik an der heutigen Warenverpackung auf Unkenntnis der spezifischen Empfindlichkeit vieler Lebensmittel sowie der zu ihrer Qualitätserhaltung auf dem Verteilungsweg erforderlichen Schutzmaßnahmen.

Obwohl dem Packmittelhersteller ein übertriebener Verpackungsaufwand wahrscheinlich nicht ungelegen käme, neigt der Warenproduzent aus Sparsamkeitsgründen eher zum "Unterverpacken", was auf viele Massengüter des täglichen Bedarfes zutrifft und eine echte Gefahr darstellt.

3. Das Verpackungswesen in Österreich

3.1. Definitionen (32)

Das *Verpackungswesen* umfaßt den Gesamtbereich aller Aktivitäten von Wirtschaft, Wissenschaft, Behörden und Institutionen zur Erfüllung der Verpackungsaufgaben. Während die *Verpackungswirtschaft* den ökonomischen Bereich des Verpackungswesens umfaßt, der Gestaltung, Herstellung, Vertrieb, Handel, Verwendung sowie den Verbrauch von

- Packstoffen (Werkstoffe, aus denen Packmittel und Packhilfsmittel hergestellt werden)
- Packmitteln (Erzeugnisse aus Packstoff, zur Umhüllung oder zum Zusammenhalt des Packgutes, um es versand-, lager- und verkaufsfähig zu machen)
- Packhilfsmitteln (Sammelbegriff für Hilfsmittel, die allein oder zusammen mit Packmitteln zum Verpacken, wie z.B. zum Verschließen eines Packstückes dienen)

und Verpackungsmaschinen beinhaltet, unterstützt die *Verpackungswissenschaft* das Verpackungswesen bei der Erfüllung der Verpackungsaufgaben durch Forschung und Lehre. Behörden, Verbände oder Einzelfirmen sind häufig in Zusammenarbeit mit Forschungsinstituten in *Verpackungsinstitutionen* tätig, die in der Regel eine Förderung der Verpackungswirtschaft oder -wissenschaft verfolgen.

3.2. Verpackungswissenschaft (1)(26)(33)(34)(35)

Zur Etablierung der Verpackungswissenschaft als eigenständiger, interdisziplinärer Fachbereich kam es in den 50iger Jahren. Damals begann man sich international auf breiterer Basis wissenschaftlich mit Verpackungsfragen auseinanderzusetzen, nachdem die ersten Schritte in der Verpackungsforschung bereits im zweiten Weltkrieg getan wurden. Der Umfang des zusammengetragenen Wissens dokumentierte sich in der Aufnahme von Vorlesungen über Verpackungstechnik, Verpackungsökonomie, Verpackungsgestaltung und Verpackungsökologie an technischen und wirtschaftswissenschaftlichen Universitäten sowie in der Aufnahme einschlägiger Fächer in die Lehrpläne berufsbildender höherer Schulen und Fachschulen. An 5 amerikanischen Universitäten besteht bereits die Möglichkeit zum graduierten Abschluß einer akademischen Ausbildung in Packaging Science und Packaging Engineering.

In Österreich wird "Verpackungstechnik" und "Ökologie der Lebensmittelverpackung" an der Universität für Bodenkultur gelehrt. An der Wirtschaftsuniversität Wien werden Methoden der mechanischen Verpackungsprüfung in den Übungen aus "Mechanische Warenprüfung" unterrichtet. Weiters besteht in Österreich die Möglichkeit, eine Lehrabschlußprüfung als Verpackungsmittelmechaniker abzulegen.
Zentren der Verpackungsforschung in Österreich sind das

- Österr. Institut für Verpackungswesen an der Wirtschaftsuniversität Wien
- und das Verpackungslabor für Lebensmittel und Getränke an der Universität für Bodenkultur, Wien

die auch als staatlich autorisierte Prüfanstalten für diesen Fachbereich fungieren. In Mitteleuropa herrscht ein akuter Mangel an ausgebildeten Verpackungstechnikern, die das "missing link" zwischen Packmittel- und Packmaschinenhersteller sowie Abpacker sind.

3.3. Verpackungsinstitutionen (36)(37)

Auf Bundesebene befassen sich die in Übersicht 9 angeführten behördlichen, wirtschaftlichen und privaten Institutionen mit Fragen des Verpackungswesens. Die Übersichten 10 und 11 führen Institutionen an, die sich neben anderen Aufgaben in letzter Zeit auch mit Umweltfragen der Verpackung befaßten.

3.4. Verpackungswirtschaft (21)(38)(39)

Im Gegensatz zu anderen Wirtschaftsbereichen ist die Verpackungswirtschaft keine in sich geschlossene Branche. Papierfabriken, Kunststoff- und Metallverarbeiter erzeugen nicht nur Packmittel, sondern auch andere Bedarfsgüter, weshalb die Verpackungsproduktion oft lediglich ein Teilbereich der Firmenaktivität ist. Aus dieser Vielfalt er-

Übersicht 9: Verpackungsinstitutionen auf Bundesebene

DACHORGA-NISATION	INSTITUTION	ARBEITSGEBIET
BUND	BM f. Umwelt, Jugend u. Familie BM f. öffentl. Wirtschaft u. Verkehr BM f. wirtschaftl. Angelegenheiten BM f. Gesundheit u. öffentl. Dienst	Angelegenheiten des Verpakkungswesens auf Bundesebene
	Österr. Umweltbundesamt	Umweltfragen der Verpackung allgemein
	Verpackungsbeirat im BM f. Handel, Gewerbe und Industrie	aktuelle wirtschafts-, konsumenten- und umweltpolitische Fragen der Verpackung
	Österr. Bundesinst. f. Gesundheitswesen	Umweltfragen allgemein
BUNDES-WIRT-SCHAFTS-KAMMER	Österr. Verpackungszentrum im Wirtschaftsförderungsinstitut	gemeinsame Angelegenheiten der Verpackungswirtschaft
	Österr. Normungsinstitut	Normung im Verpackungswesen
	AG "Umweltschutz" d. Arbeitgeberverbände AG der Erzeuger und Händler von Kartonverpackungen für flüssige Nahrungsmittel Umweltforum Glas	Umweltfragen der Verpackung
KOOPERA-TIVE FORSCHUNGS-INSTITUTE	Österr. Inst. f. Verpackungswesen	Verpackungsforschung und -prüfung, Umweltfragen der Verpackung
	Verpackungslabor f. Lebensmittel u. Getränke	Verpackungsforschung und -entwicklung, Umweltfragen der Getränkeverpackung
	Österr. Kunststoffinstitut TGM - Laboratorium für Kunststofftechnik	techn. und Umweltfragen von Kunststoffverpackungen

Übersicht 10: Institutionen, die sich auf Bundesebene u.a. auch mit Umweltfragen der Verpackung befassen

DACHORGANISATION	INSTITUTION	ARBEITSGEBIET
WIRTSCHAFTS-UNIVERSITÄT	Inst. f. Technologie und Warenwirtschaftslehre	Abfallwirtschaftliche und Umweltfragen der Verpackung
	Österr. Normungsinstitut	Normung Umwelttechnik
	Arbeitskreis Energie, Umweltschutz und Umwelttechnologie	Umweltschutz allgemein
	ARGE "Abfallrelevante Verpackungsdaten"	Verpackungsabfallstatistik
DIVERSE	Österr. Gesellsch. f. Natur- und Umweltschutz (ÖGNU)	Umweltschutz allgemein
	Gesellschaft für umweltfreundliche Abfallbehandlung GmbH	Abfallfragen
	Österr. Umweltschutz-Bewegung	Umweltschutz allgemein
	Österr. Gesellsch. f. Ökologie	Umweltschutz allgemein
	Greenpeace	Umweltschutz allgemein
	Austria Recycling (AREC) Abfall-, Sammel- und Verwertungsagentur (ASVA) Austria Metall AG	Recycling von Packmitteln und Abfallfragen
	Verein für Konsumenteninformation	Konsumentenschutz und -information
	Österr. Verbraucherverband	Umweltfragen von Konsumgütern
ARBEITER-KAMMER-TAG	Institut f. Wirtschaft und Umwelt	Umweltschutz allgemein

Übersicht 11: Institutionen, die sich auf Landesebene u.a. auch mit Umweltfragen der Verpackung befassen

DACHORGANISATION	INSTITUTION	ARBEITSGEBIET
LÄNDER, GEMEINDEN	Umweltreferate	Umweltfragen allgemein
	Österr. Städtebund Österr. Gemeindebund	Umweltfragen allgemein
	Umweltreferate u. -beauftragte der Bundesländer	Umweltfragen allgemein
	NÖ. Umweltschutzanstalt	Umweltfragen allgemein
DIVERSE	ARGE Müllvermeidung (Graz)	Abfallfragen der Verpackung

wächst eine harte Konkurrenzsituation, die zu einem vehementen Verdrängungs- und Substitutionswettbewerb führt. Dadurch treten herkömmliche Packstoffe wie Holz, Glas, Aluminium, Papier, Karton oder Weißblech in Konkurrenz zueinander und zu den Kunststoffen, die ständig neue Anwendungsgebiete erobern. Dieser Wettbewerb ist aber auch die Triebfeder lebhafter Innovation und ständiger Suche nach neuen Anwendungsgebieten sowie nach besseren und wirtschaftlicheren Verpackungsformen.

Die Bedeutung der Verpackungswirtschaft in Österreich geht aus folgenden Daten hervor: Mit Handel und Produktion von Packmitteln und Verpackungsmaschinen befassen sich in Österreich 503 Betriebe mit rund 20.000 Beschäftigten. Ein Bruttoproduktionswert (1987) von rd. 18 Mrd. öS (1,22 % des Bruttoinlandsproduktes) sowie ein Export von rd. öS 5 Mrd. (27 % der Verpackungsproduktion) und Importe von nur 3,5 Mrd. öS verdeutlichen die volkswirtschaftliche Leistung der Verpackungswirtschaft, wobei in diesen Angaben die Leistung und Wertschöpfung der abpackenden Wirtschaft nicht enthalten ist. Der geld- und mengenmäßige Verpackungsverbrauch, der sich aus der Verpackungsproduktion zuzüglich Importe, abzüglich Exporte errechnet, geht aus den Tab. II und III hervor.

Tab. II: Geldwert der Verpackungsproduktion, -importe, -exporte und des Verpackungsverbrauches in Österreich 1987 nach ÖIV (39)

Packstoffgruppe	Produktion (öS 1.000)	Import (öS 1.000)	Export (öS 1.000)	Verbrauch (öS 1.000)
Metalle	3,705.324	1,682.027	1,886.624	3,500.727
Glas	1,214.921	217.031	530.428	901.524
Kunststoffe	4,769.318	792.086	643.825	4,917.579
Holz	454.010	68.468	18.332	504.146
Papier, Pappe	7,691.599	706.596	1,758.597	6,639.598
Textil	305.028	25.806	59.797	271.037
Gesamt	18,140.200	3,492.014	4,897.603	16,734.611

Tab. III: Verpackungsproduktion, -import, -export und -verbrauch (mengenmäßig) in Österreich 1987 nach ÖIV (39)

Packstoffgruppe	Produktion (Tonnen)	Import (Tonnen)	Export (Tonnen)	Verbrauch (Tonnen)
Metalle	79.426	39.720	34.839	84.307
Glas	247.269	27.778	84.728	190.319
Kunststoffe	143.104	15.865	16.945	142.024
Holz	64.672	1.473	1.770	64.375
Papier, Pappe	557.471	47.307	143.357	461.421
Textil	3.462	465	997	2.930
Gesamt	1,095.404	132.608	282.636	945.376

4. Literatur

1. HEISS R.: Verpackung von Lebensmitteln. Springer-Verlag, Berlin-Heidelberg-New York (1980)

2. BOJKOW E.: Die Lebensmittelverpackung im Kraftfeld legislativer und umweltorientierter Tendenzen. Milchwirtschaftl. Berichte, Wolfpassing 44, 199 - 204 (1975)

3. BOJKOW E.: Umweltbezogene Optimierung der Verpackungsgestaltung für flüssige Lebensmittel. ernährung-nutrition 1, 33 - 36 und 2, 130 - 135 (1985)

4. BOJKOW E.: Einweg- und Mehrwegverpackungen in der Umweltdiskussion. dmz 106/49, 1642 - 1646 (1985)

5. LOX F.: Verantwoorde verpakking. Monografien Leefmilieu. Uitgeverij De Nederlandsche Boekhandel, Antwerpen/Amsterdam (1983)

6. BARFUSZ W., PINDUR H., u. SMOLKA K.: Österreichisches Lebensmittelrecht. Manz'sche Verlags- und Universitätsbuchhandlung, Wien (1975)

7. BRUSTBAUER K., JESIONEK U., PETUELY F. u. WRABETZ K.: Das Lebensmittelgesetz 1975. Österr. Staatsdruckerei, Wien (1975)

8. HEISS R.: Fortschritte in der Verfahrenstechnik in der Verpackungs- und Lebensmittelindustrie. Keppler-Verlag, Baden-Baden, Frankfurt am Main (1963)

9. HEISS R.: Verpackung feuchtigkeitsempfindlicher Güter. Springer-Verlag, Berlin-Göttingen-Heidelberg (1956)

10. KAREL H.: Packaging Protection for Oxygen-Sensitive Products. Food. Techn. 28, 50 - 60 (1974)

11. BOJKOW E.: Lichtschutz und Milchverpackung. I. Mitteilung: Allgemeine Grundlagen. Österr. Milchwirtschaft 25/21, 449-455 und 25/22, 472-478 (1970)

12. HUGH E., LOCKHART PH., RICHMOND M. u. SNEDEN J.: Tamperresistant Packaging: Is It Really ? Package Engineering 97/6, 97 - 103 (1983)

13. KNÖDEL W.: Funktionen und Leistung der Verpackung im Distributionskanal. In RGV-Handbuch Verpackung, 2. Lfg. Erich Schmidt-Verlag, Berlin (1978)

14. RITTER T.: Betriebswirtschaftliche Verpackungsoptimierung. S 121 ff., Eichhorn-Verlag, Göttingen (1980)

15. FINK P.: Ökologische Verpackung für Lebensmittel. Proceedings of International Packaging Congr. Hrsg. French Packaging Institute, Paris (1980)

16. SCHÖNFELD A.: 12 Punkte für eine erfolgreiche Supermarktverpackung. "neue verpackung" 20/2, 198 (1969)

17. BIRKHOLD W.: Verpackungsgestaltung und Produktkennzeichnung in der Milchwirtschaft. dmz 89/47, 2131 - 2134 (1968)

18. KETZLER E.: Anforderungen an die Verpackung der Milchprodukte durch die neuen Vertriebsmethoden des Handels. Milchwirtschaftl. Berichte, Wolfpassing 18, 35 - 44 (1969)

19. WIFI: ean-austria. Europäische Artikelnumerierung Bd. 1, Betriebs- und Artikelnummer: Im Eigenverlag, Wien (1978)

20. ÖSTERR. INSTITUT FÜR VERPACKUNGSWESEN: Analyse des österr. Getränkemarktes im Hinblick auf die verwendeten Verpackungssysteme und -arten sowie Darstellung der Entwicklung 1977 - 1983. S 56, 63 ff. u. 86. Im Eigenverlag, Wien (1985)

21. SCHMID R.: Abfall und Recycling. Aktion Saubere Schweiz. Im Eigenverlag, Zürich (1984)

22. BOJKOW E.: Fakten zur Umweltdiskussion über die Müllbelastung durch Einwegverpackungen. Österr. Milchwirtschaft 39/7, 137 - 142 und 39/8, 153 - 162 (1984)

23. BOJKOW E. u. SCHLAIR H.: Zur Umweltdiskussion über Einweg-Getränkeverpackungen. Hrsg.: Verpackungslabor für Lebensmittel und Getränke, 2. Aufl. Im Eigenverlag, Wien (1985)

24. BOJKOW E.: Zur Diskussion über die Müllbelastung durch Einweg-Getränkeverpackungen. Getränkeindustrie 5, 497 - 512, (1985)

25. ÖSTERR. VERPACKUNGSZENTRUM: Verpackung und Warenkennzeichnung in Österreichs Rechtsordnung. Österr. Verpackungskatalog, 8. Aufl., S 9 ff., Bastei-Verlag, Wien (1985)

26. BOJKOW E.: Senkung des Verpackungsaufwandes durch ingenieurmäßiges Verpacken. Verpackungs-Rundschau 8, 844 - 854 (1985)

27. ALBER S.: Verpackungsverbrauch in Österreich. Informationen zur Umweltpolitik Nr. 20. Institut für Wirtschaft und Umwelt des Österr. Arbeiterkammertages (1985)

28. GRUNDKE E.: Neues auf dem Gebiet der Lebensmittelverpackung. ZFL 36/72, 96 - 111 (1985)

29. ÖSTERR. INSTITUT FÜR VERPACKUNGSWESEN: Persönliche Mitteilungen (1985)

30. ÖSTERR. STAT. ZENTRALAMT: Bruttoproduktionswerte der österr. Industrie (1988)

31. ÖSTERR. STAT. ZENTRALAMT: Produktionswerte (Gewerbe) nach Bundesinnungsgruppen (1988)

32. ÖNORM A 5405: Begriffe für das Verpackungswesen. Systematische Übersichten, Gliederung, alphabetisches Gesamtverzeichnis und Begriffsbereich Verpackungswesen (1976)

33. UNIVERSITÄT FÜR BODENKULTUR, WIEN: Vorlesungsverzeichnis 1985/86. Hrsg. Universitätsdirektion der Universität für Bodenkultur, Wien (1985)

34. BERGOLTH R., KLEMENSCHITZ F., RATZER J. u. TENZER W.: Fachkunde für den Verpackungsmittelmechaniker. VI/S 22 ff. Schulverein der Papier und Pappe verarbeitenden Industrie Österreichs. Im Eigenverlag, Wien (1978)

35. VEREINIGUNG DER KOOPERATIVEN FORSCHUNGSINSTITUTE DER ÖSTERREICHISCHEN WIRTSCHAFT: Tätigkeitsbereich in Stichworten. Im Eigenverlag, Wien (1985)

36. ÖSTERR. VERPACKUNGSZENTRUM: Österr. Verpackungskatalog, 8. Aufl. S 51. Bastei-Verlag, Wien (1985)

37. ÖSTERR. INSTITUT FÜR VERPACKUNGSWESEN: Umweltschutz; Institutionen, Arbeitsgruppen etc. Im Eigenverlag, Wien (1988)

38. ÖSTERR. INSTITUT FÜR VERPACKUNGSWESEN: Funktion und volkswirtschaftlicher Nutzen der Verpackung. Im Eigenverlag, Wien (1985)

39. ÖSTERR. INSTITUT FÜR VERPACKUNGSWESEN: Österr. Verpackungsstatistik 1987. Im Eigenverlag, Wien (1988)

KAPITEL II

Produktbezogene Anforderungen an Getränkeverpackungen

Inhaltsverzeichnis

1. Einleitung

Dieses Kapitel beschäftigt sich mit jenen produktbezogenen Anforderungen an Packmittel für flüssige Molkereiprodukte, stille, kohlensäurehältige und alkoholische Getränke, deren Beachtung zur weitestgehenden Erhaltung der Produktqualität auf dem Weg vom Erzeuger zum Verbraucher erforderlich ist.

Packstoffe, die den lebensmittelrechtlichen Anforderungen entsprechen, müssen nicht in gleicher Weise auch jenen Anforderungen genügen, die aus Gründen der Qualitätserhaltung des Füllgutes zu stellen sind. Bei der Auswahl des Packstoffes muß daher

- den spezifischen Empfindlichkeiten des verpackten Gutes
- den jeweiligen Vertriebsbedingungen
- und der geforderten Haltbarkeitsdauer

Rechnung getragen werden. Dabei ist nicht die in jeder Weise "optimale Verpackung" anzustreben, sondern der technisch notwendige und wirtschaftlich sinnvolle Aufwand. Deshalb geht die Entwicklung in der Lebensmittelverpackung heute dahin, den teuren Frischdienst ohne Beeinträchtigung der Frischeeigenschaften der Produkte durch bessere Qualitätserhaltung zu entlasten, was durch Auswahl speziell geeigneter Packmittel und Verpackungsmaßnahmen in Kombination mit Kühl- oder Kaltlagerung erreicht wird. Diese Entwicklung ist keineswegs mit der absatzwirtschaftlich eher fragwürdigen Tendenz zur ständigen Ausdehnung der Haltbarkeitsfristen von Dauerwaren zu verwechseln.

Der Trend zur Senkung des Vertriebsaufwandes und des Packmittelverbrauches wird durch Bildung kompakter Transporteinheiten, verstärkten Einsatz von Paletten, Rollcontainern und Schrumpffolien unterstützt. Dadurch können die mechanischen Festigkeitsanforderungen an Verpackungen gesenkt, Materialkosten eingespart und Rohstoffressourcen geschont werden.

Im folgenden Abschnitt werden zusammenfassend allgemeine Anforderungen an die Packmittel für Getränke besprochen und im nächsten - nach Produktgruppen getrennt - darüber hinausgehende, spezielle produktbezogene Anforderungen abgehandelt. Dabei werden zuerst die spezifischen Empfindlichkeiten des betreffenden Produktes angeführt, daraus die Anforderungen an die Packmittel abgeleitet und anschließend in Abhängigkeit von den Vertriebsbedingungen und den Haltbarkeitsanforderungen geeignete Packmittel genannt. Diese stellen lediglich Beispiele dar, von denen nicht jedes der Forderung nach *optimaler Kostengünstigkeit* und *geringstmöglicher Umweltbelastung* im gleichen Ausmaß entsprechen muß[1]. Die Aufzählung erhebt keinen Anspruch auf Vollständigkeit. Es können auch andere als die erwähnten Packmittel verwendet werden, sofern sie den allgemeinen und speziellen produktbezogenen Anforderungen genügen.

2. Allgemeine produktbezogene Anforderungen

Packmittel für flüssige Molkereiprodukte, stille, kohlensäurehältige und alkoholische Getränke müssen

- den lebensmittelrechtlichen Anforderungen entsprechen, d.h. Packstoffe und Packhilfsmittel, die mit dem Füllgut in Berührung kommen, müssen vom Bundesministerium für Gesundheit und öffentl. Dienst für den vorgesehenen Verwendungszweck zugelassen sein

  Dies wird dem Verwender üblicherweise vom Hersteller oder Lieferanten schriftlich bestätigt, wobei Zulassungsbescheinigungen ausländischer Behörden nicht als Ersatz dienen können.
- frei von Eigengeruch oder Eigengeschmack sein

  Flüssigkeiten, die wie Milch und viele Milchprodukte ein schwaches Eigenaroma aufweisen, neigen dazu, Fremdaromen anzunehmen, welche die geschmackliche Qualität des Füllgutes bereits in Konzentrationen beeinträchtigen können, die bei anderen Lebensmitteln noch unter der Wahrnehmbarkeitsschwelle liegen.
- ausreichende Barriereeigenschaften gegenüber dem Durchgang von Fremdaromasubstanzen (sowohl bei Übertragung durch die Umgebungsatmosphäre, wie z.B. in Kühlschränken, als auch bei direktem Kontakt mit dem Aromaträger) aufweisen
- wegen der Neigung vieler Füllgüter zu mikrobiologischem Verderb keimarm sein
- ausreichenden Lichtschutz gewähren

  Viele Füllgüter bilden so wie Milch und Milchprodukte bei Einwirkung von Sonnenlicht oder künstlichem Licht (Leuchtstoffröhren) in Gegenwart von Luftsauerstoff einen charakteristischen Fehlgeschmack aus oder neigen zu Farbveränderungen, die mit oxydativen Veränderungen von Inhaltstoffen sowie mit Vitaminabbau verbunden sind.
- gegenüber vorhersehbaren Transport- und Lagerbeanspruchungen ausreichende Widerstandsfestigkeit aufweisen

  Was als ausreichend anzusehen ist, muß im Einzelfall anhand der Distributionsusancen und der verwendeten Transportverpackungen und Transporthilfsmittel beurteilt werden.

---

1) Wie später gezeigt wird, ist die Umweltbelastung nicht nur von der *Einzelhandelsverpackung*, sondern auch vom umwelttechnischen Standard der Produktion, Verwendung und Entsorgung aller Komponenten eines *Verpackungssystems* (so auch von der Transportverpackung) abhängig.

- leicht zu öffnen, vollständig entleerbar und bei Produkten, die nicht sofort verbraucht werden, wiederverschließbar sein

  Diese Anforderungen erscheinen aus Verbrauchersicht nicht immer optimal erfüllt. In Grenzfällen und bei Transportverpackungen ist die Verschlußsicherheit gegenüber leichtem Öffnen als vorrangig zu betrachten.
- naßfest, wasser- und füllgutbeständig (ev. fruchtsäure- und/oder alkoholbeständig), bei sauren Milchprodukten auch milchsäure- und fettbeständig sein. Ferner muß die Bedruckung aller Packmittel abriebfest und geruchsfrei sein.
- Verbundstoffe dürfen nicht delaminieren.

  Bei Materialien mit Schichten unterschiedlicher Gasdurchlässigkeit äußert sich unzureichende Verbundhaftung zumeist durch Bildung von Gasblasen zwischen den Schichten, wenn die Zusammensetzung der Außenatmosphäre von der Zusammensetzung des Freiraumgases in der Packung abweicht (z.B. bei kohlensäurehältigen Getränken).

3. Spezielle produktbezogene Anforderungen an Packmittel für flüssige Molkereiprodukte

3.1. Pasteurisierte Trinkmilch, Kaffee- und Schlagobers (1)(2)(3)(4)(5)

3.1.1. Spezifische Empfindlichkeiten

Pasteurisierte Trinkmilch und Obers aller Fettstufen
- unterliegen dem Verderb durch Mikroorganismen (der durch Unterbrechung der Kühlkette beschleunigt wird)
- nehmen leicht Fremdgerüche und Fremdgeschmack an
- nehmen schon nach kurzer Einwirkung von Sonnenlicht oder künstlichem Licht von Leuchtstoffröhren (z.B. in Kühlvitrinen) einen charakteristischen, pappeähnlichen "Lichtgeschmack" an, dessen Bildung bei Anwesenheit von Luftsauerstoff u.a. von einem oxydativen Abbau der Vitamine C und B_2, Veränderungen in der Eiweißphase und im weiteren Verlauf von oxydativen Vorgängen in der Fettphase begleitet wird.

3.1.2. Anforderungen an die Packmittel

Die Packmittel müssen
- keimarm sein (< 10 - 50 Keime/dm^2)
- keimdicht verschließbar sein

Aufgrund des baldigen Verbrauches ist bei diesen Produkten ausreichende Keimdichtigkeit bereits bei einem flüssigkeitsdichten Verschluß gewährleistet.

- frei von Eigengeruch oder Eigengeschmack sein
- ausreichende Barriereeigenschaften gegen den Durchgang von Fremdaromasubstanzen aufweisen

  Diese Anforderung wird von aromadicht verschlossenen Hohlglasverpackungen sowie von Packmitteln mit aromadichten Sperrschichten (Aluminium- oder PVDC-Beschichtung) erfüllt.
- ausreichende Lichtschutzeigenschaften, insbesondere im Wellenlängenbereich bis 550 nm, gewähren

  Das Ausmaß des erforderlichen Lichtschutzes ist von der (unterschiedlichen) Neigung der Milch zur Ausbildung von "Lichtgeschmack", deren Vorbehandlung und Mikroorganismenflora (je nach Einfluß auf das Redoxpotential) und deren Fettgehalt (mit zunehmendem Fettgehalt verringert sich die Lichtempfindlichkeit) abhängig. Sofern das Packmittel nicht lichtgeschützt eingefärbt oder mit einer lichtschützenden Umhüllung versehen ist, muß für ausreichenden Lichtschutz bei Transport, Lagerung und Verkauf Sorge getragen werden.
- flüssigkeitsdicht sein und sollten einen flüssigkeitsdichten Verschluß besitzen

  Dies ist bei angepreßten Aluminiumkappen sowie auch bei Schnappdeckel- und Schraubverschlüssen ohne Dichtungseinlage bzw. Dichtungslamellen nicht immer in ausreichendem Maß gegeben, worauf bei Transport und Manipulation Bedacht genommen werden muß.
- naßfest sein, um kondensierender Feuchtigkeit standzuhalten und ein Erwärmen im Wasserbad zu ermöglichen.

3.1.3. Geeignete Packmittel

In den angeführten Packmitteln ist pasteurisierte Trinkmilch und Obers der verschiedenen Fettstufen bei 4 - 9°C ca. 3 - 8 Tage haltbar:

- Hohlglasverpackungen (kohlegelb) mit angepreßter Aluminiumkappe, Schnappdeckel- oder Schraubverschluß
- Systemverpackungen aus Duplexkarton, gebleichtem oder ungebleichtem Foodboard[1)] ausreichender Lichtdichtigkeit, beidseitig polyäthylenbeschichtet
- Kunststoff-Formkörper (Becher) aus Polystyrol, Polypropylen oder PVC, mit aufgesiegeltem Aluminium- oder Kunststoffabdeckband (ausreichend lichtdichte Einfärbung transparenter Komponenten vorteilhaft)

---

1) spezielle, für die Lebensmittelverpackung geeignete, naßfeste und geschmacksneutrale Verbundkartonqualität

- nach dem Extrusions-Blasverfahren hergestellte Flaschen aus HD-Polyäthylen, Polypropylen oder Polycarbonat (ausreichend lichtdichte Einfärbung transparenter Komponenten vorteilhaft)
- Beutel aus coextrudierter, innen braun oder schwarz eingefärbter Polyäthylen-Folie > 100 µm Dicke (sehr verletzungsempfindlich und in der Gebrauchseignung wenig konsumentenfreundlich).

3.2. H- und Sterilmilch, H- und Sterilobers sowie Kondensmilch aller Fettstufen (1)(2)(3)(4)(5)

3.2.1. Spezifische Empfindlichkeiten

H- und Sterilmilch, H- und Sterilobers sowie Kondensmilch aller Fettstufen

- unterliegen bei Reinfektion (Kontamination) dem Verderb durch Mikroorganismen

  Ausreichender Entkeimungseffekt der Ultra-Hocherhitzung oder Sterilisation vorausgesetzt
- nehmen leicht Fremdgeruch und Fremdgeschmack an
- nehmen bei Einwirkung von Sonnenlicht oder künstlichem Licht von Leuchtstoffröhren (z.B. in Kühlvitrinen) "Lichtgeschmack" an, dessen Ausbildung bei Anwesenheit von Luftsauerstoff von weiteren oxydativen Veränderungen begleitet ist

  Kondensmilch und Oberssorten in gasdichten Behältnissen (z.B. Glasflaschen) sind diesbezüglich weit weniger empfindlich als in gasdurchlässigen Behältnissen (z.B. Polyäthylen-, Polypropylen- oder PVC-Flaschen).
- neigen unter Sauerstoffeinfluß zu Geschmacksveränderungen und erhöhter Lichtempfindlichkeit.

3.2.2. Anforderungen an die Packmittel

Die Packmittel müssen

- keimarm sein (um nach der der Abfüllung vorgeschalteten Entkeimung Oberflächenkeimzahlen < $5 \cdot 10^{-5}$/Packung zu gewährleisten)
- für das der Abfüllung vorgeschaltete Entkeimungsverfahren oder für die Sterilisation in befülltem Zustand geeignet sein (Innendruckfestigkeit und Temperaturbeständigkeit)

  Die Packmittel müssen entweder für Hitzesterilisation geeignet oder es muß deren gesamte Innenfläche für entkeimende Agentien benetzbar sein. Bei Sterilisation ohne Gegendruck hängt die Innendruckbeanspruchung formfester Behältnisse in hohem Maße vom ausreichenden Freiraumvolumen ab. Nicht formfeste Packmittel müssen unter Gegendruck (der dem jeweiligen Innendruck im Behältnis entsprechen soll) sterilisiert werden.

- keimdicht verschließbar sein
  Verpackung und Verschluß bzw. Schweiß- oder Siegelnähte müssen frei von Poren und Diskontinuitäten > 1 µm Durchmesser sein, was etwa einer Leckrate < 10^{-5} mbar·l/s entspricht. Die Dichtigkeitseigenschaften müssen auch unter vorhersehbaren Vertriebsbeanspruchungen (Vibrationen, leichte Stöße gegen die Dichtflächen usw.) erhalten bleiben.
- frei von Eigengeruch oder Eigengeschmack sein
- ausreichende Barriereeigenschaften gegen den Durchgang von Fremdaromasubstanzen aufweisen
  Diese Anforderung wird von keimdicht verschlossenen Hohlglas- und Feinstblechverpackungen sowie von aluminium- und PVDC-beschichteten Verbundstoffen erfüllt.
- lichtdicht sein
  Nicht absolut licht- und sauerstoffdichte Packmittel für Sterilprodukte, wie z.B. Flaschen aus HD-Polyäthylen, bedürfen einer entsprechenden Pigmentierung (Einfärbung) oder einer lichtdichten Umhüllung, während gas- und damit auch sauerstoffdichte Packmittel (z.B. Glasflaschen) keine besondere Lichtdichtigkeit (extreme Belichtung ausgenommen) aufweisen müssen.
- sauerstoffdicht sein
  Dies ist für ultra-hocherhitzte Haltbar-Produkte, nicht jedoch für Sterilprodukte von Bedeutung, wenn absoluter Lichtschutz gegeben ist.
- flüssigkeitsdicht sein und einen flüssigkeitsdichten Verschluß besitzen, was bei keimdichten Verschlüssen gegeben ist
- ausreichend naßfest sein, um gegebenenfalls Feuchtigkeitskondensation standzuhalten.

3.2.3. Geeignete Packmittel

Ultrahocherhitzte Produkte
Haltbarkeit bis 10 Wochen bei 20°C

- Systemverpackungen aus alumiumkaschiertem Foodboard[1], beidseitig polyäthylenbeschichtet
- Kunststofformkörper (Becher) aus Polystyrol, Polypropylen oder PVC mit Al-Abdeckfolie verschlossen, als Kleinstportionspackungen für Hotel- und Gastgewerbe.

Sterilisierte Produkte
Haltbarkeit ca. 1 Jahr bei 20°C

- Hohlglasverpackungen mit Aluminium-Aufreißkappe, Aluminium-Schraub- oder Kronenkorkverschluß
- Behältnisse ausreichender Wandstärke aus HD-Polyäthylen oder Po-

1) spezielle, für die Lebensmittelverpackung geeignete, naßfeste und geschmacksneutrale Verbundkartonqualität

lypropylen in Verbindung mit lichtdichter Einfärbung oder Umhüllung
- Feinstblechverpackungen (Dosen)
- Formkörper (Becher) aus Aluminium, mit aufgesiegeltem Aluminium-Abdeckband verschlossen, als Kleinstportionspackungen für Hotel- und Gastgewerbe.

3.3. Flüssige Sauermilchprodukte und Sauerrahm (1)(2)(3)(5)

3.3.1. Spezifische Empfindlichkeiten

Flüssige Sauermilchprodukte (Sauermilch und Sauermilchzubereitungen, Buttermilch, Joghurt und Joghurtzubereitungen, Kefir, Kumys, Sauerrahm usw.)
- unterliegen dem Verderb durch Mikroorganismen, insbesondere durch Hefen und Schimmelpilze, deren Wachstum durch die in der Packung herrschende hohe Luftfeuchtigkeit und den Luftsauerstoff im Freiraum gefördert wird
- neigen bei Temperaturen > 10°C zur Nachsäuerung
- neigen zum Absetzen (z.B. Buttermilch) oder zum Zerfall der Gallerte (z.B. Joghurt) unter Abscheidung von Molke
- nehmen bei (bereits kurzer) Einwirkung von Sonnenlicht oder dem künstlichen Licht von Leuchtstoffröhren (z.B. in Kühlvitrinen) einen charakteristischen "Lichtgeschmack" an, dessen Bildung bei Anwesenheit von Luftsauerstoff von oxydativen Veränderungen begleitet ist
- bewahren unter Sauerstoffausschluß länger ihre optimale sensorische Qualität
- nehmen leicht Fremdgerüche und Fremdgeschmack an
- neigen vereinzelt (z.B. Kefir und Sauermilch) zur CO_2-Entwicklung.

3.3.2. Anforderungen an die Packmittel

Die Packmittel müssen
- keimarm (< 10 - 50 Keime/dm^2) und insbesondere frei von Hefe- oder Schimmelpilzkeimen bzw. -sporen sein. Für Produkte mit längerer Haltbarkeit müssen sie einer Entkeimung unterzogen werden
- im Falle der Anwendung von Entkeimungsverfahren für diese geeignet sein

Die gesamte Innenfläche des Packmittels muß von entkeimenden Agentien benetzbar bzw. für UV-Strahlen erreichbar sein.

- keimdicht verschließbar sein

Dies ist bei Frischprodukten (Haltbarkeit bis 2 Wochen) durch einen flüssigkeitsdichten Verschluß gewährleistet. Bei Produkten mit längerer Haltbarkeit, welche über die Lagerfähigkeit herkömmlicher Frischprodukte hinausgehen soll, müssen Verpackung und Verschluß bzw. Schweiß- und Siegelnähte frei von Poren und Diskontinuitäten > 1 µm Durchmesser sein, was etwa einer Leckrate < 10^{-5}mbar·l/s entspricht. Die Dichtigkeitseigenschaften müssen auch unter vorhersehbaren Vertriebsbeanspruchungen (Vibrationen, leichte Stöße usw.) erhalten bleiben.

- frei von Eigengeruch oder Eigengeschmack sein
- ausreichende Barriereeigenschaften gegen den Durchgang von Fremdaromasubstanzen aufweisen

Diese Anforderung wird von aromadicht verschlossenen Hohlglasverpackungen, Aluminium-Formkörpern, Feinstblechverpackungen und aluminiumkaschierten Verbundstoffen erfüllt.

- ausreichenden Lichtschutz, insbesondere im Wellenlängenbereich bis 550 nm, gewähren und für Produkte ohne Geschmackszusätze weitgehend lichtdicht sein

Das Ausmaß des erforderlichen Lichtschutzes ist produktspezifisch sowie von Art und Intensität allfälliger Geschmackszusätze und dem Fettgehalt (mit zunehmendem Fettgehalt verringert sich die Lichtempfindlichkeit) abhängig. Sofern das Packmittel nicht lichtschützend eingefärbt oder ausreichend lichtdicht ist, muß für ausreichenden Lichtschutz bei Transport, Lagerung und Verkauf Sorge getragen werden.

- flüssigkeitsdicht, insbesondere gegenüber Molke sein und sollten einen flüssigkeitsdichten Verschluß besitzen

Molke hat die Eigenschaft, auch durch Poren auszufließen, die z.B. von Milch nicht mehr durchdrungen werden können. Flüssigkeitsdichtigkeit ist bei angepreßten Aluminiumkappen sowie auch bei Schnappdeckel- und Schraubverschlüssen ohne Dichtungseinlage bzw. Dichtungslamellen nicht immer in ausreichendem Maße gegeben, worauf bei Transport und Manipulation Bedacht genommen werden muß. Solange Produkte mit fester Gallerte keine Molkenabscheidung aufweisen, ist die Flüssigkeitsdichtigkeit des Verschlusses von untergeordneter Bedeutung.

- naßfest sein, um Feuchtigkeitskondensation standzuhalten
- für Produkte mit längerer Haltbarkeit
  - -- weitgehend lichtdicht sein
  - -- geringe Wasserdampfdurchlässigkeit aufweisen
  - -- geringe Sauerstoffdurchlässigkeit und über dem Füllgut einen kleinen Kopfraum aufweisen
  - -- bei Füllung des Kopfraumes mit Schutzgas (N_2 und CO_2 zur besseren Erhaltung der sensorischen Frischeeigenschaften) weitgehend gasdicht und gasdicht verschlossen sein

- für CO_2-hältige Füllgüter (z.B. mit CO_2 gesättigte Sauermilchprodukte) einem gewissen CO_2-Überdruck standhalten können (insbesondere die Verschlüsse)
- für CO_2-entwickelnde Füllgüter (z.B. Kefir) eine Möglichkeit für das Entweichen überschüssigen Gases bieten, um Bombagen bei flexiblen Verpackungen zu vermeiden

  Eine etwa auftretende Bombage der Packung oder von Packungsteilen (z.B. des Aluminiumdeckels von Kunststoffbechern) kann sowohl die Folge von (harmlosem) Temperaturanstieg und/oder Luftdruckabfall als auch von Gasbildung infolge unerwünschter Infektionen sein und zeigt in diesem Fall Qualitätsabfall bzw. beginnenden Verderb und damit verbundene Geschmacksbeeinträchtigung an.
- zwecks Erhaltung der Gallerte von Joghurt ausreichend formstabil sein
- bei zitrushaltigem Fruchtjoghurt beständig gegen ätherische Öle sein
- und besonders für sauren (fruchtsäurehältigen) Joghurt aus säurebeständigen Materialien (wie z.B. schutzlackiertes Aluminium-Abdeckband als Verschluß) bestehen
- bei Verwendung als Trinkbecher einen hygienischen Schutz des oberen Becherrandes aufweisen.

Flüssige Sauermilchprodukte und Sauerrahm, welche länger als 5 - 6 Tage bei 9°C gelagert werden, sollten zur weitestgehenden Erhaltung ihrer optimalen sensorischen Qualität (Frische) in Packmittel aus möglichst gasdichten Werkstoffen abgefüllt werden. Gleichzeitig muß auch getrachtet werden, die Einwirkung von Luftsauerstoff über den Kopfraum (durch Schutzgas-Atmosphäre und gasdichten Verschluß) zu vermeiden. Die Verwendung von Kohlensäure als Schutzgas hemmt bei ausreichender Konzentration das Wachstum einiger unerwünschter Mikroorganismen, erhöht aber auch die Acidität des Füllgutes.

3.3.3. Geignete Packmittel

Flüssige Sauermilchprodukte und Sauerrahm (ausgenommen stichfestes Joghurt, Sauermilch mit starker CO_2-Entwicklung und Kefir)
Haltbarkeit 1 - 2 Wochen bei 4 - 9°C

- Hohlglasverpackungen (kohlegelb) mit angepreßter oder aufgesiegelter Aluminiumkappe, Schnappdeckel- oder Schraubverschluß
- Kunststoff-Formkörper (Becher, Schalen usw.) aus Polystyrol, Polypropylen oder PVC; mit aufgesiegeltem Aluminium- oder Kunststoffabdeckband verschlossen; ausreichend lichtdichte Einfärbung lichtdurchlässiger Komponenten vorteilhaft

- FFS-Becher[1] aus entsprechend lichtdicht eingefärbter Polystyrol-, Polypropylen- oder PVC-Folie; mit aufgesiegeltem Aluminium- oder Kunststoffabdeckband verschlossen; ausreichend lichtdichte Einfärbung lichtdurchlässiger Komponenten vorteilhaft
- dünnwandige Kunststoffbecher aus Polystyrol, Polypropylen oder PVC mit ausreichend versteifender Kartonbanderole; mit aufgesiegeltem Aluminium- oder Kunststoffabdeckband verschlossen; ausreichend lichtdichte Einfärbung lichtdurchlässiger Komponenten erforderlich
- Papierbecher aus Duplexkarton, gebleichtem oder ungebleichtem Foodboard[2], beidseitig polyäthylenbeschichtet, eventuell aluminiumkaschiert, mit aufgesiegeltem Aluminium- oder Kunststoffabdeckband verschlossen; ausreichende Lichtdichtigkeit lichtdurchlässiger Komponenten vorteilhaft
- Systemverpackungen aus aluminiumkaschiertem Foodboard[2], beidseitig polyäthylenbeschichtet.

Haltbarkeit 3 - 6 Wochen bei 6 - 10°C (ohne Unterbrechung der Kühlkette, sorgfältige und hygienische Herstellung vorausgesetzt)
- Hohlglasverpackungen (dunkel kohlegelb) mit keimdichtem Verschluß
- Kunststoff-Formkörper (Becher, Schalen usw.) aus Polystyrol, Polypropylen oder PVC, ev. mit PVDC- oder mit sonstiger gasdichter Beschichtung versehen; mit aufgesiegeltem Aluminium- oder Kunststoffabdeckband verschlossen; ausreichend lichtdichte Einfärbung lichtdurchlässiger Komponenten erforderlich
- Papierbecher aus aluminiumkaschiertem Foodboard[2], beidseitig polyäthylenbeschichtet; mit aufgesiegeltem Aluminium- oder Kunststoffabdeckband verschlossen; ausreichende Lichtdichtigkeit lichtdurchlässiger Komponenten erforderlich
- Systemverpackungen aus aluminiumkaschiertem Foodboard[2], beidseitig polyäthylenbeschichtet.

Haltbarkeit 4 Wochen bei 15 - 20°C[3]
- Hohlglasverpackungen (dunkel kohlegelb), mit keimdichtem Verschluß

1) tiefgezogene Form-Füll-Siegelbecher mit Formung unmittelbar vor der Füllung
2) spezielle, für die Lebensmittelverpackung geeignete, naßfeste und geschmacksneutrale Verbundkartonqualität
3) Hitzebehandlung und sorgfältige hygienische Herstellung vorausgesetzt

- Kunststoff-Formkörper (Becher, Schalen usw.) aus Polypropylen oder PVC, ev. mit PVDC oder mit sonstiger gasdichter Beschichtung versehen; mit aufgesiegeltem Aluminium- oder Kunststoffabdeckband verschlossen; ausreichend lichtdichte Einfärbung lichtdurchlässiger Komponenten erforderlich
- Papierbecher aus aluminiumkaschiertem Foodboard[1)], beidseitig polyäthylenbeschichtet, mit Aluminium- oder Kunststoffabdeckband verschlossen, ausreichende Lichtdichtigkeit erforderlich
- Systemverpackungen aus aluminiumkaschiertem Foodboard[1)], beidseitig polyäthylenbeschichtet.

Haltbarkeit > 3 Monate (ohne Temperaturbeschränkung)[2)]
- Hohlglasverpackungen (dunkel kohlegelb) mit keimdichtem Verschluß
- Feinstblechverpackungen (Dosen) und Aluminiumformkörper, mit aufgesiegeltem Aluminiumabdeckband keimdicht verschlossen.

Stichfestes Joghurt
Haltbarkeit 1 - 2 Wochen bei 4 - 9°C
- Hohlglasverpackungen (kohlegelb) mit angepreßter oder aufgesiegelter Aluminiumkappe, Schnappdeckel- oder Schraubverschluß
- formstabile Kunststoff-Formkörper (Becher, Schalen usw.) aus Polystyrol natur oder PVC, mit aufgesiegeltem Aluminium- oder Kunststoffabdeckband verschlossen; ausreichend lichtdichte Einfärbung lichtdurchlässiger Komponenten vorteilhaft
- dünnwandige Kunststoffbecher aus Polystyrol, Polypropylen oder PVC mit ausreichend versteifender Kartonbanderole; mit aufgesiegeltem Aluminium- oder Kunststoffabdeckband verschlossen; ausreichend lichtdichte Einfärbung lichtdurchlässiger Komponenten vorteilhaft.

Haltbarkeit 3 - 6 Wochen bei 6 - 10°C (ohne Unterbrechung der Kühlkette, sorgfältige und hygienische Herstellung vorausgesetzt)
- Hohlglasverpackungen (dunkel kohlegelb) mit keimdichtem Verschluß
- formstabile Kunststofformkörper (Becher, Schalen usw.) aus Polystyrol natur oder PVC; mit aufgesiegeltem Aluminium- oder Kunststoff-

1) spezielle, für die Lebensmittelverpackung geeignete, naßfeste und geschmacksneutrale Verbundkartonqualität
2) Hitzebehandlung und sorgfältige hygienische Herstellung vorausgesetzt

abdeckband verschlossen; ausreichend lichtdichte Einfärbung lichtdurchlässiger Komponenten erforderlich
- formstabile Becher aus aluminiumkaschiertem Foodboard[1)], beidseitig polyäthylenbeschichtet, mit aufgesiegeltem Aluminium- oder Kunststoffabdeckband verschlossen; ausreichende Lichtdichtigkeit lichtdurchlässiger Komponenten erforderlich.

Haltbarkeit 4 Wochen bei 15 - 20°C [2)]
- Hohlglasverpackungen (dunkel kohlegelb) mit keimdichtem Verschluß
- formstabile Kunststoff-Formkörper (Becher, Schalen usw.) aus Polystyrol natur oder PVC, ev. mit PVDC oder mit sonstiger gasdichter Beschichtung versehen; mit aufgesiegeltem Aluminium- oder Kunststoffabdeckband verschlossen; ausreichend lichtdichte Einfärbung lichtdurchlässiger Komponenten erforderlich
- formstabile Becher, aus aluminiumkaschiertem Foodboard[1)], beidseitig polyäthylenbeschichtet, mit aufgesiegeltem Aluminium- oder Kunststoffabdeckband verschlossen; ausreichende Lichtdichtigkeit lichtdurchlässiger Komponenten erforderlich.

Sauermilch mit starker CO_2-Entwicklung und Kefir
Haltbarkeit 1 - 2 Wochen bei 4 - 9°C
- Hohlglasverpackungen (kohlegelb) mit angepreßter Aluminiumkappe, Schnappdeckel- oder Schraubverschluß ohne Dichtungseinlage mit Gasentweichmöglichkeit
- Kunststoff-Formkörper (Becher, Schalen usw.) aus Polystyrol, Polypropylen oder PVC; Bördelverschluß (Gasentweichmöglichkeit) mit Aluminiumabdeckband; ausreichend lichtdichte Einfärbung lichtdurchlässiger Komponenten zweckmäßig
- dünnwandige Kunststoffbecher aus Polystyrol, Polypropylen oder PVC mit versteifender Kartonbanderole; Bördelverschluß (Gasentweichmöglichkeit) mit Aluminiumabdeckband; ausreichend lichtdichte Einfärbung lichtdurchlässiger Komponenten zweckmäßig
- Becher aus aluminiumkaschiertem Foodboard[1)], beidseitig polyäthylenbeschichtet, Bördelverschluß (Gasentweichmöglichkeit) mit Aluminiumabdeckband.

1) spezielle, für die Lebensmittelverpackung geeignete, naßfeste und geschmacksneutrale Verbundkartonqualität
2) Hitzebehandlung und sorgfältige hygienische Herstellung vorausgesetzt

4. Spezielle produktbezogene Anforderungen an Packmittel für stille[1] Getränke

4.1. Fruchtsaftgetränke

4.1.1. Spezifische Empfindlichkeiten

Fruchtsaftgetränke

- unterliegen bei Reinfektionen dem Verderb durch Mikroorganismen

  Ausreichender Entkeimungseffekt der Heißabfüllung, Pasteurisation, Sterilisation oder des jeweils angewandten Entkeimungsverfahrens und entsprechend keimarme Packmittel vorausgesetzt.
- neigen, zum Teil unter Einwirkung von Sonnenlicht oder künstlichem Licht von Leuchtstoffröhren zu Geschmacks- und Farbveränderungen, die mit Vitaminabbau verbunden sind[2]
- sind zum Teil sauerstoffempfindlich (insbesondere Zitrussäfte)[2]
- neigen unter Luftsauerstoffeinfluß zu erhöhter Lichtempfindlichkeit[2].

4.1.2. Anforderungen an die Packmittel

Die Packmittel müssen

- keimarm sein, um ausreichend geringe Oberflächenkeimzahl nach einem der Befüllung vorausgegangenen Sanitationsvorgang zu gewährleisten
- entweder für das der Abfüllung vorgeschaltete Entkeimungsverfahren oder für Heißabfüllung bzw. Pasteurisation oder Sterilisation in befülltem Zustand geeignet sein (Innendruckfestigkeit und Temperaturbeständigkeit)

  Die Innendruckbeanspruchung formfester Behältnisse bei Erhitzung ohne Gegendruck hängt in hohem Maße vom ausreichenden Freiraumvolumen ab. Nicht formfeste Packmittel müssen unter Gegendruck, der dem jeweiligen Innendruck im Behältnis entsprechen soll, erhitzt werden.
- keimdicht verschließbar sein

  Verpackung und Verschluß müssen frei von Poren und Diskontinuitäten (Durchmesser > 1 μm) sein, was etwa einer Leckrate < 10^{-5} mbar·l/s entspricht. Die Dichtigkeitseigenschaften müssen auch unter vorhersehbaren Vertriebsbeanspruchungen (Vibrationen, leichte Stöße gegen die Dichtflächen usw.) erhalten bleiben.
- frei von Eigengeruch oder Eigengeschmack sein

1) als "still" gelten alle Getränke, die < 2 g Kohlensäure/Liter enthalten

2) die Kenntnisse über die Auswirkungen dieser Faktoren auf die Saftqualität vieler Fruchtarten sind noch gering

- ausreichende Barriereeigenschaften gegen den Durchgang von Eigen- und Fremdaromasubstanzen aufweisen
  Diese Anforderung wird von Hohlglas- und Feinstblechverpackungen sowie von aluminium- und PVDC-beschichteten Verbundstoffen erfüllt.
- für manche Fruchtsäfte ausreichenden Lichtschutz bieten
- für manche Fruchtsäfte ausreichend sauerstoffdicht sein
- flüssigkeitsdicht sein und einen flüssigkeitsdichten Verschluß besitzen, was bei keimdichten Verschlüssen gegeben ist
- ausreichend naßfest sein, um gegebenenfalls Feuchtigkeitskondensation standzuhalten.

4.1.3. Geeignete Packmittel

- Hohlglasverpackungen mit Aluminium-Aufreißkappe, Aluminium-Schraub- oder Kronenkorkverschluß
- Systemverpackungen aus alumiumkaschiertem Foodboard[1)], beidseitig polyäthylenbeschichtet
- Behältnisse ausreichender Wandstärke aus HD-Polyäthylen oder Polypropylen in Verbindung mit ausreichend lichtdichter Einfärbung
- Kunststofformkörper (Becher) aus Polystyrol, Polypropylen oder PVC, mit Al-Abdeckfolie verschlossen, als Portionspackungen insbesondere für den Unterwegsverzehr
- Feinstblechverpackungen (Dosen) aus Weißblech oder Aluminium.

4.2. Fruchtsaftkonzentrate

4.2.1. Spezifische Empfindlichkeiten und Anforderungen an die Packmittel

Fruchtsaftkonzentrate weisen bei hohem Zuckergehalt geringere Empfindlichkeit gegenüber Mikroorganismen als Fruchtsäfte auf.

Die Anforderungen an die Packmittel sind im Prinzip ähnlich jenen von Fruchtsäften.

4.2.2. Geeignete Packmittel

Als Packmittel eignen sich
- Hohlglasbehältnisse, die wiederverschließbar sein sollten (z.B. mit Aluminium- oder Kunststoffschraubverschluß)

1) spezielle, für die Lebensmittelverpackung geeignete, naßfeste und geschmacksneutrale Verbundkartonqualität

- Systemverpackungen aus aluminiumkaschiertem Foodboard[1], beidseitig polyäthylenbeschichtet, für Kleinstportionen
- Kunststoffbehältnisse aus HD-Polyäthylen oder Polypropylen, wenn die Umschlagzeiten kurz gehalten werden können und baldiger Verbrauch gewährleistet ist.

4.3. Stille Wässer

4.3.1. Spezifische Empfindlichkeiten

Stille (nicht kohlensäurehältige) Wässer
- weisen aufgrund ihrer Geschmacksneutralität extreme Empfindlichkeit gegenüber wasserlöslichen Aromastoffen auf und nehmen leicht Fremdgeruch und Fremdgeschmack an
- können durch Mikroorganismenwachstum geschmacklich beeinträchtigt werden.

4.3.2. Anforderungen an die Packmittel

Die Packmittel müssen
- ausreichend keimarm und keimdicht verschließbar sein
- frei von Eigengeruch und Eigengeschmack sein
- ausreichende Barriereeigenschaften gegen den Durchgang von Fremdaromasubstanzen aufweisen
- flüssigkeitsdicht und flüssigkeitsdicht verschlossen sein.

4.3.3. Geeignete Packmittel

- Hohlglasbehältnisse, wiederverschließbar (z.B. mit Aluminium- oder Kunststoff-Schraubverschluß)
- Kunststoff-Formkörper (Flaschen, Kanister) aus PVC und Polypropylen, wiederverschließbar (mit Schraub- oder Einsteckverschluß).

4.4. Wein

4.4.1. Spezifische Empfindlichkeiten

Wein
- erleidet unter Licht- und Sauerstoffeinfluß eine nachteilige Veränderung der geschmacklichen Qualität

1) spezielle, für die Lebensmittelverpackung geeignete, naßfeste und geschmacksneutrale Verbundkartonqualität

- ist vor allem gegenüber wasserlöslichen Fremdaromasubstanzen empfindlich
- kann durch Einwirkung von Mikroorganismen verderben.

4.4.2. Anforderungen an die Packmittel

Die Packmittel müssen
- frei von Eigengeruch sein
- ausreichende Barriereeigenschaften gegen den Durchgang von Fremdaromasubstanzen aufweisen
- flüssigkeitsdicht und flüssigkeitsdicht verschlossen sein

  Dies muß durch entsprechende Qualität des Korkstopfens oder durch Verwendung flüssigkeitsdichter Verschlüsse wie z.B. Kronenkork- oder Aluminium-Schraubverschluß gewährleistet werden.
- gasdicht, insbesondere gegenüber Sauerstoff sein (wodurch vor allem bei Haltbarkeitszeiten > 1 Jahr hohe Anforderungen an die Verschlußdichtigkeit gestellt werden)
- einen kleinen Freiraum (zur Geringhaltung der verfügbaren Sauerstoffmenge im Kopfraum) aufweisen
- ausreichenden Lichtschutz gewähren
- keimarm und keimarm verschließbar sein (letzteres wird durch einen gasdichten Verschluß ausreichend gewährleistet)
- naßfest sein (um gegebenenfalls Feuchtigkeitskondensation standzuhalten).

Ferner muß die Bedruckung der Packmittel und -hilfsmittel abriebfest und geruchsfrei sein.

4.4.3. Geeignete Packmittel

Tafel- und Landwein

Haltbarkeit bis max. 6 Monate

Für den Absatz von Tafel- oder Landwein, vor allem in Kleinstportionspackungen < 0,25 l, die zum baldigen Verbrauch bestimmt sind (z.B. für Cateringsysteme, Bordverpflegung usw.), haben sich vor allem in bezug auf ausreichende Qualitätserhaltung des Füllgutes folgende Packmittel als geeignet erwiesen:
- Hohlglasverpackungen mit leicht zu öffnenden Verschlüssen (z.B. Kronenkork, Al-Schraubverschluß, Al-Abreißverschlüsse); ausreichend lichtdicht eingefärbt, soweit die Lichtschutzfunktion auf dem Vertriebsweg nicht von der Umverpackung übernommen wird

- Systemverpackungen aus aluminiumkaschiertem Foodboard[1], beidseitig polyäthylenbeschichtet[2]
- Formkörper (Flaschen) aus Kunststoffen und Kunststoffverbunden mit geringer Gasdurchlässigkeit (PET, PE/EVOH-Verbunde usw.)[2], mit leicht zu öffnenden Verschlüssen (siehe oben), ausreichend lichtdicht eingefärbt, soweit die Lichtschutzfunktion auf dem Vertriebsweg nicht von der Umverpackung übernommen wird
- Aluminium- oder Feinstblechdosen mit Aufreißdeckel[2]

Haltbarkeit ca. 1 Jahr

Für die Qualitätsstufen Tafel- und Landwein mit einer Haltbarkeitsanforderung in der Verbraucherpackung von ca. 1 Jahr haben sich in bezug auf die Qualitätserhaltung des Füllgutes folgende Packmittel als grundsätzlich geeignet erwiesen

- Hohlglasverpackungen mit Naturkork-, Kronenkork- oder Aluminium-Schraubverschluß (entsprechende Verschlußqualität und ausreichend lichtschützende Glasfarbe vorausgesetzt, soweit die Lichtschutzfunktion auf dem Vertriebsweg und während der Lagerung nicht von der Umverpackung übernommen wird)
- Systemverpackungen aus aluminiumkaschiertem Foodboard[1], beidseitig polyäthylenbeschichtet[2]
- Dispensersysteme aus aluminiumkaschiertem Verbundfolienbeutel in Wellpappebox mit Zapfeinrichtung[2].

Qualitäts- und Prädikatswein

Haltbarkeit mehrere Jahre

Für Qualitäts- und Prädikatsweine mit einer Haltbarkeitsanforderung in der Verbraucherpackung von > 1 Jahr kommen nach dem derzeitigen Stand der Verpackungstechnik nur Hohlglasverpackungen mit Naturkork oder Behältnisse aus Steingut, außenversiegelt (ev. Kronenkorkverschluß), entsprechende Verschlußqualität hinsichtlich der langzeitigen Gas- und Flüssigkeitsdichtigkeit und ausreichend lichtschützende Glasfarbe vorausgesetzt (soweit die Lichtschutzfunktion auf dem Vertriebsweg und während der Lagerung nicht von der Umverpackung übernommen wird), in Frage.

---

1) spezielle, für die Lebensmittelverpackung geeignete, naßfeste und geschmacksneutrale Verbundkartonqualität

2) derzeit lt. Weingesetz in Österreich nicht zugelassen

4.5. Spirituosen

Spirituosen können bei langanhaltendem Licht- und Sauerstoffeinfluß zu Farb- und Geschmacksveränderungen neigen, denen durch lichtgeschützte Lagerung oder entsprechende Einfärbung der Behältnisse vorgebeugt werden kann. Die Innendruckfestigkeit der Behältnisse muß dem Innendruckanstieg bei Erwärmung aufgrund des Dampfdruckes des Alkohols, der seinerseits wieder vom Alkoholgehalt des Füllgutes abhängig ist, Rechnung tragen. Zur Begrenzung des erwärmungsbedingten Innendruckanstieges muß ein entsprechender Freiraum vorgesehen sein (6).

Als Packmittel eignen sich Hohlglasbehältnisse oder Behältnisse aus Steingut mit Aluminium-Schraubverschluß oder Korkstopfen (zum Wiederverschluß geeignet) in den verschiedensten Ausführungsformen. Wegen des mitunter hohen Preises des Füllgutes werden die Gebinde oft einzeln bruchsicher umverpackt.

Die Verwendung von Kunststoff-Behältnissen wurde vereinzelt versucht, hat sich aber mit Rücksicht auf mögliche Wechselwirkungen zwischen Alkohol und Kunststoffkomponenten bisher nicht durchgesetzt.

5. Spezielle produktbezogene Anforderungen an Packmittel für kohlensäurehältige Getränke

5.1. Kohlensäurehältige Limonaden

5.1.1. Spezifische Empfindlichkeiten

Kohlensäurehältige Limonaden
- neigen ähnlich wie zahlreiche Fruchtsäfte unter Einwirkung von Sonnenlicht und künstlichem Licht von Leuchtstoffröhren zu Geschmacks- und Farbveränderungen sowie zu Vitaminabbau
- sind zum Teil sauerstoffempfindlich (insbesondere Zitrussäfte)
- neigen unter Luftsauerstoffeinfluß zu erhöhter Lichtempfindlichkeit
- neigen zum Verderb durch Mikroorganismen
- verlieren bei CO_2-Verlust ihre spezifischen geschmacklichen Eigenschaften
- neigen bei Rüttelbeanspruchungen und nachfolgender plötzlicher Druckentlastung zum Ausgasen der Kohlensäure und damit zum Aufschäumen.

5.1.2. Anforderungen an die Packmittel

Die Packmittel müssen
- ausreichend keimarm sein
- gasdicht und gasdicht verschließbar sein
- ausreichend innendruckfest sein und zur Begrenzung der Innendruckbeanspruchung (insbesondere bei Erwärmung) einen ausreichenden Freiraum aufweisen
- ausreichende Barriereeigenschaften gegen den Durchtritt von Eigen- und Fremdaromasubstanzen aufweisen
- ausreichenden Lichtschutz bieten
- flüssigkeitsdicht sein und einen flüssigkeitsdichten Verschluß besitzen (ist bei gas- und innendruckdichten Verschlüssen gegeben)
- ausreichend naßfest sein, um gegebenenfalls Feuchtigkeitskondensation standzuhalten.

5.1.3. Geeignete Packmittel

- Hohlglasverpackungen, ausreichender Innendruckfestigkeit, mit Kronenkork-, Aluminium- und Kunststoff-Schraubverschluß
- Formkörper (Flaschen) aus Kunststoffen und Kunststoffverbunden mit geringer Gasdurchlässigkeit (PET, PE/EVOH-Verbunde usw.) mit Aluminium- oder Kunststoff-Schraubverschluß
- Aluminium- und Feinstblechdosen mit Aufreißdeckel.

5.2. Kohlensäurehältige Mineral-, Heil- und Tafelwässer

Kohlensäurehältige Mineral-, Heil- und Tafelwässer weisen im Prinzip dieselben Empfindlichkeiten wie stille Wässer auf (siehe Abschn. 4.3.). Hinzu kommen noch die Empfindlichkeit gegenüber CO_2-Verlust sowie jene Anforderungen an Behältnisse und Verschlüsse, welche sich aufgrund des CO_2-Gehaltes an die Gasdichtigkeit und Innendruckfestigkeit ergeben und bereits in Abschn. 5.1. erwähnt wurden.

Als Packmittel für kohlensäurehältige Mineral-, Heil- und Tafelwässer finden in Österreich aufgrund der gesetzlichen Vorschriften ausschließlich Glasflaschen entsprechender Innendruckfestigkeit mit Kronenkork-, Aluminium- oder Kunststoffschraubverschluß Verwendung. Formkörper aus geschmacksneutralen Kunststoffen mit geringer Gasdurchlässigkeit (PET, PE/EVOH-Verbunde usw.) sind für diese Produktgruppe auch grundsätzlich geeignet.

5.3. Bier

Bier weist hohe Sauerstoff- und Lichtempfindlichkeit auf, welcher bei der Abfüllung durch weitestgehende Verdrängung des Kopfraum-Sauerstoffes durch Aufschäumen Rechnung getragen wird.

Für die Packmittel gelten im Prinzip die in Abschn. 5.1. dargelegten Anforderungen.

Als Packmittel werden Hohlglasgefäße sowie Weißblech- und Aluminiumdosen eingesetzt. Verschiedentlich wurde Bier auch in Formkörper aus Kunststoffen oder Kunststoffverbunden mit hoher Gasdichtigkeit abgefüllt. Diese Packmittel fanden vor allem wegen der eingeschränkten Haltbarkeit des Füllgutes keine verbreitete Verwendung.

5.4. Schaumwein

Die spezifischen Empfindlichkeiten von Schaumwein und die sich daraus ergebenden Anforderungen an die Packmittel sind dieselben wie bei Wein. Hinzu kommt noch die relativ hohe Innendruckentwicklung (bis 9 bar), der durch ausschließliche Verwendung fabrikneuer Gebinde entsprechender Berstdruckfestigkeit und gasdichten, innendruckfesten Verschluß Rechnung getragen werden muß.

6. Literatur

1. HEISS R.: Verpackung von Lebensmitteln. Springer-Verlag, Berlin-Heidelberg-New York (1980)

2. INSTITUT FÜR LEBENSMITTELTECHNOLOGIE UND VERPACKUNG: Empfehlungen für die Mindestanforderungen an die Beschaffenheit von Lebensmittelverpackungen, zur Gewährleistung einer optimalen Qualitätserhaltung des Füllgutes. P. Keppler-Verlag, Heusenstamm (1972)

3. KESSLER H.: Lebensmittelverfahrenstechnik - Schwerpunkt Molkereitechnologie. Verlag A. Kessler, Freising (1976)

4. BOJKOW E.: Zum Problem der geschmacklichen Beeinflussung von Molkereiprodukten durch Packmittel. 3. Mitteilung: Ursachen und Nachweis geschmacksbeeinflussender Substanzen in PE-beschichteten Verbundstoffen für Milchverpackungen. Österr. Milchwirtschaft 37/18, wissenschaftliche Beilage Nr. 2 (1982)

5. BOJKOW E.: Praxisbezogene Beurteilung der Lichtschutzeigenschaften von Verpackungen für Molkereiprodukte. dmz 105/45, 1592-1598 (1984)

6. MOODY B.: Packaging in Glass. Hutchinson Benham Ltd., London (1977)

KAPITEL III

Packstoffe und Packmittel für Lebensmittel und Getränke

Inhaltsverzeichnis

1. Einleitung (1)

Die Lösung verpackungstechnischer Aufgaben setzt nicht nur die genaue Kenntnis der Eigenschaften und Besonderheiten des verpackten Gutes, sondern auch der zur Auswahl stehenden Packstoffe und Packmittel voraus. Die optimale Abstimmung beider Faktoren aufeinander auf Grundlage objektiver technischer Daten ist Aufgabe der Verpackungstechnik. Die meßtechnische Erfassung von Schutz-, Festigkeits-, Verarbeitungs- und Gebrauchseigenschaften von Packstoffen und Packmitteln war und ist neben der Entwicklung einschlägiger Prüfmethoden eine wesentliche Aufgabe der Verpackungsforschung.

Komplementär dazu erwächst dem Anwenderbereich die Aufgabe, anhand prüfbarer Kriterien Anforderungsprofile zu erstellen, welche die Grundlage für die Belieferung mit qualitativ entsprechenden, dem Postulat des geringstmöglichen Aufwandes gerecht werdenden Packmitteln sind.

Dieses Kapitel befaßt sich mit den verpackungstechnisch relevanten Eigenschaften der wichtigsten Packstoffe, deren Verwendung und Prüfung sowie mit der Wiederverwertung von Verpackungsabfällen. Abschließend werden die Anforderungskriterien an die wichtigsten Packmittelarten tabellarisch dargestellt.

Da Packstoffe (z.B. Papiere, Aluminiumfolien, Kunststoffolien usw.) mitunter gleichzeitig auch Packmittel (z.B. Einwickler) sein können und Kombinationen verschiedener Packstoffe als Verbundmaterialien zum Einsatz kommen, sind Überschneidungen unvermeidbar, weshalb auf eine getrennte Besprechung von Packstoffen, Packmitteln sowie Verbundstoffen verzichtet wurde.

2. Packpapiere (1)(2)(3)(4)(5)(6)(7)

2.1. Roh-, Halb- und Hilfsstoffe sowie Herstellung

Pflanzliche Faserstoffe (Holz, Stroh, Gräser usw.), Altpapier und Alttextilien (letztere nicht für Packpapiere) werden zu sogenannten Halbstoffen

- mechanisch zu Holzstoff oder Holzschliff (enthält neben Zellulose noch Lignin und Hemizellulosen)
- mechanisch-chemisch zu Halbzellstoff (unvollständiger chemischer Aufschluß mit anschließender Defibrierung)

- chemisch zu Zellstoff (Zellulose)

aufbereitet. Je nach den Kochbedingungen unterscheidet man zwischen

- Natronzellstoff (alkalischer Aufschluß mit Natronlauge), der zunehmend durch
- Sulfatzellstoff (Aufschluß mit Natronlauge und Natriumsulfat) ersetzt wird
- und Sulfitzellstoff (Aufschluß mit saurer Calciumbisulfitlösung).

Die Halbstoffe werden entweder rein oder in Mischungen miteinander bzw. mit Holzstoff oder Altpapier, gebleicht oder ungebleicht verwendet. Nach Bedarf werden noch

- Leimstoffe (z.B. Harzleim, Kasein, Pflanzengummi, Harnstoff-, Melamin-, Polyamid- und Polyaminharze, Wachse, Paraffine, Wasserglas, Acrylsäuremischpolymere, Maleinsäureanhydrid-Copolymerisate)
- Füllstoffe (z.B. Kaolin, Talkum, Asbestine, Gips, Bariumsulfat, Bariumcarbonat, Kreide, Magnesit, Titandioxyd usw.)
- Farbstoffe
- und spezielle Hilfsstoffe (z.B. optische Aufheller)

beigegeben, um dem Papier besondere Eigenschaften zu verleihen. Die Papierbildung erfolgt durch Entwässern der Faserstoffaufschwemmung auf einem Sieb, wodurch ein Faserfilz entsteht, der anschließend verdichtet und getrocknet wird.

Hinsichtlich der Oberflächenglätte wird zwischen

- maschinenglatten (ohne Nachbehandlung im Glättwerk)
- einseitigglatten (einseitige Behandlung im Glättwerk)
- und satinierten Papieren (Glanzeffekt)

unterschieden.

2.2. Altpapier als Rohstoff

Obwohl in den traditionellen Lieferantenländern der Papierindustrie die Holzentnahme geringer als der Zuwachs ist, genießt die Verwertung von Altpapier aus Gründen der Ressourcenschonung und der Abfallvermeidung zunehmendes öffentliches Interesse. Schließlich gehen weltweit 20 % der gesamten Holznutzung in die Papierproduktion. Eine Tonne Altpapier erspart 5 fm Holz. Papier, Karton und Pappe sind mit rd. 30 Gew. % die im Hausmüll am stärksten vertretene Stoffgruppe.

Altpapier kann aus Abfallpapier (meist sortenrein) oder aus Papierabfällen (z.B. durch Sortierung) gewonnen werden. Verschmutzungsgrad, Holzhaltigkeit und Sortierung bestimmen die Verwendbarkeit für hoch- oder minderwertigere Papiere.

Schwerpunkt der Altpapieraufbereitung ist das möglichst faserschonende Zerlegen des Blattgefüges in Einzelfasern und deren Dispergierung (Naßzerfaserung), die je nach Qualität und Art des Altpapiers und vorgesehenem Verwendungszweck mit einer mehr oder weniger intensiven Reinigung einhergeht. Die Faserstoffverluste betragen dabei 7 bis 20 %.

Aufbereitungsschwierigkeiten bereiten Fremdkörper im Altpapier (Metallteile, Steine, Holz, Kunststoff-Folien, Schnüre, Drähte usw.) und manche veredelte Papiersorte (durch zugesetzte Hilfsstoffe) selbst bei chemisch-thermischem Aufschluß. Auch kunststoffbeschichtete Papiere, Kartone und Pappen können mit wirtschaftlich vertretbarem Aufwand heute noch nicht wiederaufbereitet werden, sodaß derzeit deren energetische Nutzung noch immer die vernünftigste Verwertung ist.

Da mit jedem Verwendungszyklus die Faserlänge ab- und die Zahl unerwünschter Begleitstoffe zunimmt, ist die Altpapierverarbeitung auf kontinuierlichen Zufluß von Sekundärfasern mit nur wenigen Produktionszyklen angewiesen. Nachdem aber eine vollständige Rückführung des Altpapiers nicht möglich ist, sind auch dem Recycling von Faserstoffen quantitative und qualitative Grenzen gesetzt.

Werden die bei der Papierproduktion aus Primärstoffen und die bei der Altpapierverarbeitung entstehenden Umweltbelastungen gegeneinander abgewogen, so verläuft die Substitution von Primärfaser durch Altfaser weitgehend umweltneutral. Nach etwas älteren deutschen Angaben (7) entfallen > 80 % des Altpapierverbrauches auf den Verpackungssektor. Viele Packpapierqualitäten, Karton, Voll- und Wellpappe werden fast zur Gänze auf Altpapierbasis hergestellt. Weitere Einsatzmöglichkeiten werden auch außerhalb der Papierindustrie, z.B. in der Faserplatten- und Preßmassenerzeugung, eventuell auch in der Pyrolyse gesehen. Sofern die Altpapierverwertung aber nur aus Stroh- und Holzabfällen erzeugte Produkte substituiert, könnte damit keine Entlastung des Abfallaufkommens erreicht werden.

Die Problematik der Altpapierverwertung liegt in ihrer Wirtschaftlichkeit: einerseits muß der Marktpreis des Altpapiers so hoch sein, daß er die Sammel-, Sortier- und Transportkosten deckt, andererseits muß er für den Verarbeiter so niedrig sein, daß aus Altpapier hergestellte Produkte noch wettbewerbsfähig sind.

In der papierverarbeitenden Industrie Deutschlands sowie bei Druckereien und Verlagen wird Altpapier nahezu vollständig, bei Behörden und Verwaltungen zu 70 - 80 % erfaßt. Der Bereich Kaufhäuser stellt etwa 40 %, Haushalte 2 - 8 % des gesamten Altpapieraufkommens, wobei sich gebündelte Erfassung günstiger als die Verwendung von Systemgefäßen gezeigt hat, da bei letzteren der Anteil von Fremdabfällen höher lag.

Bei der Müllsortierung gewonnenes Altpapier entspricht mangels Sortenreinheit und infolge seiner Verschmutzung zumeist nur der untersten Qualitätsstufe.

2.3. Einteilung, Eigenschaften und Verwendung von Packpapieren

2.3.1. Vorbemerkungen

Durch Variation und Kombination der Ausgangsstoffe, Zusätze, Nachbehandlungsmöglichkeiten usw. kann eine Vielzahl von Papiersorten (ca. 2.000) für verschiedenste Anwendungsbereiche mit den unterschiedlichsten Eigenschaften hergestellt werden, die zum Teil auch Verpackungszwecken dienen. Für diesen Bereich unterscheidet man zwischen
- unveredelten Papieren
- veredelten Papieren
- und oberflächenbeschichteten Papieren.

In der Folge werden zusammenfassend und in gesonderten Übersichten die wichtigsten Packpapiere, deren wesentliche Eigenschaften und Anwendung besprochen.

2.3.2. Unveredelte Papiere

Nach den Ausgangsstoffen unterscheidet man
- Altpapier-Packpapiere (AP-Papiere) und
- Zellstoff-Packpapiere (ZP-Papiere)

deren Qualität sich nach Anteil und Art des verarbeiteten Zellstoffes, Holzschliffes und Altpapiers richtet.

Ihre natürlichen Eigenschaften sind Festigkeit, Steifigkeit, Porosität und Temperaturbeständigkeit. Sie werden üblicherweise mit Flächengewichten von 15 - 200 g/m^2 als Einwickler, zur Herstellung von Beuteln und Säcken, sowie für die Wellpappeherstellung, verwendet.

Vorteilhaft für die maschinelle Verarbeitung sind gute Faltbarkeit (geringe Rückfederung), geringe Dehnung (Formtreue) ferner Steifigkeit (beim freien Vorschub) und gute Verklebbarkeit.

Nachteile der unveredelten Papiere sind ihre geringe Naßfestigkeit, Dichtigkeit und die nicht vorhandene Heißsiegelfähigkeit.

Durch die Ausrichtung der Fasern in der Papierbahn sind alle Eigenschaften in Längs- und Querrichtung unterschiedlich ausgeprägt: solche, die mit der Festigkeit korrespondieren, sind in der Faserlaufrichtung höher, und solche, die sich aus der Dehnfähigkeit ableiten, quer zur Faserlaufrichtung.

In Tab. I sind die wichtigsten unveredelten Packpapiere kurz beschrieben und deren Verwendung aufgezeigt.

2.3.3. Veredelte Papiere

Die Veredelung von Papieren zielt vor allem auf eine Verringerung der Feuchtigkeitsempfindlichkeit, Fettdurchlässigkeit, Oberflächenrauhigkeit und Steifigkeit[1] oder auf eine Verbesserung der Dehnfähigkeit[1] ab. Durch spezielle Oberflächenbehandlung (Auftragen von Lösungen, Dispersionen oder Pigmentstrichen) kann die Oberfläche entweder wasserfest oder wasserabweisend, fettdicht oder besser bedruckbar gemacht werden.

Naßfeste Papiere weisen (bezogen auf die Bruchlast) im durchfeuchteten Zustand bis zu 35 % der Trockenfestigkeit auf.

Fettdichtigkeit erfordert eine geschlossene Struktur des Papierblattes, die durch Verkleisterung im Schwefelsäurebad (Echtpergament), starke Mahlung (Pergamentersatz) oder Satinieren (Pergamin) erreicht wird. Fettabweisende Papiere erhält man durch Beschichtung mit Fluorverbindungen oder Polyvinylazetat.

Durch Tränken der Papierbahn mit Paraffinen oder Mikrowachsen werden Wachspapiere hergestellt, die wasserabstoßend und wasserdicht, nicht aber wasserdampfdicht sind. Dagegen sind oberflächengewachste Papiere wasserabstoßend *und* wasserdampfdicht.

Duplopapiere werden aus 2 Papierlagen mit einer Zwischenlage aus Wachs hergestellt und zeichnen sich durch ihre Wasser- und Wasserdampfdichtigkeit - sowie nach den Eigenschaften der verwendeten Einzelpapiere - auch durch Fett- und Aromadichtigkeit aus.

In Tab. II sind die wichtigsten veredelten Packpapiere kurz beschrieben und deren Verwendung aufgezeigt.

1) z.B. Kreppapier

III/66

Tab. I: Unveredelte Packpapiere

Bezeichnung	Ausgangsstoff	Eigenschaften	Verwendung
Schrenzpapier	unsortiertes Altpapier	geringe Festigkeit, erhebliche Unreinheiten, unansehnliche Farbe	Wellpappeherstellung, anspruchslose, billige Packpapiere und Einwickler, Tüten- und Beutelherstellung
Zellpackstoffe	Abfallzellstoff	mäßige Festigkeit, erhebliche Unreinheiten	billige Packpapiere, Tüten- und Beutelherstellung
Zellbast	Abfallzellstoff mit oder ohne Zusatz von Holzschliff	zunehmende Festigkeit, geringe Unreinheiten	Packpapier, Tüten- und Beutelherstellung
holzhaltige Zellulosepapiere	Zellstoff und Holzschliff	weich und lichtempfindlich, jedoch gute Festigkeit und Reinheit	Packpapier, Tüten- und Beutelherstellung
holzfreie Zellulosepapiere	reiner Zellstoff	hohe Festigkeit und Reinheit, mit zunehmendem Bleichgrad geringere Lichtempfindlichkeit	hochwertiges Packpapier, Wellpappeerzeugung, Tüten-, Beutel- und Sackherstellung
Sulfitpapiere	reiner Zellstoff	je nach Zusatzbehandlung	geglättet und geleimt als Etikettenpapier
Kraftpapier	meist ungebleichter Sulfatzellstoff	höchste Festigkeit- und Hitzebeständigkeit, gebleicht oder ungebleicht, eingefärbt, durch Zusatzbehandlung wasserabweisend, naßfest, hoch dehnbar usw.	Einwickler, Sack- und Verbundmaterialherstellung

III/67

Tab. II: Veredelte Packpapiere

Bezeichnung (Flächengewicht)	**Ausgangsstoffe**	**Eigenschaften**	**Verwendung**
Seidenpapier (~ 20 g/m^2)	gebleichte Holz- und Strohzellstoffe, billige Sorten Braunschliff	dünnes, weiches, schmiegsames, verhältnismäßig festes und luftdurchlässiges Papier	Einwickler, Kaschiermaterial
Kreppapiere	in verschiedenen Qualitätsstufen (Schrenz bis Kraftpapier)	hohe Dehnbarkeit und Stoßfestigkeit, Einfach- und Doppelkrepp (in beiden Laufrichtungen)	für kantige und unregelmäßig geformte Packgüter als Einwickler und Sackpapier
Chromopapiere	gebleichte Halbstoffe mit Füllstoffen und Bindemittel, gestrichene Oberfläche	besonders glatte und geschlossene Oberfläche, matt und glänzend	für mehrfarbig bedruckte Verpackungen, Etiketten
Echtpergament (40 - 90 g/m^2)	vegetabilischer, unverholzter, gebleichter Zellstoff (Säuretauchbad, Weichmacherbäder)	geschmacks und geruchsneutral, wasser- und fettdicht, naßfest, wasserdampfdurchlässig	Einwickler für fette, ölige oder feuchte Packgüter, Kaschiermaterial
Pergamentersatzpapier (30 - 100 g/m^2)	gebleichte Sulfitzellulose (Oberfläche ev. fettabweisend behandelt)	etwas geringere Fettdichtigkeit und Naßfestigkeit	Einwickler für fette und feuchte Packgüter, Kaschiermaterial, fettdichte Beutel

Tab. II: Veredelte Packpapiere (Fortsetzung)

Bezeichnung (Flächengewicht)	**Ausgangsstoffe**	**Eigenschaften**	**Verwendung**
Pergamin ($30 - 60\ g/m^2$)	Zellstoff	glasig durchscheinend, hohe Oberflächenglätte, fettdicht, geruchsfrei und aromadicht	Einwickler für nicht wasserhältige Fette und feuchte Güter, fettdichte Beutel, Abdeckblätter
Wachspapier	verschiedene Papiersorten	wasserabstoßend, wasserdicht und wasserdampfdicht je nach Ausgangsmaterial und Auftragsverfahren, gewisse Gas- und Fettdichtigkeit, heißsiegelbar (geringe Nahtfestigkeit)	Einwickler, Kaschiermaterial, Beutelherstellung
Duplo-Wachspapiere	Zellulosepapiere, Pergamin (2 Lagen mit in der Mitte liegender Wachsschichte)	gute Wasserdampf-, Wasser- und zum Teil auch Fett- und Aromadichtigkeit (auch an Knickstellen)	Beutel für feuchtigkeitsempfindliche und fette Güter

2.3.4. Oberflächenbeschichtete Papiere

Durch Kunststoffbeschichtung können Papiere universeller eingesetzt werden. Ihre Eigenschaften sind, was Festigkeit und Steifigkeit betrifft, vom jeweils verwendeten Papier, was die Dichtigkeits-, Knickbeständigkeits- und Heißsiegeleigenschaften betrifft, vom Beschichtungsmaterial abhängig. Kunststoffbeschichtete Papiere haben sich als Einwickler, Beutel oder Säcke für feuchte oder fette Füllgüter, im Verbund mit Aluminiumfolie auch für sauerstoff- und lichtempfindliche Güter, wie z.B. Butter, Käse und Milchpulver, bewährt. In Tab. III sind die wichtigsten Eigenschaften von Papierbeschichtungen angeführt.

2.4. Qualitätskriterien für Packstoffe und Packmittel aus Packpapieren

Die Festigkeits- und Funktionseigenschaften von Packpapieren sowie deren Verarbeitbarkeit auf Verpackungsmaschinen kann anhand einer Reihe prüfbarer Eigenschaften charakterisiert werden, welche in Abschn. 12, Tab. XIV zusammengestellt sind. Je nach Anwendungsfall kann die Heranziehung aller Prüfkriterien oder einer Auswahl derselben zweckmäßig sein. Für Packmittel aus Packpapieren sind in Abschn. 12, Tab. XV die wichtigsten Funktionsanforderungen zusammengestellt.

3. Kartone und Vollpappen (1)(2)(3)(4)(5)(7)(8)(9)

3.1. Ausgangsmaterialien und Hilfsstoffe sowie Herstellung

Die Unterscheidung zwischen Papier, Karton und Pappe erfolgt nach dem Flächengewicht, der Steifigkeit und Rohstoffqualität:

- Papier < 150 g/m^2 (in Sonderfällen auch darüber)
- Karton ~ 150 - 600 g/m^2, einschichtige Kartone max. 250 g/m^2 (in Sonderfällen auch darunter).

Ausgangsmaterialien für Kartone und Vollpappen sind gebleichte oder ungebleichte Zellstoffe, Holzschliff, Altpapier[1] und Stroh. Als Hilfsstoffe werden im Grunde die gleichen Komponenten eingesetzt wie in der Papiererzeugung. Kartone und Pappen werden heute (Handpappe ausgenommen) kontinuierlich auf Langsieb- und/oder Rundsiebmaschinen

1) bezüglich des Einsatzes von Altpapier sei auf Abschn. 2.2. verwiesen

III/70

Tab. III: Eigenschaften von Papierbeschichtungen nach HEISS (4) und deren Anwendungsbereich

Beschichtung / Eigenschaften	**Polyäthylen (LDPE)**	**Aluminium-Polyäthylenverbund (Al/LDPE)**	**Polyvinylidenchlorid (PVDC)**
Wasserdampfdichtigkeit	hoch	extrem hoch	sehr hoch
Gasdichtigkeit	niedrig	extrem hoch	sehr hoch
Aromadichtigkeit	niedrig	extrem hoch	hoch
Öl- und Fettdichtigkeit	mäßig	extrem hoch	sehr hoch
Chemikalienbeständigkeit	sehr gut	gut	sehr gut
Flexibilität	sehr gut	gut	mittel
Siegelbarkeit	sehr gut	gut	sehr gut
Anwendungsbeispiele	feuchtigkeits- und fettdichte Einwickler, Siegelrandbeutel	gas-, licht- und wasserdampfdichte Einwickler und Siegelrandbeutel, Flüssigkeitsverpackungen	gas-, wasserdampf- und fettdichte Papiere für Siegelrandbeutel

hergestellt, wobei zwei oder mehrere Lagen zusammengegautscht werden können.

Nach der Lagenzahl wird zwischen

- reinem Zellstoffkarton (einlagig)
- Duplexkarton oder -pappe (zweilagig)
- Triplexkarton oder -pappe (dreilagig)

unterschieden. Noch höhere Flächengewichte werden durch Zusammenkleben (Kaschieren) mehrerer Pappebahnen erreicht.

3.2. Einteilung, Eigenschaften und Verwendung von Kartonen und Vollpappen

Ähnlich wie bei Papier kann auch hier zwischen

- einfachen
- veredelten
- und kombinierten (kaschierten oder beschichteten)

Kartonen und Pappen unterschieden werden. Die wichtigsten Eigenschaften einfacher Kartone und Pappen sind in Tab. IV, veredelter Kartone und Pappen in Tab. V und kombinierter Kartone und Pappen in Tab. VI angegeben.

Die mechanischen Eigenschaften von Kartonen und Vollpappen hängen vom Wassergehalt ab, der im Gleichgewicht zur Luftfeuchtigkeit und Temperatur steht. Charakteristisch sind der starke Anstieg des Wassergehaltes bei hoher Luftfeuchtigkeit und die mit der Durchfeuchtung einhergehende, starke Einbuße an mechanischer Festigkeit. Deshalb ist das Hauptziel der Veredelung von Kartonen und Pappen, neben der optischen Verbesserung der Oberfläche, vor allem die Verringerung des Feuchtigkeitseinflusses und die Erzielung bestimmter Sperreigenschaften durch Beschichten, Imprägnieren oder Kaschieren, wobei Karton oder Pappe das Trägermaterial darstellen. Auf diese Weise können wasserdampf-, wasser-, fett-, gas- und/oder lichtdichte, heißsiegelfähige bzw. verklebbare Packstoffe von hoher Festigkeit und Steifigkeit erzeugt werden. Die Haftung der Schichten muß ausreichend sein, damit die nachfolgenden Verarbeitungsvorgänge keine Verringerung der durch Veredelung erzielten Eigenschaften erleiden.

Kartone für die Herstellung von Faltschachteln müssen entsprechende Falt-, Ritz-, Rill-, Nut- und Bedruckbarkeit aufweisen. Häufig werden auch einseitig geglättete oder gestrichene Kartone verwendet.

Vollpappe eignet sich für die Verpackung nasser Güter besser als

Tab. IV : Einfache Kartone und Vollpappen

Bezeichnung	Ausgangsstoff	Eigenschaften	Verwendung
Graukarton und Graupappe	Altpapier event. mit Zugabe besserer Papierabfälle	geringe Festigkeit, Eigenschaften von Altpapierqualität abhängig; event. hell gedeckt	Faltschachteln, Klappschachteln und Packpappe
Strohpappe	gelber Strohstoff (eventuell Altpapierzusatz, oder aufkaschierte Decken aus festem Papier)	nicht rillfähig, brüchig (deshalb Zusatz von Altpapier und Aufkaschieren von Papierdecken)	billige Kartonagen mit geringer Festigkeit
Strohgemischpappe	Strohstoff und sortiertes Altpapier (eventuell aufkaschierte Decken aus festem Papier)	etwas bessere mechanische Eigenschaften	billige Kartonagen, mit mäßiger Festigkeit
Holzkarton und Holzpappe	Holzschliff mit grauer Einlage oder Rückseite aus Altpapier, Zellstoffbeimischung für Ziehkarton	besseres Aussehen aber mäßige Festigkeit (geringer als Lederpappe)	Faltschachteln, Schmelzkäseschachteln (Ziehkarton)
Lederpappe	Braunschliff (zur Verschönerung auch mit weißer oder farbiger Holzschliff- oder Zellstoffdecke) keine Altpapierbeimischung	gute Festigkeit , rillfähig	Versandschachteln
Chromokarton	aus hochwertigen Rohstoffen mit pigmenthältigem Oberflächenstrich	schöne Decke mit effektvollem Glanz und ausgezeichneter Bedruckbarkeit	Kartonagen für anspruchsvolle Zwecke
Zellstoffkarton (bis 250 g/m^2)	holzfreier Zellstoff, ein- oder mehrlagig, gegautscht und geklebt, wahlweise naßfest	Zähigkeit	kleine, gerillte Zuschnitte (Tiefkühlverpackungen)

Tab.V : Veredelte Kartone und Vollpappen

Bezeichnung	Ausgangsstoff	Eigenschaften	Verwendung
geklebte Pappen	Aufeinanderkleben zweier oder mehrerer Hand- oder Maschinenpappen	von Ausgangsmaterialien und Klebstoffart abhängig	vielseitige Verwendung
Beklebte (kaschierte Pappen)	ein- oder zweiseitig mit Kraftliner, weißem oder farbigem Papier beklebt	Aussehen und Bedruckbarkeit verbessert und erhöhte Festigkeit je nach Deckenmaterial	Kartonagenherstellung
Starkpappe (Kistenpappe)	zusammengeklebte Maschinenpappe mit fester Deckschicht (Kraftliner) aus ähnlichem Material bzw. Handpappe	hohe Festigkeit, sonstige Eigenschaften den verwendeten Materialien entsprechend	Kartonagenherstellung
Imprägnierte Kartone und Pappen	Rohstoffe mit Harzen naßfest imprägniert, auf einer oder beiden Seiten	wasserabweisend oder naßfest oder schwer entflammbar	vielseitige Verwendung
gestrichene Kartone und Pappen	ein- oder beidseitiges Aufbringen einer weißen oder farbigen Streichmasse	verbessertes Aussehen der Oberfläche	verschiedenartige Verwendung
Chromoersatzkarton	mehrlagiger Karton mit glatter oder hochglänzender, geleimter, holzfreier Oberseite und weißer (auch gefärbter) Rückseite aus billigeren Stoffen (Holzschliff oder Altpapier)	gute Druck- und Verarbeitungseigenschaften, preisgünstig	Faltschachtelherstellung

III/74

Tab. VI: Kombinierte Kartone und Vollpappen

Bezeichnung	Kombinationsmaterialien	Eigenschaften
kaschierte Kartone und Pappen	wasserdampfdichte Papiere,	wasserdampfdicht
	Kunststoff-Folien (ein- oder beidseitig)	wasser- und wasserdampfdicht
	Pergamin Pergamentersatz	} fettdicht
beschichtete Kartone und Pappen	Mikrowachsemulsionen	wasserabweisend
	Kunststoffdispersionen (PVDC)	wasserdampf- und gasdicht
	Hotmelt	feuchtigkeitsbeständig
	Extrusionsbeschichtung (PE)	wasser- und wasserdampfdicht

Wellpappe. Außer der Planlage ist die exakte Rillung die wichtigste Verarbeitungsforderung.

3.3. Packmittel aus Kartonen und Vollpappen

Kartone und Vollpappen werden sowohl als Transportverpackungen als auch für Verbraucherpackungen angewendet. Eine weitere Verwendungsart sind Inneneinrichtungen von Verpackungen für stückige Füllgüter (z.B. Gefache) oder für die Bildung von Versandeinheiten oder Packstücken (z.B. Zwischenlagen, Abdeckungen, Kantenschutz).

Schachteln werden je nach Verwendungszweck in vielen Macharten hergestellt, wobei zwischen

- Bauart (Konstruktion wie z.B. Stülpdeckel-, Klappdeckel- oder Faltschachtel)
- Ausführungsart (spezielle konstruktive Einzelheiten wie z.B. zusammenstoßende oder übergreifende Verschlußkappen, Einsteckdeckel usw.)

unterschieden wird.

Das Aufrichten (Aufstellen) und Befüllen der Schachteln kann manuell, halb- oder vollautomatisch erfolgen. Für letzteres wurden Systemverpackungen mit besonders sparsamem Packmittelverbrauch (z.B. Wrap around, Sprinter usw.) entwickelt.

Einsatzgebiete für einfache Kartone und Pappen sind die Faltschachtel- und Kartonagenerzeugung, sowie die Verwendung als Packpappe für Transportverpackungen. Graupappe dient z.B. als sparsame Umverpackung für 1/8- und 1/4-kg-Butterpackungen. Chromokarton oder Chromoersatzkarton wird für Umhüllungen mit anspruchsvollem Druckbild (z.B. für gehobene Käsesorten) und Zellstoffkarton für Flüssigkeits- und Tiefkühlverpackungen (z.B. für Speiseeis) verwendet.

Die Einsatzgebiete für veredelte Kartone und Pappen sind praktisch die gleichen wie zuvor beschrieben. Sie kommen allerdings überall dort zum Einsatz, wo höhere Anforderungen an die Festigkeit, Feuchtigkeitsbeständigkeit und/oder Oberflächenbeschaffenheit gestellt werden müssen.

Kunststoffbeschichtete Kartone mit besonderen Sperreigenschaften werden für die Verpackung fett- und/oder wasserhältiger, stückiger, pastöser, pulvriger oder flüssiger Füllgüter eingesetzt. Reiner Zellstoffkarton, polyäthylenbeschichtet (fallweise auch aluminiumkaschiert) dient heute weltweit der Abfüllung von pasteurisierter Trinkmilch und flüssigen Milchprodukten, Fruchtsäften, Wein und anderen stillen Getränken in Systemverpackungen, die von der Rolle oder von Zuschnitten gefertigt werden.

3.4. Qualitätskritierien für Packmittel aus Kartonen und Vollpappen

Die Festigkeitseigenschaften von Kartonen und Vollpappen sowie deren Verarbeitungseigenschaften auf Kartonagenfertigungs- und Verpackungsmaschinen können anhand einer Reihe prüfbarer Eigenschaften charakterisiert werden, die in Abschn. 12, Tab. XIV zusammengestellt sind.

Zusätzlich zu den in Abschn. 12, Tab. XIV angeführten packstoffbezogenen Qualitätskriterien können für Packmittel aus Karton oder Vollpappe (Umverpackungen oder Verbraucherpackungen) die in Abschn. 12, Tab. XV angegebenen Qualitätskriterien genannt werden. Bezüglich der Verwertung von Packmittelabfällen aus Karton oder Vollpappe sei auf Abschn. 2.2. dieses Kapitels verwiesen.

4. Wellpappe (2)(4)(7)(10)(11)

4.1. Herstellung, Ausgangsmaterialien und Hilfsstoffe

Wellpappe wird durch ein- oder beidseitiges Bekleben gewellter Papiere mit einer oder mehreren glatten Papierbahnen hergestellt, wobei mehrwellige Ausführungen auch aus Kombinationen verschiedener Papiere und Wellenarten bestehen können. Dementsprechend setzt sich Wellpappe aus

- glatten Bahnen (Deckenpapiere oder Liner)
- und gewellten Bahnen (Wellenpapier)

zusammen, wofür hauptsächlich die in Tab. VII angeführten Wellenarten Verwendung finden. Als Deckenpapiere werden

- Kraftliner aus mind. 80 % Sulfatzellstoff zwischen 125 und 450 g/m^2
- Testliner vorwiegend aus Altfaser[1)] meist mit Deckschicht aus Sulfatzellstoff (Flächengewichte 125 - 250 g/m^2) mit festgelegten Festigkeitswerten nach Güteklassen, jedoch ohne Vorschrift für die Ausgangsstoffe
- Schrenzpapier aus Altfaser[1)] ohne Festigkeitsangaben für Wellpappe

1) siehe Abschn. 2.2.

Tab. VII: Gebräuchliche Wellenarten und deren Maße für die Herstellung von Wellpappen[1)]

Kurzbezeichnung	Benennung	Wellenteilung t (mm)	Wellenhöhe h (mm)
A	Grobwelle	8,0 - 9,5	4,0 - 4,8
C	Mittelwelle	6,8 - 7,9	3,2 - 3,9
B	Feinwelle	5,5 - 6,5	2,2 - 3,0
E	Feinstwelle	3,0 - 3,5	1,0 - 1,8

1) in Verbindung mit diesen Wellenarten werden mitunter auch andere, hier nicht angeführte Wellenarten (z.B. Supergrobwelle D für Polsterzwecke) hergestellt, die aber von untergeordneter Bedeutung sind

niedrigerer Güteklassen (höhere Wasseraufnahme) mit Flächengewichten ab 80 g/m^2
eingesetzt. Als Wellenpapiere werden
- Halbzellstoffpapiere ("fluting") aus ungebleichtem Halbstoffzellstoff mit Flächengewichten von 120 - 160 g/m^2, zum Teil auch leimkaschiert (um Masse an Deckenpapieren bei gleichbleibender Festigkeit einzusparen)
- Wellenstoff aus Altfaser[1)] mit 90 - 150 g/m^2 Flächengewicht zum Teil mit Zusatz von Stärke

verwendet.

Für die Verklebung sollte aus Gründen der leichteren Wiedergewinnung von Papierfasern ein wasserlöslicher Leim verwendet werden, was aber nicht mit distributionsbedingten Anforderungen an die Naßfestigkeit und Feuchtigkeitsbeständigkeit von Wellpappeschachteln kompatibel ist.

Früher wurde als wasserlöslicher Klebstoff vorwiegend Wasserglas verwendet, das aber wegen verschiedener Nachteile (Durchschlagen durch das Deckenpapier bei Feuchtigkeitsaufnahme, hoher pH-Wert, Beschädigung der Riffelwalzen durch starke Rauhigkeit) zunehmend durch Stärkekleber ersetzt wird. Diese ermöglichen durch Zusatz von

1) siehe Abschn. 2.2.

Kunstharzen (Harnstoff-, Melamin-, Resorcin- oder Ketonharze mit Formaldehyd) eine naßfeste Verklebung. Kunstharzkleber auf Polyvinylalkohol-Basis geben ebenfalls eine naßfeste Verklebung, finden aber wegen ihres hohen Preises nur beschränkt Anwendung.

4.2. Eigenschaften und Verwendung

Die Eigenschaften von Wellpappe werden vom Flächengewicht und der Qualität der eingesetzten Papiere, der Wellenart oder den Wellenkombinationen und deren Verklebung bestimmt. Während Grobwelle gute Polstereigenschaften besitzt, nehmen in Richtung Feinstwelle der Flachstauchwiderstand und die erforderliche Durchstoßarbeit zu. Durch die intensivere Verklebung zwischen Wellen- und Deckenbahnen nähert sich bei Feinstwelle die Biegesteifigkeit der Längsrichtung jener der Querrichtung. Bei gröberen Wellen beträgt der Steifigkeitsunterschied zwischen stehender und liegender Welle 2:1 bis 3:1.

Soweit Wellpappe nicht als Polstermaterial verwendet wird, wird sie auf Falt- und Versandschachteln sowie Trays verarbeitet, wobei auf richtige Rillung wegen der erforderlichen Faltbarkeit der Klappen und Laschen geachtet werden muß.

4.3. Einteilung in Güteklassen und Qualitätskriterien

Wellpappe wird aufgrund der Summe der Flächengewichte der glatten Bahnen oder nach spezifizierten Flächengewichten der einzelnen Bahnen in Qualitätsklassen eingeteilt. Sorten, die überwiegend für die Faltschachtelherstellung vorgesehen sind, müssen bei alleiniger Lagerbeanspruchung gewissen Anforderungen hinsichtlich der Durchstoßarbeit und des Kantenstauchwiderstandes entsprechen. Wellpappen, die zusätzlich auch Transportbeanspruchungen standhalten sollen, müssen auch gewisse Anforderungen an die Berstfestigkeit erfüllen.

Die Festigkeitseigenschaften von Wellpappe sowie deren Verarbeitbarkeit auf Kartonagenfertigungs- und Verpackungsmaschinen können anhand einer Reihe prüfbarer Eigenschaften charakterisiert werden, die in Abschn. 12, Tab. XIV angeführt sind. Es wäre noch zu erwähnen, daß die flächenbezogene Masse der einzelnen Lagen für die mechanischen Festigkeitseigenschaften der Wellpappe gegenüber dem Einfluß der verarbeiteten Papierqualitäten und der Verklebung von sekundärer Bedeutung sind.

4.4. Packmittel aus Wellpappe und deren Qualitätseigenschaften

Wellpappe wird vorwiegend für die Herstellung von Transportschachteln und als Polstermaterial verwendet. Der Einsatz als Verbraucherpackung ist nur dort üblich, wo besondere Festigkeits- und Steifigkeitseigenschaften erforderlich sind (z.B. bruch- und druckempfindliches Füllgut), wofür zumeist Feinstwelle zum Einsatz kommt.

So wie in Abschn. 3.4. beschrieben, werden auch Wellpappeschachteln in vielen Macharten hergestellt, wofür auch die gleichen Unterscheidungsmerkmale und Qualitätskriterien gelten (siehe Abschn. 12, Tab. XV). Bezüglich der Verwendung von Wellpappeabfällen sei auf Abschn. 2.2. dieses Kapitels verwiesen.

5. Kunststoffe (1)(3)(4)(12)(13)(14)(15)

5.1. Übersicht (Herstellung, Eigenschaften, chem. Aufbau, Verwendung und Materialkenndaten)

Kunststoffe werden vorwiegend aus Erdöl oder Erdgas hergestellt. Durch ihre günstigen Eigenschaften, wie

- geringes spezifisches Gewicht
- leichte Verformbarkeit
- Beständigkeit
- vielseitige Verwendbarkeit und
- Erweiterung der Einsatzmöglichkeiten durch Additiva sowie Materialkombinationen miteinander und mit anderen Werkstoffen (Verbundstoffe)

kommen sie in besonderem Maße den Anforderungen an Lebensmittelverpackungen entgegen. Ihre, vor allem im technischen Einsatz noch immer zunehmende Vielfalt und ihre reichhaltigen Anwendungsmöglichkeiten gestalten eine umfassende, aber dennoch gedrängte Darstellung schwierig. Aus diesem Grunde kann hier nur eine kurze Übersicht gegeben werden.

Tab. VIII enthält Angaben über den chemischen Aufbau und die Herstellung der wichtigsten, zum Verpacken von Lebensmittel verwendeten Kunststoffe. Tab. IX gibt einen Überblick über deren Anwendung, während Tab. X eine Gegenüberstellung der wichtigsten Materialkenndaten enthält. Der nachfolgende Abschnitt bringt eine Übersicht der wichtigsten verpackungstechnisch relevanten Eigenschaften dieser Kunststoffe.

5.2. Verpackungstechnisch relevante Eigenschaften und Verwendung von Kunststoffen für die Lebensmittelverpackung

5.2.1. Zellglas

Eigenschaften: Transparent, geringe Rückstellkraft, hohe Steifigkeit, geringe Reibung, günstiges Schneideverhalten, hervorragende Bedruckbarkeit, öldicht, einreißfest, naßfest und verklebbar. Neigung zum Schrumpfen und Quellen. Geringe Wasserdampfdurchlässigkeit, Gasdurchlässigkeit feuchtigkeitsabhängig. Zur Verringerung der Wasserdampf- und Gasdurchlässigkeit ein- oder beidseitig mit Nitrozelluloselack oder zur Erzielung noch besserer Dichtigkeit und Siegelfähigkeit mit PVDC lackiert.

Verwendung als Einwickler für Beutelherstellung und als Kaschiermaterial zum Verpacken von Süßwaren, Brot, Gebäck, Streichkäse, Weichkäse, Reibkäse usw.

5.2.2. Polyäthylen (PE)

Polyäthylen niederer Dichte (LDPE)

Eigenschaften: Flexibel, durchscheinend, wachsartige, weiche Oberfläche, dehnfähig, verschweißbar. Geringe Wasserdampfdurchlässigkeit, aber hohe Aroma- und Gasdurchlässigkeit, bedruckbar, sehr gute Chemikalienbeständigkeit (ausgenommen Fette und einige organische Lösungsmittel).

Vielseitige *Anwendung* als Einschlag- und Beutelfolie, Formkörper und Beschichtungsmaterial zur Verpackung flüssiger, fester, pastöser und pulvriger Lebensmittel, die keine besonderen Anforderungen an die Gas- und Aromadichtigkeit der Verpackung stellen.

Polyäthylen hoher Dichte (HDPE)

Eigenschaften: Härtere Oberfläche, kratzfester und formbeständiger als LDPE. Höhere Temperaturbeständigkeit und Dichtigkeitseigenschaften. Chemikalienbeständigkeit ähnlich wie LDPE.

Verwendung zur Herstellung von Transportkasten und -gefäßen,

III/81

Tab. VIII: Chemischer Aufbau und Herstellung von Kunststoffen für die Lebensmittelverpackung

Stoffgruppe	**chemischer Aufbau**	**Herstellung**
Zellglas	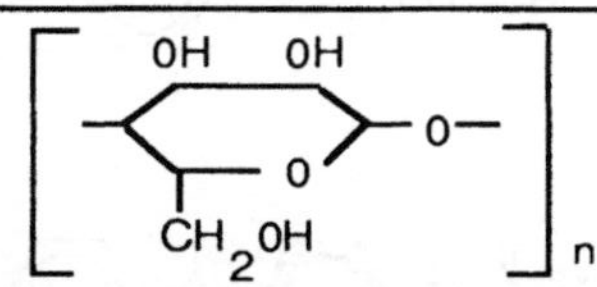	aus gelöster Zellulose im Fällbad (regenerierter Naturstoff) unter Zusatz von Weichmachern (Glyzerin)
Polyäthylen	$[-CH_2-CH_2-]_n$	durch Polymerisation von Äthylen aus Erdgas bzw. Erdöl
Polypropylen	$[-CH_2-CH(CH_3)-]_n$	entsteht als Nebenprodukt bei der Polymerisation von Polyäthylen
Polyvinylchlorid	$[-CH_2-CH(Cl)-]_n$	durch katalytische Reaktion von Salzsäure und Azetylen zu Vinylchlorid und anschließende Polymerisation. Besteht zu 44 Gew.% aus Kohlenstoff und Wasserstoff und zu 56 Gew.% aus Chlor
Polyvinylidenchlorid	$[-CH_2-CCl_2-]_n$	aus Äthylen oder Vinylchlorid durch Chlorieren unter Abspaltung von Salzsäure und anschließende Polymerisation
Polystyrol	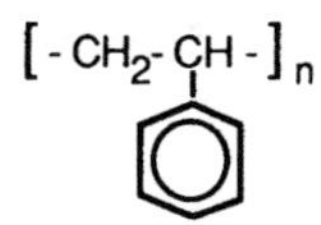	durch Polymerisation von Styrol aus Erdöl oder Erdgas

Tab. VIII: Chemischer Aufbau und Herstellung von Kunststoffen für die Lebensmittelverpackung (Fortsetzung)

Stoffgruppe	**chemischer Aufbau**	**Herstellung**
Polyamid	$[-NH-R_1-NH-CO-R_2-CO-]_n$ R_1 Diamine R_2 Dicarbonsäure	durch lineare Polykondensation unter Wasserabspaltung
Polyurethan	$[R_1-COO-N(H)-R_2-N(H)-COO-]_n$	durch Polyaddition von Isocyanaten und Hydroxylträgern
Äthylenvinylalkohol	$[-CH_2-CH(OH)-]_n$	Verseifung von Polyvinylazetat
Polycarbonat	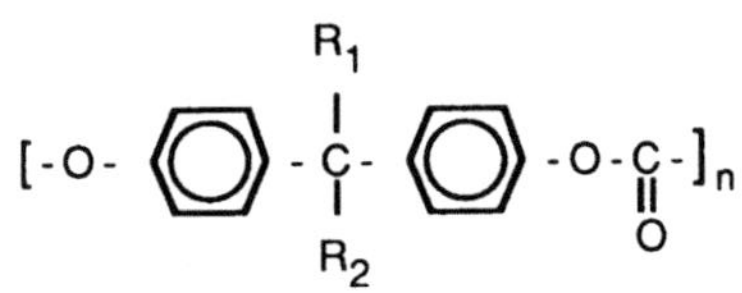	Polykondensation von Dioxy-Diphenyl-Propan mit Kohlensäureestern
Polyester	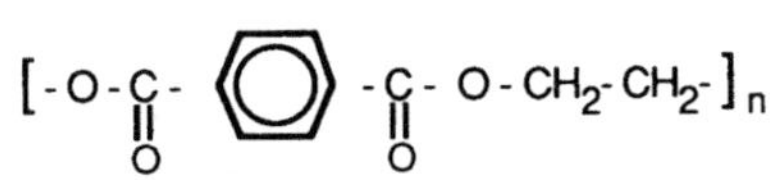	Polykondensation von Äthylenglycol und Terephtalsäure
Ionomere	$[-CH_2-CH(COOH)-CH_2]_n-[CH_2-CH(COO\text{-}Metall)-CH_2-]_n$	Copolymerisat des Äthylens mit Acrylsäure und Vernetzung durch Ionenbindung mit Metallen

Tab. IX: Beispiele für die Verwendung von Kunststoffen zum Verpacken von Lebensmitteln

Stoffgruppe	Kurzbezeichnung	Verwendung										
		Einwickler	Beutel, Säcke	Schurmpffolien	Stretchfolien	Becher, Schalen, Tassen	Flaschen	Verschlüsse	Überzüge	Transportkasten, Steigen	Verbundpackstoffe	Polsterstoffe (geschäumt)
Zellglas (Zellulosehydrat)	-	x	x								x	
Polyäthylen nied. Dichte	LDPE	x	x	x	x		x	x			x	
Polyäthylen hoher Dichte	HDPE	x	x			x	x	x		x		
Polypropylen	PP	x	x			x	x	x			x	
Polyvinylchlorid	PVC	x		(x)	x	(x)	(x)	(x)*			x	
Polyvinylidenchlorid	PVDC								x		x	
Polystyrol **)	PS					x		(x)				x
Styrolbutadien***)	SB					x					x	
Polyamide	PA	x	x								x	
Polyurethan	PUR											(x)
Äthylenvinylalkohol	EVAL										(x)	
Polycarbonat	PC					(x)	x					
Polyäthylenterephtalat	PET	(x)	(x)			(x)	x				x	
Ionomere ****)	-	(x)	(x)								(x)	

(x) nur in Sonderfällen bzw. seltene Anwendung
* Dichtungsmaterial für Flaschenverschlüsse
**) natur, glasklar
***) schlagfest, opak
****) z.B . Surlyn

Flaschen (für Sterilmilch), temperaturbeständige Folien (z.B. Kochbeutel). Folien aus hoch- und mittelmolekularem HDPE dienen zur Herstellung papierähnlicher, dünner Folien für Einwickler und Beutel. Sie zeichnen sich durch Naßfestigkeit, Zähigkeit, hohe Reißfestigkeit und Bruchdehnung sowie Durchstoßfestigkeit bei geringerem Materialverbrauch aus.

5.2.3. Polypropylen (PP)

Eigenschaften: Transparent, sonst ähnlich dem Polyäthylen, jedoch mit gesteigerten mechanischen Eigenschaften; bessere Wasserdampf-

III/84

Tab. X: Materialkenndaten (Richtwerte) von Kunststoffen nach verschiedenen Literaturangaben[1)]

Eigenschaft / Stoffgruppe	Dichte	Steifigkeit (E-Modul) (N/mm^2)	Zugfestigkeit (N/mm^2)	Reißdehnung (%)	Temperaturbeständigkeit (°C)	Wasserdampfdurchlässigkeit $\frac{g \cdot mm}{m^2 \cdot d}$	O_2-Durchlässigkeit $\frac{cm^3 \cdot mm}{m^2 \cdot d \cdot bar}$	CO_2-Durchlässigkeit $\frac{cm^3 \cdot mm}{m^2 \cdot d \cdot bar}$
Zellglas	1,10-1,45	~ 3000	20-100	6-70	40-90	0,10-40[2)]	-	-
Polyäthylen niederer Dichte	0,92	~ 200	8-10	20-700	80	0,16-0,64	130-300	750-1780
Polyäthylen hoher Dichte	0,96	~ 1000	17-30	15-100	105-130	0,16-0,17	50-110	120-370
Polypropylen	0,91	~ 1400	200-350	100	90-130	0,07-0,16	35-90	170-320
Hart-PVC	1,35-1,40	~ 3100	50-60	2-40	65-80	0,20-0,80	2-7	5,3-11,0
Weich-PVC	1,16-1,35	~ 40	7-35	200-450	65-80	3,2-15	-	-
PVDC	1,65-1,72	~ 400	21-35	bis 250	70-95	< 0,2	< 0,4	< 2,3

1) Fortsetzung der Tabelle auf der nächsten Seite
2) je nach Beschichtung und Feuchtigkeitsgehalt

III/85

Tab. X: Materialkenndaten (Richtwerte) von Kunststoffen nach verschiedenen Literaturangaben (Fortsetzung)

Eigenschaft / Stoffgruppe	Dichte	Steifigkeit (E-Modul) (N/mm^2)	Zugfestigkeit (N/mm^2)	Reißdehnung (%)	Temperaturbeständigkeit (°C)	Wasserdampfdurchlässigkeit $\frac{g \cdot mm}{m^2 \cdot d}$	O_2-Durchlässigkeit $\frac{cm^3 \cdot mm}{m^2 \cdot d \cdot bar}$	CO_2-Durchlässigkeit $\frac{cm^3 \cdot mm}{m^2 \cdot d \cdot bar}$
Polystyrol	1,04-1,06	~ 3000	45-55	3-5	70-80	2,00-2,50	100-190	330-1200
Polyamid	1,12-1,14	1800	40-65	80-180	80-105	0,90-1,80	0,6-6,0	2,5-10,2
Polyurethan	1,20	-	-	-	50-80	-	-	-
Äthylenvinylalkohol	1,15-1,20	3700	50	40-90	-	≤ 1,50[1)]	≤ 0,04[1)]	≤1,10[1)]
Polycarbonat	1,20	2300	60	60	100-150	0,25	65-97	450-520
Polyester	1,20-1,40	4000	40-60	2-4	90-120	0,32-3,00	0,9-4,5	5,7-11,0
Ionomere	0,93-0,97	200	14-16	350-400	70-75	-	-	-

1) in trockenem Zustand

und Gasdichtigkeit sowie Temperaturbeständigkeit, jedoch geringere Schlagzähigkeit, speziell bei tiefen Temperaturen.

Biaxial gereckt wird PP zu dünnsten, hochtransparenten Verpackungsfolien (OPP) verarbeitet (Ersatz von Zellglas auch für Verbunde). Schweißbereich enger als bei Polyäthylen.

Einsatzgebiete sind die Beutelherstellung, ferner als Dreheinwickler für Karamellen, für Kaschierzwecke, Webbänder usw. sowie die Herstellung spritzguß- oder thermogeformter Becher, Deckel und Behältnisse für flüssige und pastöse Füllgüter (z.B. Milchprodukte).

5.2.4. Polyvinylchlorid (PVC)

Hart-PVC

Eigenschaften: Hohe Transparenz, Gas- und Aromadichtigkeit, absolute Geschmacksneutralität; Beständigkeit gegenüber Alterung, Fetten, Ölen und Substanzen, die andere Kunststoffe angreifen (ausgenommen Ketone); hohe Steifigkeit und Zähigkeit, leichte Verformbarkeit, schlechte Verschweißbarkeit.

Verwendung als Einschlag-, Schrumpf- und Streckfolien, Selbstklebebänder, Sortiereinsätze für Bonbons, Becher und Schalen für fette Füllgüter (z.B. Mayonnaisen), Flaschen und Hohlkörper.

Weich-PVC

Eigenschaften: Herabgesetzte Steifigkeit durch Zusatz von Weichmachern.

Eignung als Einschlag- und Schrumpffolie (wegen des Weichmacherüberganges auf das Füllgut stark eingeschränkte Einsatzmöglichkeit bei direktem Kontakt mit Lebensmitteln).

5.2.5. Polyvinylidenchlorid (PVDC)

Eigenschaften: Höchste Wasserdampf-, Gas-, Riechstoff- und Fettdichtigkeit. Als Folie transparent, sehr dehnfähig oder als Dispersionsbeschichtung für Packstoffe aller Art zur Verbesserung der Dichtigkeitseigenschaften.

Verarbeitung als Copolymerisat mit Vinylchlorid oder anderen Monomeren.

Verwendung als Schrumpf-, Einschlagfolie für Stückkäse bzw. in Verbundfolien oder zur Lackierung von Hohlkörpern oder Zellglas.

5.2.6. Polystyrol (PS)

Eigenschaften: Sehr gute thermische Verformbarkeit und Bedruckbarkeit. Als Standard-Material glasklar, steif, aber spröde. Durch Pfropfpolymerisation mit Butadien schlagfest bei verringerter Steifigkeit. Nachteilig sind die hohe Gas- und Wasserdampfdurchlässigkeit, die geringe Temperaturbeständigkeit, die Neigung zur statischen Aufladung, zur Spannungsrißkorrosion und die Empfindlichkeit gegenüber Fetten und organischen Lösungsmitteln.

Verwendung für Becher-, Schalen-, Deckel- und Tassenherstellung (für flüssige Sauermilchprodukte, Frischkäse usw.) oder geschäumt als Dämmstoff gegen Stoßbeanspruchungen und Temperatureinwirkung.

5.2.7. Polyamide (PA)

Eigenschaften: Hohe Transparenz, Abrieb-, Kratz-, Dauerbiege- und mechanische Festigkeit; beständig gegen Fette, ätherische Öle und höhere Temperaturen. Geruchs- und geschmacksfrei. Gute Gasdichtigkeit, aber relativ mäßige Wasserdampf- und Riechstoffdichtigkeit. Neigung zum Quellen durch Feuchtigkeitseinfluß, wodurch die Dichtigkeitseigenschaften abnehmen. Durch Verstrecken kann die Reißfestigkeit und Dichtigkeit erhöht werden.

Verwendung im Verbund mit anderen Kunststoffen oder Aluminium (z.B. als Vakuumpackung) sowie als Einwickler (Frischfleisch) oder Beutel (Kochbeutel) und für muldenförmige Verpackungen (z.B. für Frischkäse).

5.2.8. Polyurethan (PUR)

Verarbeitung oft als Mischaddukte mit Glykol, um höhere Geschmeidigkeit und größeren plastischen Bereich zu erhalten.

Hauptanwendung als geschäumtes Polstermaterial.

5.2.9. Äthylenvinylalkohol (EVAL)

Eigenschaften: Weist in trockener Atmosphäre höchste Gasdichtigkeit auf, ist aber hydrophil und kann daher nur als Sperrschicht in Verbunde eingebaut werden. Durch Feuchtigkeitsaufnahme steigt die Gasdurchlässigkeit auf ein Mehrfaches vergleichbarer PVDC-Verbunde an. Der *Einsatz* von EVAL-Verbunden für gasdichte Verpackungen steht erst am Beginn der Entwicklung.

5.2.10. Polycarbonat (PC)

Eigenschaften: Transparent, zähe, verschweißbar, relativ bruchfest und hitzebeständig. Geringe Wasserdampf-, aber hohe Gasdurchlässigkeit. *Verwendung* zur Herstellung von Flaschen z.B. für past. Trinkmilch.

5.2.11. Polyester (PET)

Eigenschaften: Transparent, flexibel, wasserdampf-, fett- und aromadicht; hohe mechanische Festigkeit und Temperaturbeständigkeit.

Hauptanwendung für Tiefziehen, Hohlkörperherstellung und Verarbeitung zu knitter- und einreißfesten Folienverbunden für die Beutelherstellung, deren Gasdichtigkeit durch Metallisieren erhöht werden kann.

5.2.12. Ionomere

Eigenschaften: Ionomere sind Copolymerisate von Äthylen- und Carboxylgruppen. Sie zeichnen sich durch Transparenz, hohe Einreiß- und Durchstoßfestigkeit (besonders bei tiefen Temperaturen), Beständigkeit gegen Fette und organische Lösungsmittel sowie gute Verschweißbarkeit aus.

Verwendung für Verbundfolien mit Zellglas, Polyamid und Polyester als Vakuumverpackung für Käse, Fleischwaren usw. ferner Kochbeutel sowie für die Hohlkörperherstellung.

5.2.13. Hilfs- und Zusatzstoffe

Zur Verbesserung der Beständigkeit, Funktions- und Verarbeitungseigenschaften von Kunststoffen werden Additiva zugesetzt, die folgende Aufgaben haben:

- Weichmacher zur Verbesserung der Schmiegsamkeit und Dehnfähigkeit
- Verarbeitungsstabilisatoren zur Vermeidung von Abbaureaktionen
- Gleitmittel und Antiblockmittel
- Lichtstabilisatoren (UV-Absorber, wie z.B. Ruß)
- Pigmente, Füllstoffe und Farbstoffe
- Antistatika zur Verringerung der elektrostatischen Aufladung
- optische Aufheller
- Schlagzähmacher (z.B. Butadien)

Es versteht sich von selbst, daß nicht jedem Kunststoff alle hier genannten Additiva, sondern nur jene zugesetzt werden, die zur Erreichung der geforderten Eigenschaftsmerkmale notwendig sind. So benötigt z.B. Polyäthylen keine Weichmacher. Der Zusatz von Hilfsstoffen unterliegt strengen lebensmittelrechtlichen Bestimmungen und muß so gering wie möglich gehalten werden.

5.3. Umweltfragen der Kunststoffverpackung

5.3.1. Rohstoff- und Ressourcenverbrauch

Erdöl und Erdgas gelten als begrenzte Rohstoffe, von deren Förderung allerdings nur 4 % in die Kunststofferzeugung gehen (und davon nur 30% oder 1,2 % der gesamten Förderung in die Verpackungsproduktion). Hingegen werden 90 % des geförderten Erdöls für die Energiegewinnung verbraucht. Da Kunststoffe auch aus anderen Kohlenstoffquellen (z.B. Kohle, Pflanzen) hergestellt werden können, bedeutet eine Erdölverknappung nicht zwangsläufig auch das Ende der Kunststoffproduktion.

5.3.2. PVC in der Umweltdiskussion (16) (17)

Gegen die Verwendung von Verpackungen aus PVC werden folgende Argumente vorgebracht:
- gesundheitliche Gefährdung durch den Gehalt an monomerem Vinylchlorid (VC)
- erhöhte Umweltbelastung bei Deponierung und Verbrennung durch den Gehalt an Cadmiumstabilisatoren
- Beitrag zu Dioxinemissionen von Müllverbrennungsanlagen
- Beitrag zum "sauren Regen" durch Salzsäurebildung beim Verbrennen.

Nach dem heutigen Stand des Wissens
- ist *monomeres Vinylchlorid* nur in relativ hohen Konzentrationen, über die Atemwege aufgenommen, cancerogen, nicht jedoch bei oraler Aufnahme. Den lebensmittelrechtlichen Bestimmungen entsprechendes PVC gibt keine nachweisbaren Mengen an monomerem Vinylchlorid an das Füllgut ab
- war der Zusatz von *Cadmiumstabilisatoren* zu PVC für die Verpackung von Lebensmitteln nie zugelassen, weshalb Cadmium in Packmitteln aus PVC, wie in allen anderen für den Kontakt mit Lebensmitteln zugelassenen Packstoffen, höchstens in ubiquitären Mengen vorhanden ist

- sind *Dioxine* und andere toxische Organochlorverbindungen keine ausschließliche Folge der Verbrennung von PVC-hältigem Müll. Sie entstehen bei jeder nicht entsprechend kontrollierten Verbrennung organischer Substanzen, die fast alle einen natürlichen Chlorgehalt aufweisen. Die bei der Müllverbrennung entstehenden Dioxinmengen stehen in keinem Zusammenhang mit dem PVC-Gehalt im Müll; sie sind hingegen von der Konstruktion der Feuerungseinrichtungen und der Verbrennungsführung abhängig, weshalb sie in gleichen Mengen auch bei der kontrollierten Verbrennung von PVC-freiem Müll entstehen (beim Verschwelen von PVC-ummantelten Drahtkabeln wurde allerdings erhöhte Dioxinbildung festgestellt)
- entstehen zwar bei der Verbrennung von 1 kg PVC rd. 0,6 kg *Chlorwasserstoffgas*, weshalb sich dieser Kunststoff nicht zur Verbrennung in Feuerungsanlagen ohne Abgasreinigung eignet. Da der HCl-Ausstoß in Österreich mit rd. 3.000 t/a zu den geringsten Schadgasemissionen zählt und in den nächsten Jahren durch die Abgasreinigung bei der Müllverbrennung auf ca. 1.000 t/a abgesenkt wird, verbleiben mit ungefähr 800 t/a Industrie, Fernwärme, E-Werke und der Hausbrand als die größten HCl-Emittenten. Von diesen Emissionsquellen kommt nur der Hausbrand als potentieller HCl-Emittent durch Verbrennen von Verpackungen aus PVC in Frage. Nachdem PVC wegen der Aggressivität des Rauchgases bestenfalls unabsichtlich, also nur in geringsten Mengen, verbrannt werden kann, ist mit einer Substitution von PVC durch andere Kunststoffe auf dem Verpackungssektor keine merkliche Abnahme der Umweltbelastung durch HCl-Emissionen zu erwarten.

5.3.3. Abbaubare Kunststoffe (18)

Mit der Diskussion über den Beitrag nicht verrottbarer Kunststoffverpackungen zum Müll- und Litterproblem, wurde als Beitrag zur Lösung dieses Problems die Entwicklung abbaubarer Kunststoffe vorgeschlagen. Als Möglichkeiten bieten sich

- der photolytische oder photo-oxydative Abbau (durch Einbau lichtempfindlicher Co-Monomerer, Beigabe sensibilisierender Additiva oder durch neue lichtinstabile Werkstoffe)
- und der biologische Abbau (durch Züchtung neuer Mikroben oder Verwendung angreifbarer Werkstoffe)

an. Realisiert wurde die Einarbeitung von Verbindungen in Polyäthylen, welche unter Lichteinfluß als Prooxydantien wirken und zum Verspröden des Kunststoffes führen. Abbaubares Polystyrol wurde durch Einbau UV-empfindlicher Strukturen in die Polymerkette oder durch eine Wirkungskomponente erzielt, die bei Lichteinwirkung den Zerfall beschleunigt. Ein anderes Verfahren beruht auf der Beimengung enzymatisch vorbehandelter Stärken, die bei Abbau ein poröses, leichter zerfallendes Kunststoffgerüst zurücklassen sollen.

Toxikologische Aspekte des Überganges von Abbauprodukten auf Lebensmittel lassen den Einsatz solcher Kunststoffe ohne Abklärung der Migrationsfrage nicht geboten erscheinen. Auch auf Deponien kann durch größere Mengen abbaubarer Kunststoffe eine möglicherweise bedenkliche Belastung des Sickerwassers eintreten. Weiters wird in biodegradierbaren Kunststoffen keine eigentliche Lösung für das Litterproblem gesehen, da das Bewußtwerden ihres "Verschwindens" achtloses Wegwerfen fördern könnte. Letztlich rechtfertigt auch der höhere Preis, gemessen an den möglichen Einsparungen an Litterbeseitigungs- und Deponieraumkosten, keineswegs den verbreiteten Einsatz dieser Materialien. Vielmehr scheint die Nutzung von Altkunststoffen durch Energierecycling oder direkte Verwertung sowohl wirtschaftlich als auch ökologisch sinnvoller.

5.3.4. Entsorgung und Verwertung von Altkunststoffen

Das rapide Wachstum der Produktion von Verpackungen aus Kunststoffen warf durch die Problematik steigender Abfallmengen die Frage der Entsorgung und Verwertung von Kunststoffabfällen auf. Als besonders nachteilig wurde in Hinblick auf den Verbrauch an Deponieraum die Unverrottbarkeit der Kunststoffe betrachtet, obwohl gerade diese Eigenschaft bei der Vielzahl unsachgemäß geführter Deponien, im Gegensatz zu abbaufähigen Stoffen, Umweltbeeinträchtigungen verhindert. Da der Kunststoffanteil im Hausmüll 6,5 % beträgt, werden erhebliche Anstrengungen unternommen, um Kunststoffe wiederzuverwerten.

Während die Verarbeitung von sortenreinen Produktionsabfällen (meist im eigenen Betrieb) selbstverständlich geworden ist, verursacht die Rückgewinnung von Kunststoffen aus dem Abfall aufgrund der gegebenen Vermischung und Verunreinigung erhebliche Probleme. Trotz umfangreicher Anstrengungen steht die Trennung von Kunststoffabfällen und deren Verwertung erst am Anfang ihrer Entwicklung.

Obwohl vom technischen Standpunkt die Reinigung und Auftrennung vermischt gesammelter Kunststoffabfälle möglich ist, bereitet die

Wirtschaftlichkeit des Kunststoffrecyclings noch Probleme, sodaß vorderhand die Energiegewinnung aus Altkunststoffen (Energierecycling) aufgrund des hohen Heizwertes (5,3 - 12,8 kWh/kg) die zweckmäßigste Lösung zu sein scheint.

5.4. Qualitätskriterien für Packmittel aus Kunststoffen

Eine Reihe prüfbarer Eigenschaften von Kunststoffen sind nur für den Kunststoffverarbeiter von Interesse. Die Auswahl verpackungstechnisch relevanter Qualitätseigenschaften geht zumeist nicht vom Rohmaterial aus. Sie orientiert sich vielmehr am fertigen Packmittel. Materialkenndaten, wie sie z.B. in Tab. X angeführt sind, unterstützen aber die Auswahl des zweckmäßigsten Packstoffes. Die in Abschn. 12, Tab. XIV wiedergegebene Zusammenstellung faßt die wichtigsten materialbezogenen Qualitätskriterien von Kunststoffolien zusammen.

6. Aluminium (4)(19)(20)(21)

6.1. Herstellung, Eigenschaften, Verarbeitung und Verwendung

Herstellung durch Schmelzflußelektrolyse von Bauxit mit Kryolith (Flußmittel). Weiterverarbeitung der Aluminiumblöcke durch Warm- und Kaltverformung (Walzen) zu

- Platten (> 1 mm Dicke)
- Blechen (> 350 µm - 1 mm Dicke)
- Dünnband und Feinstblechen (> 20 - 350 µm Dicke)
- und Folien (7 - 20 µm Dicke).

Aus Blechen werden Ronden gestanzt, die der Herstellung von Tuben und Monoblocdosen durch Fließpressen dienen.

Tuben finden als Packmittel für Schmelzkäse und Kondensmilch Verwendung. Feinstbleche (ca. 0,3 mm Dicke) werden zu Dosendeckeln verarbeitet. Dünnband wird/ zu Folien gewalzt, zur Herstellung von Bechern, Schalen, Tassen usw. verwendet oder dient der Herstellung von Abdeckbändern und Platinen für den Verschluß von Milchflaschen, Kunststoffbechern oder -schalen.

Aluminium > 20 µm Dicke ist absolut dicht gegen Wasser, Fette, Öle, Riechstoffe, Wasserdampf, Gase und Licht. Bei dünneren Folien nehmen die Dichtigkeitseigenschaften durch Porigkeit ab. Weichgeglühte Aluminiumfolie weist nur geringe Rückfederung auf (gute Verarbeitbarkeit und Formschlüssigkeit) und ist gut bedruckbar. Vorteilhaft sind auch das hohe Reflexionsvermögen insbesondere für Wärmestrahlen und die Beständigkeit gegen hohe und tiefe Temperaturen.

6.2. Altaluminium als Rohstoffquelle

Aluminium ist nach Sauerstoff und Silizium das dritthäufigste Element und mit ca. 8 % am Aufbau der Erdkruste beteiligt, weshalb die weltweit vorkommenden Aluminiumressourcen an Reicherzen und an (weitgehend noch ungenützten) Armerzen praktisch als unerschöpflich gelten, wobei das Recycling von Aluminium mit heute ca. 28 % des Verbrauches als zunehmend genutzte Rohstoffquelle noch nicht berücksichtigt ist.

Die Nutzung von Altaluminium liegt auch im Interesse der Aluminiumindustrie, da zur Herstellung des Metalles durch Umschmelzen nur etwa 5 % der für die Hüttenaluminiumerzeugung aus Bauxit erforderlichen Energie aufgewandt werden muß.

Das Potential für die Wiedergewinnung von Aluminium setzt sich aus Fabrikationsabfällen (Neuschrott) und Altschrott zusammen, während der Hausmüll als Altschrottquelle noch weitgehend ungenutzt ist. Aufgrund seines geringen Anteils an Aluminium läßt die Ausschöpfung dieses Potentials keine beträchtliche Steigerungsrate für die Altaluminiumgewinnung erwarten.

Beim Recycling von Aluminium-Verpackungen durch gesonderte Sammelsysteme ist deshalb der gesellschaftspolitische Effekt gegenüber der Wirtschaftlichkeit und der erzielten Umweltentlastung höher einzuschätzen. Energetisch (1 t gesammelten Altaluminiums hilft 2,5 t Rohöl einsparen) und wirtschaftlich lohnend ist das Recycling von Aluminiumdosen nur dort, wo auch ein entsprechend hoher Verbrauch gegeben ist.

6.3. Packmittel aus Aluminium

In Europa entfallen ca. 10 % des Aluminiumverbrauches auf die Herstellung von Packmitteln wie

- Aluminiumfässer und -großbehälter
- Aufreißkappen und Schraubverschlüsse
- Abdeckbänder zur Herstellung von Milchflaschenkappen oder heißsiegelfähig für Glasflaschen, Kunststoffbecher und -dosen
- Aluminiumtuben (für Kondensmilch)

- zweiteilige Konserven- und Getränkedosen
- Portionsbecher (für Kondensmilch oder Rahm)
- Leichtbehälter (für Fertiggerichte)
- Haushaltsfolien und Einwickler (für Weich- und Schmelzkäse).

6.4. Aluminium als Kombinationspartner

Ein wichtiges Anwendungsgebiet für Aluminiumfolien ist die Herstellung von Verbundstoffen für Verpackungszwecke, da die Nachteile von Aluminiumfolien (Korrosionsempfindlichkeit, geringe Ein- und Weiterreißfestigkeit sowie Porosität) unter Wahrung der Vorteile dieses Werkstoffes (Gas-, Wasserdampf- und Lichtdichtigkeit) durch folgende Kombinationsverfahren weitgehend vermieden werden können:
- *Lackieren* (zur Verbesserung der Korrosionsbeständigkeit mit Lakken auf Nitrozellulose- oder PVC-Basis, z.B. für Camembert, Brie oder Schmelzkäse)
- *Kaschieren* (mit Papieren, Karton, Zellglas und Kunststoffolien aus LDPE, PA, PET oder PP, wodurch licht-, gas-, wasserdampf- und wasserdichte Packstoffe mit geringerer mechanischer Empfindlichkeit erhalten werden. Als Kaschiermittel dienen Wachse, Hotmelts, wasserlösliche Kleber auf natürlicher Basis, Dispersions- und Lackkleber. Kaschierte Aluminiumfolie findet z.B. als Butter- oder Käseeinwickler Verwendung)
- *Extrusionskaschieren* (Papiere und Karton werden insbesondere für Flüssigkeitsverpackungen in einem Arbeitsgang mit LDPE und Aluminiumfolie extrusionskaschiert, wodurch ein hochdichter, schweißfähiger Packstoff von beträchtlicher mechanischer Festigkeit erhalten wird, der z.B. als Verpackung für Sauermilchprodukte und H-Milch Verwendung findet)
- *Metallisieren* (eine weitere Anwendung von Aluminium ist das Metallisieren von Kunststoff-Folien und Papier im Hochvakuum, wodurch die Dichtigkeitseigenschaften von Kunststoffolien wesentlich verbessert werden können).

6.5. Qualitätskriterien für Packmittel aus Aluminium

Verpackungstechnisch bedeutsame Kriterien für Aluminiumfolien und Abdeckbänder sowie Verbundstoffe mit Aluminium sind in Abschn. 12, Tab. XIV zusammengestellt. Die wichtigsten Qualitätskriterien für Behältnisse und Formkörper aus Aluminium sind aus Tab. XV ersichtlich.

7. Weißblech (4)(22)(23)(24)

7.1. Herstellung, Eigenschaften, Verarbeitung und Verwendung

Herstellung aus unlegiertem, kaltgewalztem Stahlblech durch elektrolytisches Verzinnen (5 - 22 g/m^2) und Passivieren der Oberfläche, wodurch ein dünner Film aus Chromoxyden und Zinnoxyden entsteht.

Als wesentliche Eigenschaften von Weißblech sind die absolute Dichtigkeit, die gute Verformbarkeit und Bedruckbarkeit hervorzuheben. Weißblech wird in verschiedenen Tempergraden (Härtebereiche, Zugfestigkeit, Biegesteifigkeit) und Blechdicken (0,10 - 0,49 mm, im Durchschnitt 0,23 mm) für die Herstellung von Packmitteln verwendet, für die die Kombination der mechanischen Eigenschaften des Stahls mit der Korrosionsbeständigkeit des Zinns von Bedeutung ist. Beispielhaft seien angeführt

- Patent-, Schraub-, Eindrück- und Aufreißdeckel (für Feinstblechdosen und Weithalsgläser)
- Kronenkorken (für den Verschluß von Glasflaschen)
- Dosendeckel und Rümpfe für 3-teilige Dosen und Ronden zum Fließpressen des Rumpfes zweiteiliger Dosen (für Fleisch-, Fisch-, Obst-, Gemüse- und Fertiggerichtkonserven sowie für Kondensmilch, Schmelzkäse, Milchpulver, Babynahrung, kohlensäurehältige oder stille Erfrischungsgetränke usw.).

Die Korrosionsbeständigkeit von Weißblech wird durch Einbrennlackierung mit Epoxyharzen erhöht und gleichzeitig der mit 150 ppm begrenzte Zinnübergang auf das Füllgut herabgesetzt. Dennoch stellt das elektrochemische Verhalten gegenüber manchen Füllgütern (Trockenprodukte ausgenommen) eine potentielle Gefahr für die Korrosion von Weißblech dar, insbesondere dann, wenn die Verpackungen zu viel Luftsauerstoff enthalten oder dieser durch Undichtigkeiten eindringen kann.

7.2. Verwertung von Weißblechabfällen

Weißblechabfälle fallen bei der Erzeugung (ca. 1 %), Verarbeitung (ca. 13 %) und der Rest als Einwegverpackung im Hausmüll an. Um Weißblech als Schrott verarbeiten zu können, muß es bis zu einem Restgehalt von < 0,05 % entzinnt werden, was bei Produktions- und Stanzabfällen gelingt, aber bei Dosenabfällen aufgrund der Lötnaht - die heute aber meist durch eine geschweißte Längsnaht ersetzt ist - sowie durch den Deckel- und Bodenfalz nicht ausreichend möglich ist. Dosenabfälle können daher nur als minderwertiges Verschnittmaterial untergebracht werden, obwohl sie aus dem Hausmüll mit Magnetabscheidern gut abgetrennt werden können. Die Rentabilität der Wiederverwertung von Weißblechabfällen krankt zur Zeit an den Transport-, Reinigungs- und Entzinnungskosten im Vergleich zum erzielbaren Altstoffpreis.

Durch Mehrstoffsammelsysteme erhofft man eine Steigerung der Sammelmengen und damit eine höhere Rentabilität von dezentralen Aufbereitungsanlagen zu erreichen. In diesen wird u.a. der Dosenschrott zerkleinert, wodurch er dann kostengünstiger zu den Entzinnungswerken gebracht werden kann als unzerkleinerter und ungereinigter Müllschrott.

7.3. Qualitätskriterien für Packmittel aus Weißblech

Die meisten packstoffbezogenen Eigenschaften von Weißblech sind am fertigen Packmittel nicht oder nur behelfsmäßig prüfbar, weshalb für den Verwenderbereich eher die funktionellen Eigenschaften von Interesse sind. Diese sind in Abschn. 12, aus Tab. XV ersichtlich.

8. Glas (4)(25)(26)(27)(28)

8.1. Herstellung und Eigenschaften

Herstellung durch Schmelzen von Quarzsand, Kalk, Soda und Glasscherben (als Flußmittel) mit verschiedenen Zuschlagstoffen. Die Schmelze von Behälterglas besteht zu

72 % aus $Si0_2$
11 % aus Ca0
14 % aus Na_20
1,7 % aus Al_20_3
0,3 % aus K_20
0,7 % aus Mg0
0,3 % aus Schmelzchemikalien, Farbstoffen und Verunreinigungen.

Glas ist beständig gegen alle Stoffe (ausgenommen Flußsäure und starke Alkalien), geruchlich und geschmacklich neutral, transparent und zeichnet sich durch seine Formbeständigkeit sowie absolute Dichtigkeit gegenüber Wasserdampf, Gasen, Dämpfen und Riechstoffen aus.

8.2. Festigkeit von Glas

Obwohl Glas mit einer theoretischen Festigkeit von ~ 3000 kN/cm^2 ca. 30 mal fester als Stahl wäre, bedingen natürlich vorkommende Fehler in der Molekülstruktur, Oberflächenfehler und "eingefrorene Spannungen" sowie das Phänomen der Rißfortpflanzung durch mechanische oder thermische Beanspruchungen einen Festigkeitsabfall auf 0,5 - 5 kN/cm^2. Diese auf innere Spannungen und Kerbwirkung an der Oberfläche zurückgehende Festigkeitseinbuße verursacht zusammen mit den sprödelastischen Werkstoffeigenschaften die Bruchanfälligkeit von Glas. Zu deren Vermeidung müssen im Vergleich zu Packstoffen mit weitaus geringerer Festigkeit größere Behältniswandstärken in Kauf genommen werden, was zusammen mit einem spezifischen Gewicht von 2,5 das hohe Taragewicht von Hohlglasverpackungen bedingt.

Durch die geringe Dehnfähigkeit des Glases und die große Wandstärke löst plötzlicher Temperaturwechsel sehr leicht Brüche aus. Die hohe Oberflächenreibung zwischen Gläsern führt zu fortschreitender Festigkeitsabnahme durch Oberflächenabnutzung und vermehrte Rißbildung, die durch Einwirkung von Laugen und Spannungen (Spannungsrißkorrosion) noch verstärkt wird, sodaß Hohlglasbehältnisse durch den Gebrauch ständig an Festigkeit verlieren. Bei Dauerbeanspruchung geht die Glasfestigkeit infolge Materialermüdung nach einem Tag auf ca. 69% zurück und bleibt dann bei etwa 50 % konstant, was das spontane Bersten unter Innendruck stehender Getränkeflaschen mit CO_2-hältigen Füllgütern ohne sichtbare äußere Einwirkungen erklärlich macht. Maßnahmen zur Vermeidung von Glasbruch basieren somit auf der

- Vermeidung von Oberflächenschäden und permanenten Spannungen, welche die Festigkeit von Glas herabsetzen
- und der Vermeidung von Beanspruchungen durch Innen- und Axialdruck sowie Temperaturwechsel und Schläge, welche Zugspannungen im Glas hervorrufen können, die zum Bruch führen.

8.3. Herstellung und Verwendung von Hohlglasbehältnissen

Verpackungsglas wird heute fast ausschließlich in kontinuierlich beschickten Durchflußwannenöfen geschmolzen, die meist mehrere vollautomatische Glasformmaschinen speisen. Der Formprozeß besteht im Aufblasen eines sogenannten "Külbels" in seine Endform (Blas-Blas-Verfahren) oder im Vorpressen und nachfolgendem Aufblasen desselben (Preß-Blas-Verfahren). Letzteres ermöglicht eine gleichmäßigere Wandstärkenverteilung und damit die Herstellung dünnwandiger Leichtglasbehältnisse.

Um die gegenüber Zerkratzen (Rißbildung) hochempfindliche Oberfläche fabrikneuer Hohlglasbehältnisse vor gegenseitigem Beschädigen auf Förderbändern und beim anschließenden Transport zu schützen, werden diese heißendvergütet (in fast glühendheißem Zustand mit organischen Zinnverbindungen bedampft) und anschließend einem langsamen Abkühlprozeß unterworfen, um das "Einfrieren" von Zugspannungen, insbesondere in der Glasoberfläche, zu vermeiden. Die infolge der Heißendvergütung zwar kratzfest, aber auch rauh gewordene Glasoberfläche wird anschließend mit einem Gleitmittel besprüht, wodurch sie für die nachfolgenden vollautomatischen Kontrolloperationen und Versandbeanspruchungen ausreichend geschützt ist.

Hohlglasverpackungen waren früher in verschiedensten Gestaltungsformen das dominierende Packmittel für stille (Milch, Fruchtsäfte, Wein usw.) und kohlensäurehältige Getränke. Vor allem Milchflaschen wurden fast gänzlich von Verbundkarton- und Kunststoffverpackungen vom Markt verdrängt. In letzter Zeit werden aber Milch und flüssige Milchprodukte aufgrund der Nachfrage aus Konsumentenkreisen wieder in Hohlglasverpackungen abgefüllt, die als bepfandete Mehrweggebinde bzw. als pfandfreie Allweg- oder Einweg-Gebinde auf den Markt kommen. Diese Nachfrage wurde gezielt durch geschickte Prägung eines "umweltfreundlichen" Images von Verpackungsglas als

- immer wieder verwendbarer
- theoretisch abfallfreier und daher ressourcenschonender Werkstoff
- durch Propagierung des Mehrweg-Gedankens
- und Aufbau eines Altglasrecyclingsystems

geschaffen.

8.4. Recycling von Altglas

So wie die Stahlindustrie Hüttenschrott einsetzt, wird zur Glasschmelze ein gewisser Scherbenanteil als Flußmittel beigegeben. Daher hatte die Glasindustrie schon immer Bedarf an Altglas, der aus Eigenscherben oder durch Rücknahme des Abfüllbruches von Getränkeherstellern gedeckt wurde.

Nach Androhung gesetzlicher Maßnahmen gegen die ständig steigende Produktion von Einweg-Glasbehältnissen baute die Hohlglasindustrie zur Entlastung des Abfallaufkommens Rücknahmesysteme für Hohlglasbehälter mit Hilfe von Sammelcontainern auf. Durch den Rücklauf zum Teil gemischtfarbiger Scherben, die mit Ausstattungsmitteln (Etiketten, Banderolen, Metall- und Kunststoffverschlüssen), aber auch mit anderen Fremdmaterialien (Fenster- und Beleuchtungsglas, Porzellan, Steine, Metalle, Unrat usw.) vermengt sind, mußten Altglasaufbereitungsanlagen eingerichtet werden. In diesen wird der Glasbruch handsortiert und Fremdkörper durch Magnetabscheider, Windsichter und Waschanlagen nach Zerkleinern in einer Prallmühle entfernt.

Obwohl der Anteil unbekannter Fremdscherben und der Restanteil an Fremdkörpern und Verunreinigungen im Glasbruch gewisse Probleme bereitet, werden heute in vielen europäischen Ländern 20 - 50 % der Hohlglasproduktion wieder eingesammelt und einer Wiederverwertung zugeführt, bei der im Mittel 87 - 94 % des rückgelieferten Altglases verwertet werden können.

Die Wirtschaftlichkeit des Altglasrecyclings ergibt sich nur zum Teil aus der Einsparung an Rohstoffen (Quarzsand, Soda) und Energie (ca. 17,5 kWh/t je 1 % Altglaszusatz), wird aber auch als Maßnahme zur Sicherung der Marktposition gegenüber anderen Packmitteln betrachtet.

8.5. Qualitätskriterien für Hohlglasbehältnisse

Bei Hohlglasgefäßen erweist sich aus der Sicht des Verwenders lediglich die Festlegung und Prüfung packmittelbezogener Eigenschaften als zweckmäßig. Hierunter fallen die in Abschn. 12, Tab. XV angeführten Kriterien.

Aufgrund des Einflusses der Oberflächenabnutzung auf die Festigkeit der fabrikneuen Glasbehältnisse werden die mechanischen Qualitätsprüfungen *nach* einer standardisierten Oberflächenabnutzung vorgenommen.

9. Holz (29)

Holz zählt zu den ältesten Packstoffen und erhielt erst zu Beginn unseres Jahrhunderts Konkurrenz durch Vollpappe und nach dem zweiten Weltkrieg durch Wellpappe und Kunststoffe.

Für die Herstellung von Verpackungen aus Holz werden überwiegend Nadelhölzer eingesetzt, während Hartholz (Buche) nur für mechanisch besonders beanspruchte Bauteile verwendet wird. Leichtpackmittel werden aus Pappelholz, aufwendige Geschenkverpackungen aus Birke, Linde, Ahorn, Okume oder Zeder hergestellt.

Als qualitätsbestimmende Eigenschaften für die Verarbeitung von Hölzern zu Verpackungszwecken gelten
- Holzfeuchte
- Raumgewicht
- sowie Druck- und Biegefestigkeit, welche durch Lage und Menge von Ästen beeinflußt wird.

Der Verbrauch von Holz für die Verpackung von Lebensmittel beschränkt sich heute vorwiegend auf Obst und Gemüsesteigen sowie auf Spanschachteln (z.B. für gehobene Weichkäsesorten und sonstige Spezialitäten), die aus Furnierband hergestellt werden.

10. Hilfsstoffe und Packhilfsmittel (Übersicht)

Zur Herstellung von Packmitteln ist eine Vielzahl von Hilfsstoffen und Hilfsmitteln erforderlich. Hiezu zählen
- Klebstoffe (Wasserglas, Knochen- und Tierleim, Stärke, Dextrinleim, Dispersions-, Kunstharz- und Kaltleime, Schmelzkleber, Kaschierwachs, Hotmelts, Trocken-, Lack- und Kaschierkleber sowie Kaltsiegelkleber)
- Heißsiegellacke
- Oberflächenbehandlungsmittel (z.B. Schutzlacke, Überzüge usw.)
- Druckfarben
- Spulen, Aufwickelhülsen und Rollenkerne
- Verschließhilfsmittel (Clips, Deckel, Dichtungen, Heftklammern, Umreifungen, Klebebänder, Klebestreifen usw.)
- Ausstattungs-, Kennzeichnungs- und Sicherungsmittel (Etiketten, Kapseln, Plomben usw.)
- Polstermittel (Holzwolle, Papierwolle, Zellglaswolle, Schaumstoffe, Wellpappe usw.)

Soweit erforderlich wurden diese Komponenten bereits in den früheren Abschnitten an geeigneter Stelle erwähnt. Ihre eingehende Beschreibung würde den Rahmen dieser Darstellung sprengen.

11. Packstoffkombinationen (Übersicht)

Oft kann ein einzelner Packstoff nicht alle zum Schutz oder zur Vermarktung des Packgutes notwendigen Anforderungen erfüllen. In solchen Fällen werden Packstoffkombinationen eingesetzt, um nachteilige Eigenschaften zu kompensieren bzw. vorteilhafte zu kombinieren. Die Kombination kann lose sein, indem beispielsweise ein Beutel in eine Faltschachtel gesteckt wird oder mehrere Säcke aus verschiedenen Materialien (z.B. aus Kraftpapier und Kunststoff) ineinandergesteckt werden, oder durch feste Verbindung zweier oder mehrerer Materialien (Verbundstoffe) erfolgen. Beispielhaft seien hier einige Anforderungen wie

- hohe mechanische Festigkeit, Schweißbarkeit, Flüssigkeitsdichtigkeit und Lichtschutz (z.B. beidseitig PE-beschichteter Duplex-Karton)
- oder hohe Gasbarriereeigenschaften und Schweißbarkeit (z.B. metallisierter PET/PE-Verbund)
- bzw. 0_2-Dichtigkeit und Sterilisierfähigkeit (z.B. PP/PVDC/PP-Verbunde)

erwähnt. In Tab. XI sind die dominierenden Verpackungseigenschaften von Kunststoff- und Aluminiumfolien sowie Karton und Papier für die Herstellung von Verbundstoffen zusammengestellt.

Die Vielzahl gebräuchlicher Packstoffkombinationen erlaubt es nicht, in diesem Rahmen näher auf ihre Eigenschaften und Verwendung einzugehen. Soweit sie für die Lebensmittelverpackung Bedeutung haben, wurden sie bereits in den vorangegangenen Abschnitten bei jenem Packstoff angeführt, der die Haupt- oder bestimmende Komponente darstellt.

Die wichtigsten verpackungstechnisch relevanten und meßtechnisch erfaßbaren Eigenschaften für Verbundstoffe gehen aus Tab. XIV in Abschn. 12 hervor. Für Packmittel aus Verbundstoffen sind die wichtigsten prüfbaren Funktionseigenschaften in Tab. XV (Abschn. 12) zusammengestellt.

12. Prüfung von Packstoff- und Packmitteleigenschaften (Übersicht)

Anforderungsprofile an Packstoffe und Packmittel enthalten eine Reihe von Eigenschaften, die meßtechnisch erfaßbar sind. Primär wird stets auf hinreichende mechanische Festigkeit und Dichtigkeit zu achten sein, um Füllgutverluste möglichst zu vermeiden. Daneben bestimmen aber die Erfordernisse zur Qualitätserhaltung empfindlicher und verderblicher Lebensmittel die Anforderungen an die Durchlässigkeit oder Dichtigkeit der Verpackung gegenüber Gasen, Dämpfen, Aromastoffen oder Licht. Hiefür ist die Durchlässigkeit des Packstoffes nicht immer allein ausschlaggebend. Es muß auch beachtet werden, ob und in welchem Ausmaß die Durchlässigkeit bzw. Dichtigkeit eines Packstoffes durch Verarbeitungsvorgänge (Knicken, Falten, Kleben, Schweißen, Bördeln usw.) nachteilig beeinflußt wird, bzw. wie dicht die Verschlüsse einer Verpackung sind. Weiters ist darauf zu achten, daß zwischen Packstoff und verpacktem Gut keine Wechselbeeinflussung entsteht, wie etwa bei Korrosionsvorgängen oder der Übertragung eines vorhandenen Packstoffgeruches oder -geschmackes auf das verpackte Lebensmittel.

Ein weiterer Aspekt bei der Erstellung von Anforderungsprofilen ist die maschinelle Verarbeitbarkeit des Packmittels auf bestehenden Abfüll- und Verschließeinrichtungen bzw. Abpackautomaten.

Die Techniken zur Messung der Packstoff- und Packmitteleigenschaften wurden zum Teil dem Instrumentarium der Packmittelprüfung entnommen, zum Teil mußten auch gänzlich neue Prüfverfahren entwickelt werden, die eine Simulation komplexer, in der Praxis vorkommender Vorgänge unter reproduzierbaren Bedingungen erlauben und in der Prüftechnik als "Performance Tests" bezeichnet werden.

Die Streuung der Eigenschaftswerte von Packstoffen und Packmitteln ist zumeist so groß, daß mehrere Proben, die nach statistischen Probenahmeplänen einem Los zu entnehmen sind, untersucht werden müssen.

Da viele Packstoff- und Packmitteleigenschaften durch Temperatur und Luftfeuchtigkeit beeinflußt werden, muß das Probenmaterial häufig unter definierten Klimabedingungen konditioniert und untersucht werden. Weiters ist bei der Prüfung die Anisotropie vieler Packstoffe, das ist die Ungleichheit mancher Eigenschaften längs und quer zur Laufrichtung der Packstoffbahn, zu beachten.

Schließlich ist bei Übertragung von Prüfwerten auf praktische Verhältnisse deren Geltungsbereich zu berücksichtigen, der sich nicht immer auf alle möglichen Praxisbedingungen erstreckt. Nicht selten ist man auch gezwungen, mangels ausreichender Daten über die Verarbeitungs- und Distributionsbeanspruchungen, von Eigenschaftswerten bewährter Packmittel ausgehend, das Anforderungsprofil für eine neue Verpackung festzusetzen bzw. den Erfordernissen anzupassen.

Eine Zusammenstellung der wichtigsten prüfbaren Eigenschaften von Packstoffen enthält Tab. XII, von Packmitteln Tab. XIII. Die Anwendbarkeit dieser Prüfmethoden auf die einzelnen Packstoffe und Packmittel geht aus Tab. XIV bzw. XV hervor.

III/103

Tab. XI: Dominierende Verpackungseigenschaften von Kunststoff- und Aluminiumfolien sowie Karton und Papier für die Herstellung von Verbundstoffen

Eigenschaft / Werkstoffe	LD-Polyäthylen	HD-Polyäthylen	Polypropylen	Polystyrol	Polyamid	Polyester	EVAL	PVDC	Polycarbonat	Ionomere	Aluminiumfolie	Zellulosekarton	Zellulosepapier
hohe Temperaturbeständigkeit		x	x		x	x			x		x	x	x
hohe Festigkeit			x*)	x*)	x*)	x*)				x		x	x
hohe Steifigkeit				x								x	
geringe Wasserdampfdurchlässigkeit	x	x	x				x	x			x		
geringe Sauerstoffdurchlässigkeit					(x)	x	(x)	x			x		
gute Verschweißbarkeit	x	x		x				x		x			

*) biaxial orientiert
(x) feuchtigkeitsabhängig

Tab. XII: Meßtechnisch erfaßbare Eigenschaften und Prüfvorschriften für Packstoffe[1)]

Eigenschaft	Prüfvorschrift	Definition Meßbereich	Anwendungsbereich
Flächengewicht (ev. einzelne Lagen)	ÖNORM A 1102 ÖNORM A 5502	g/m^2 g/m^2	Papier, Karton, Vollpappe, Wellpappe*), sinngemäß auch für Lackierungen, Beschichtungen usw.
Dicke	DIN 53105 DIN 53370 ILV Merkbl. 1	> 5 µm µm µm	Papier, Karton, Vollpappe Kunststoffolien Aluminium
Bruchwiderstand und Dehnung	DIN 53112 DIN 53455 ILV Merkbl. 7	N, % N, % N, %	Papier, Karton, Vollpappe Kunststoffe Aluminium
Berstfestigkeit (trocken und naß)	ÖNORM A 1103 Teil 1 u. Teil 2	kPa	Papier, Pappe*)
Durchstoßfestigkeit (trocken und naß)	ÖNORM A 5504	J	Voll- u. Wellpappe*)
Einreißwiderstand	nicht festgelegt	J	Papier, Kunststoffolien
Durchreißwiderstand	DIN 53115 DIN 53128 DIN 53363	J J J	Papier Papier Kunststoffolien
Biegesteifigkeit	DIN 53121	N mm	Papier u. Pappe*)
Rückfederungswinkel und -moment	nicht festgelegt	N mm	alle Packstoffe
Oberflächenglätte	DIN 53107	2 - 3000 sek.	Papier, Pappe < 0,6 mm Dicke
Oberflächenrauhigkeit	DIN 53108	10 - 3000 ml/min	Papier, Pappe < 0,6 mm Dicke
Oberflächenreibung	DIN 53375	Reibungskoeffizient	für Kunststoffe*)

1) Fortsetzung der Tabelle auf der nächsten Seite
*) sinngemäß auch auf andere flächige Packstoffe anwendbar

Tab. XII: Meßtechnisch erfaßbare Eigenschaften und Prüfvorschriften für Packstoffe (Fortsetzung)

Eigenschaft	Prüfvorschrift	Definition Meßbereich	Anwendungsbereich
Lagenhaftfestigkeit	nicht festgelegt	J	Kartone, Vollpappen
Luftdurchlässigkeit	DIN 53120	10-3.000 ml/min.	Papier, Karton*)
Wasseraufnahme	ÖNORM A 1101	10-400 g/m^2	Papier und Pappe
Geruchs- und Geschmacksfreiheit	ÖNORM A 5510 VLG-Meth. 28	5-Stufen-Skala	alle Packstoffe Packstoffe f. Milch u. Milchprod.
Oberflächenkeimzahl	ILV-Methode 9 u.15	Keime/m^2	alle Packstoffe
Fettdichtigkeit	DIN 10050 ÖNORM A 1110	Durchschläge/ Probe	Papier, Karton, Pappe
Gasdurchlässigkeit	DIN 53380	3-20.000cm^3 /m^2 d bar	Kunststoffolien*)
Wasserdampfdurchlässigkeit	DIN 53122 Teil 1 DIN 53122 Teil 2	1-250 g/m^2 d 0,1-30g/m^2 d	Schalenmethode elektrolytische Methode } alle Packstoffe
Lichtdurchlässigkeit	DIN 10050 Teil 9 VLG-Meth. 26	spektr. Transmission Lichtschutzzahl	Buttereinwickler*) alle Packstoffe
Aromadurchlässigkeit	ILV-Merkbl. 16	5-Stufen-Skala	alle Packstoffe
Verbundhaftung	PTN-4-70	20-1000 N	Verbundstoffe
Rillbarkeit und Faltwiderstand in gerilltem Zustand	DIN 55437	visuell	Karton, Vollpappe, Wellpappe
Kantenstauchwiderstand	DIN 53149	kN/m	Wellpappe
Naßfestigkeit der Verklebung	DIN 53133	Standzeit	naßfest verklebte Wellpappe und sonstige Klebenähte

*) sinngemäß auch auf andere flächige Packstoffe anwendbar

Tab. XIII: Meßtechnisch erfaßbare Eigenschaften und Prüfvorschriften für Packmittel[1)]

Eigenschaft	Prüfvorschrift	Definition Meßbereich	Anwendungsbereich
Stauchfestigkeit Axialdruckfestigkeit	ÖNORM A 5588 T1 VLG-Meth. 6 ÖNORM A 5525	kN N kN	Packmittel allgemein Kunststoffbecher Hohlglasbehältnisse
Stoßfestigkeit	ÖNORM A 5485 ILV Merkbl. 4 VLG-Meth.11	} Fallhöhe (cm) und Bruchfallzahl	Packstücke (freier Fall) Kunststoffflaschen Kunststoffbecher
Wasserdampf-durchlässigkeit	nicht festgelegt	g/d Packung	Packmittel allgemein
Gasdurchlässigkeit	nicht festgelegt	cm^3/d Packung bar	Packmittel allgemein
Flüssigkeitsdichtigkeit	DIN 55435	Luftblasen	Tuben
Langzeitdichtigkeit (Gasdurchtritt)	VLG-Meth. 27	Leckrate mbar· l/sek	Feinstblechdosen
Festigkeit von Heißsiegel-, Schweiß- und Klebenähten	DIN 55445 Bl.1-3 ILV-Merkbl. 33 DIN 53455	Standzeit N/15 mm N/15 mm	allgemein Säcke, Beutel Folienverbunde
Öffnungsfähigkeit und Öffnungskraft	nicht festgelegt VLG-Meth. 32 VLG-Meth. 17 u. 30	J N N	Drehmomentmessung (Drehverschlüsse) Siegelverschlüsse Feinstblechdosen (Steckdeckel und Vollaufreißdeckel)
Platzdruck- oder Berstdruckfestigkeit	ÖNORM A 5524 nicht festgelegt	kPa kPa	Hohlglasbehältnisse, div. Formkörper und Verschlüsse
Faltwiderstand an den Rillinien	nicht festgelegt	N/m	Kartone, Vollpappen, Wellpappen
Formbeständigkeit gegen Unter- u. Überdruck	VLG-Meth. 16	kPa	Dosen, Becher und andere Formkörper
Geruchs- und Geschmacksfreiheit	ÖNORM A 5510 VLG-Meth. 28	Skala	Packmittel allgemein, Packmittel f. Milchprodukte

1) Fortsetzung der Tabelle auf der nächsten Seite

Tab. XIII: Meßtechnisch erfaßbare Eigenschaften und Prüfvorschriften für Packmittel (Fortsetzung)[1)]

Eigenschaft	Prüfvorschrift	Definition Meßbereich	Anwendungsbereich
Oberflächenkeimzahl	DIN 10050 Bl.3 ILV-Merkbl. 9 u. 15 VLG-Meth. 10 VLG-Meth. 14	Keime/dm² Keime/dm² Keime/100 ml Keime/100 cm³	Buttereinwickler - Becher, Tassen, Schalen (für flüssige Milchprodukte) Feinstblechdosen (Milchpulverdosen)
Korrosionsbeständigkeit gegenüber dem Füllgut	nicht festgelegt	-	Feinstblechdosen
Permanente Spannungen	ÖNORM A 5522	6 Temper-Stufen	Hohlglasbehältnisse
Wandstärkenverteilung	nicht festgelegt[2)]	mm	Packmittel allgemein
Temperaturwechselbeständigkeit	ÖNORM A 5523	Δt (°C)	Hohlglasbehältnisse
Schlagfestigkeit	VLG-Meth. 102 VLG-Meth. 103	J J	Hohlglasbehältnisse, Seitenwand Hohlglasbehältnisse, Mundstück
Schichtdicke der Heißendvergütung	VLG-Meth. 105	CTU	Hohlglasbehältnisse (Seitenwand und Mundstück)
Standardisierte Oberflächenabnutzung	VLG-Meth. 101	-	Hohlglasbehältnisse (vor mechanischen Prüfungen)
Druckfarbenhaftung	VLG-Meth. 23	Skala	Kunststoffe
Wasserechtheit von Druckfarben	DIN 16524 Bl.1	Graumaßstab	gilt auch für Lösungsmittel
Füllgutechtheit von Druckfarben	DIN 16524 Bl. 2 u. 3	Graumaßstab	Packmittel allgemein
Lichtechtheit von Druckfarben	ÖNORM A 1201	Graumaßstab	Packmittel allgemein

1) Fortsetzung der Tabelle auf Seite 109
2) zerstörungsfreie und zerstörende Meßmethoden

Tab. XIV: Prüfbare Eigenschaften von Packstoffen[1)]

Packstoff / Eigenschaft	Packpapiere		Kartone u. Vollpappen			Wellpappe	Kunststoff-folien	Verbund-stoffe	Polster-stoffe	Aluminium	
	unver-edelte	ver-edelte	einfach	ver-edelte	kombi-nierte					Folie	Abdeck-band
Flächengewicht	x	x	x	x	x	x	x	x		x	x
Dicke	x	x	x	x	x	x	x	x			x
Bruchwiderstand	x	x*	x	x	x		x	x		x	x
Dehnung	x	x	x	x	x		x	x		x	x
Berstfestigkeit	x	x	x	x	x	x	x	x		x	x
Naßberstfestigkeit	x	x	x	x	x	x		x			
Durchstoßfestigkeit	x	x	x	x	x	x	x	x		x	x
Naßdurchstoßfestigkeit	x	x	x	x	x	x		x			
Einreißwiderstand	x	x	x	x			x	x			x
Durchreißwiderstand	x	x	x	x			x	x			x
Biegesteifigkeit	x	x	x	x	x	x	x	x		x	x
Rückfederungswinkel	x	x	x	x	x			x		x	x
Rückfederungsmoment	x	x	x	x	x			x		x	x
Oberflächenglätte	x	x	x	x	x	x	x	x			
Rauhigkeit	x	x	x	x	x	x	x	x			
Oberflächenreibung	x	x	x	x	x	x	x	x			
Lagenhaftfestigkeit			x	x	x						
Luftdurchlässigkeit	x	x*	x	x	x						
Wasseraufnahme	x	x			x						
Geruchsfreiheit	x	x			x		x	x		x	x
Geschmacksfreiheit	x	x			x		x	x		x	x
Oberflächenkeimzahl	x	x	x	x	x	x	x	x		x	x
Fettdichtigkeit	x	x			x*						
Gasdurchlässigkeit		x*			x*		x	x			
Wasserdampfdurchlässigk.		x*			x*		x	x			
Aromadurchlässigkeit		x*			x*		x	x			
Lichtdurchlässigkeit	x	x*	x	x	x		x	x			

1) Fortsetzung der Tabelle auf der nächsten Seite
* je nach Art der Beschichtung

Tab. XIII: Meßtechnisch erfaßbare Eigenschaften und Prüfvorschriften für Packmittel (Fortsetzung)

Eigenschaft	**Prüfvorschrift**	**Definition Meßbereich**	**Anwendungsbereich**
Fettbeständigkeit	DIN 10050 Bl. 5	visuell	Buttereinwickler1)
Spannungsrißbildung	ILV-Merkbl. 42	Standzeit	Kunststoffkörper
dynam. Dauerbeanspruchbarkeit2)	DIN 55443 Bl.1	Schadenskala	Packmittel und Packstücke allgemein
Standfestigkeit	VLG-Meth. 108	Kippwinkel	Verbraucherpackungen

1) sinngemäß auch auf andere Packmittel anwendbar
2) Rüttelprüfung

Tab. XIV: Prüfbare Eigenschaften von Packstoffen (Fortsetzung)

Packstoff / Eigenschaft	Packpapiere		Kartone u. Vollpappen			Wellpappe	Kunststoff-folien	Verbund-stoffe	Polster-stoffe	Aluminium	
	unver-edelte	ver-edelte	einfach	ver-edelte	kombi-nierte					Folie	Abdeck-band
Verbundhaftung		x*			x			x			x**
Rillbarkeit			x	x	x	x					
Faltwiderstand	x	x	x	x	x	x				x	
Kantenstauchwiderstand						x					
Naßfestigkeit (Verklebg.)						(x)					
Planlage	x	x	x	x	x	x	x			x	x
Schweißeigenschaften							(x)	(x)		(x)	(x)
Siegeleigenschaften							(x)	(x)		(x)	(X)
Schrumpfung							(x)	(x)			
Schrumpfkraft							(x)	(x)			
Blocken							x	x			
Dichte									x		
Dämpfungseigenschaften									x		
Wärmedämmung									x		
Rollneigung	x	x	x	x	x		(x)	(x)			
Porigkeit										x	x***

(x) nur bei einschlägiger Verwendung des Packstoffes
* je nach Art der Beschichtung
** Lackhaftung
*** der Lackierung

Tab. XV: Prüfbare Eigenschaften von Packmitteln

Packmittel / Eigenschaft	Beutel u. Säcke: Papiere: unveredelte	Beutel u. Säcke: Papiere: veredelte	Beutel u. Säcke: Kunststofffolien	Faltschachteln: Umverpackung	Faltschachteln: Verbraucherpackung	Kunststoff-Formkörper: Behältnisse	Kunststoff-Formkörper: Transportkasten	Aluminiumformkörper u. Behältnisse	Weißblechdosen	Hohlglasbehältnisse
Stauchfestigkeit				x	x	x	x	(x)	x	x
Stoßfestigkeit	x	x	x	x		x	x	(x)		(x)
Wasserdampfdurchlässigk.		(x*)	x		(x*)	(x)		(x**)		
Gasdurchlässigkeit		(x*)	x		(x*)	x		(x**)	(x**)	(x**)
Flüssigkeitsdichtigkeit		(x*)	x		(x*)	x		(x**)	(x**)	(x**)
Langzeitdichtigkeit								(x)	(x)	(x**)
Siegelnahtfestigkeit		x*	x			(x**)		(x**)		(x**)
Klebenahtfestigkeit	x	(x)		(x)	(x)					
Öffnungsfähigkeit	x	x	x		x	x**		x**	(x)	(x**)
Öffnungskraft	x	x	x		x	x**		(x**)	(x)	(x**)
Berstdruckfestigkeit	x	x	x		x*	x		(x)		(x)
Aufrichtewiderstand				x	x					
Unterdruckbeständigkeit								x	x	(x)
Überdruckbeständigkeit								x	x	x
Geruchsfreiheit	x	x	x		x	x		x***	x	
Geschmacksfreiheit	x	x	x		x	x		x***	x	
Oberflächenkeimzahl	x	x	x		x	x		x	x	x
Korrosionsbeständigkeit								x	x	
perm. Spanng. (Temper)										x
Wandstärkenverteilg.						x				
Temperaturwechselbeständigk.							x****			x
Schlagfestigkeit										x
Dicke der Heißendvergütung										x
Druckfarbenhaftung		x	x		x	x		(x)	(x)	
Wasser-, Licht- u. Füllgutechth.		x	x		x	x		(x)	(x)	
Fettbeständigkeit			x			x				
Spannungsrißbildung						x	(x)			(x)
Vibrationsfestigkeit				x	(x)	x	x	(x)	(x)	x
Standfestigkeit				(x)	x	x		(x)		x
Dimensionen	x	x	x	x	x	x	x	x	x	x

(x) nur wenn einschlägige Anforderungen an das Packmittel gestellt werden
* je nach Art der Beschichtung
** Verschlüsse, Nähte oder Falze
*** bei Innenlackierung
**** der Dimensionen

13. Literatur

1. HEISS R. u. SCHRICKER G.: Packstoff-Tabellen. C. Hanser Verlag, München (1955)

2. LEHMANN H. u. RICHTER L.: Werkstoffe der Papierverarbeitung. Deutscher Fachverlag, Frankfurt/Main (1979)

3. SCHRICKER G. u. HEISS R.: Packstoffe und Verpackungen. P. Keppler Verlag, Baden-Baden (1959)

4. HEISS R.: Verpackung von Lebensmitteln. Springer-Verlag, Berlin-Heidelberg-New York (1980)

5. GREBE W.: Die Packstoffe Papier, Karton, Pappe für Verpackungen. RGV-Handbuch Verpackung. Erich Schmidt Verlag, Berlin, 6. Lfg. (1978)

6. BOJKOW E.: Verpackungspapiere - Einteilung, Eigenschaften und Verwendung. Österr. Milchwirtschaft 26/12, 225-227 (1971)

7. SUDAN J.: Möglichkeiten und Wiederverwendung von gebrauchten Papieren und Pappen. RGV-Handbuch Verpackung. Erich Schmidt Verlag, Berlin, 6. Lfg. (1978)

8. BOJKOW E.: Kartone und Vollpappen für die Verpackung. Einteilung, Eigenschaften und Verwendung. Österr. Milchwirtschaft 26/4, 266-269 (1971)

9. BREMPEL M.: Der Packstoff Vollpappe. RGV-Handbuch Verpackung. Erich Schmidt Verlag, Berlin, 12. Lfg. (1981)

10. JAKOBSEN H.: Rohstoffbeschreibung und Unterscheidungsmerkmale der Wellpappe. RGV-Handbuch Verpackung. Erich Schmidt Verlag, Berlin, 12. Lfg. (1981)

11. DIN 55468: Packstoffe - Wellpappe (1987)

12. ÖSTERR. VERPACKUNGSZENTRUM: Kunststoffe in der Verpackungstechnik Schriftenreihe Verpackungspraxis. Im Eigenverlag. 2. Auflage (1972), 3. Auflage (1980)

13. SCHULZ G.: Die Kunststoffe. C. Hanser Verlag, München (1959)

14. SAECHTLING H.: Kunststoff-Handbuch: 23. Ausgabe, C. Hanser Verlag, München (1986)

15. BOJKOW E.: Die Funktion der Kunststoffe in der modernen Warenverpackung. Verpackungs-Rundschau 8, 886-891 (1986)

16. BOJKOW E.: PVC in der Milchwirtschaft. Umweltdiskussion, Substitutionsmöglichkeiten. Milchwirtschaftl. Berichte, Wolfpassing 86, 33-43 (1986)

17. FÜRST E.: HCl-Emissionen in Österreich. Umweltbundesamt. Im Eigenverlag, Wien (1986)

18. HILPERT H.: Abbaubare Kunststoffe. In RGV-Handbuch Verpackung. Erich Schmidt Verlag, Berlin, 1. Lfg. (1978)

19. LOTZE J.: Abschätzung der vorhandenen Ressourcen für die Aluminiumherstellung. Verpackung und Umwelt (Ressourcen und Recycling). Technik, Wirtschaft, Umweltschutz: Bd. 4, S 218 - 238, EF - Verlag für Energie- und Umwelttechnik, Berlin (1982)

20. SPRENG D.: Energieaufwand und Recycling von Aluminiumverpackungen. Verpackung und Umwelt (Ressourcen und Recycling). Technik, Wirtschaft, Umweltschutz. Bd. 4, S 305 - 323, EF - Verlag für Energie- und Umwelttechnik, Berlin (1982)

21. LEWINSKI A.: Aluminium - Recycling - Aktivitäten in Europa unter besonderer Berücksichtigung von Getränkedosen. Recycling International, S 839 - 845, EF - Verlag für Energie- und Umwelttechnik, Berlin (1984)

22. MÜLLER B.: Die Herstellung von Weißblech, dessen Eigenschaften und Anwendungen. RGV-Handbuch Verpackung. Erich Schmidt Verlag, Berlin, 9. Lfg. (1981)

23. DETERING H. u. HEINZE E.: Möglichkeiten der Behandlung von Weißblechabfällen. RGV-Handbuch Verpackung. Erich. Schmidt Verlag, Berlin (1978)

24. OELSEN O.: Entwicklungstendenzen des Weißblech-Recyclings. Recycling International, S 836 - 838. EF - Verlag für Energie- und Umwelttechnik, Berlin (1984)

25. BOJKOW E.: Auswirkungen der Oberflächenvergütung auf die Eigenschaften von Hohlglasbehältnissen. Mitteilungen der Versuchsstation für das Gärungsgewerbe 7/8, 61 - 68 (1979)

26. HOUGEN A. O.: Über die Festigkeit von Glas und Möglichkeiten zu ihrer Verbesserung - Ein Überblick. Verpackungs-Rundschau 15/3, Techn. Wissenschaftl. Beil. 17 - 21 (1964)

27. RGV-Handbuch Verpackung: Qualitätssicherung bei der Behälterglasproduktion. Erich Schmidt Verlag, Berlin, 17. Lfg. (1986)

28. MOODY B.: Packaging in Glass. Hutchinson Benham Ltd., London (1977)

29. E. SICKENBERGER H.: Der Packstoff Holz. RGV-Handbuch Verpackung, Erich Schmidt Verlag, Berlin, 3. Lfg. (1979)

KAPITEL IV

Die Umweltdiskussion über Verpackungen - Darstellung und kritische Durchleuchtung

Inhaltsverzeichnis

1. Einleitung

Seit Jahren warnen Wissenschafter vor der uneingeschränkten Ausbeutung und Umsetzung unserer Rohstoff- und Energieressourcen. Zeitkritiker und Publizisten versuchen durch eindringliche Darstellung der Vision einer von Schadstoffen und Abfällen zerstörten Umwelt, die kritische Auseinandersetzung mit der technischen und wirtschaftlichen Entwicklung dieses Jahrhunderts zu intensivieren. In der solcherart in Gang gesetzten, oft emotionell geführten und mit utopischen Vorstellungen angereicherten Umweltdiskussion wurden verschiedenste Forderungen zum sorgfältigeren Umgang mit unseren natürlichen Lebensgrundlagen formuliert. Inwieweit diese geeignet sind, Umweltbeeinträchtigungen tatsächlich zu vermindern, ist durch die Vernetzung wirtschaftlicher, technischer und ökologischer Zusammenhänge mit sozialen Verhaltensweisen zumeist schwer vorhersehbar. Zu vorsichtigem Vorgehen mahnende Stimmen haben ebenso gewichtige Argumente anzuführen wie jene, die radikale und einschneidende Veränderungen fordern.

Im gleichen Dilemma befindet sich auch die Diskussion über die Umweltauswirkungen bzw. den Sinn oder Unsinn der heutigen Warenverpackung. Einerseits kann bei der Warendistribution auf Verpackungen nicht verzichtet werden, andererseits verbraucht deren Herstellung Rohstoffe und Energie und hat wie jede industrielle Produktion Auswirkungen auf die Umwelt. Es ist unausbleiblich, daß Verpackungen nach Erfüllung ihrer Aufgabe zu Abfall werden, dessen Beseitigung mit althergebrachten Entsorgungstechniken das Abfallmengenproblem zweifellos vergrößert. Allerdings wird durch Überschätzung jenes Stellenwertes, welcher Umweltfragen der Verpackung im Verhältnis zur Gesamtproblematik tatsächlich zukommt, teils aus Unwissenheit, teils mit Absicht in der Öffentlichkeit der Eindruck erweckt, daß Verpakkungen, insbesondere Einweg-Verpackungen, für das Abfallentsorgungsproblem hauptverantwortlich sind. So wird aus Gründen der Abfallvermeidung mitunter die gänzliche Substitution von Einweg-Getränkeverpackungen durch Mehrweg-Gebinde gefordert, obwohl mit Ausnahme des Getränkebereiches praktisch alle Waren einwegverpackt sind und "*Nicht*-Getränkeverpackungen" - wie später gezeigt wird - den Hauptanteil am Verpackungsabfall haben.

In dieser Diskussion steht das Müllproblem sosehr im Vordergrund, daß gleichberechtigte Fragen, wie die Umweltauswirkungen

- der Rohstoffgewinnung für Packmaterialien

- der Packmittelherstellung
- des Verpackungsprozesses
- der Warendistribution

und schließlich die Zweckmäßigkeit sowie die Kostenseite alternativer Verpackungen, von denen angenommen wird, daß sie weniger Abfall verursachen, meist unbeachtet bleiben. Auf der Suche nach einer Lösung des Abfallproblems wird die Sinnhaftigkeit der Warenverpakkung oft in Abrede gestellt und Einwegverpackungen werden als sichtbares Symbol einer die Lebensgrundlagen zukünftiger Generationen verschwendenden Wegwerfgesellschaft bezeichnet.

Den Umweltauswirkungen von Verpackungsmaßnahmen muß aber auch der Verpackungsnutzen gegenübergestellt werden, der sich (was meist vergessen wird) in einer

- weitestgehenden Erhaltung der (produzierten) Warenqualität
- funktionierenden Warenversorgung
- ausreichenden Verfügbarkeit lebensnotwendiger Güter
- und in einem nicht unbeträchtlichen Beitrag zur Verbesserung der Lebensqualität

äußert.

In der öffentlichen Diskussion scheiden sich die Standpunkte an der Frage, ob der zunehmenden Dissipation von Energie und stofflichen Ressourcen nur durch radikalen Verzicht auf alle nicht unmittelbar lebensnotwendigen Güter entgegengewirkt werden kann, oder ob die Erhaltung einer intakten Umwelt auch unter Beibehaltung aller Annehmlichkeiten der Lebensweise hochentwickelter Industriestaaten möglich sein wird. Es bedürfte keiner besonderen geistigen Anstrengungen, die durch zunehmende Technisierung entstandenen Umweltbelastungen durch Verzicht auf Wohlstand und zivilisatorische Errungenschaften zu vermeiden. Die Herausforderung dieser und folgender Generationen besteht aber in der Erhaltung einer lebenswerten Umwelt *ohne* Verzicht auf Wohlstand und Zivilisation. Soll die Erde Lebensraum für eine ständig wachsende Weltbevölkerung bieten, müssen wir uns Besseres einfallen lassen als die Verteufelung technischer Errungenschaften und den Rückzug auf primitive Lebensformen.

Übertragen auf die Verpackungsdiskussion erhebt sich die Frage, ob eine Verringerung des Verpackungsabfalls und der Umweltauswirkungen durch Verpackungsmaßnahmen nur durch andere, alternative Verteilungsformen erreicht werden kann oder ob dies wirksamer und besser durch umweltschonende Produktionsverfahren und eine Neuorientierung der Abfallbehandlung möglich ist.

2. Wurzeln der Kritik an Verpackungen

2.1. Konsumerismus

Zugleich mit dem Konjunkturaufschwung der 60er Jahre, einer Zeit lebhafter Innovationen und Zuwächse auch für die Verpackungsindustrie, setzten die ersten Kritiken an der Warenverpackung ein. Mit dem Übergang zum Selbstbedienungshandel änderten sich die Angebotsformen, und immer mehr Konsumgüter kamen verbrauchsgerecht vorverpackt auf den Markt. Technisch unausgereifte oder der Verbrauchererwartung nicht entsprechende Verpackungsnovitäten lenkten die Aufmerksamkeit von Publizisten, Verbraucherorganisationen und Kulturkritikern auf die Konsumgüterverpackung, von der bald behauptet wurde, daß sie die Waren nur verteuere. Rasch wurde das Bild einer Industrie entworfen, die zur Täuschung und Verführung des Verbrauchers, sonst aber völlig unnötigerweise, aufwendige, nur Abfall verursachende Verpackungen produziert. Wirtschaftliche und technische Zusammenhänge entzogen sich offenbar der Kenntnis dieser Kritiker oder wurden bewußt verschwiegen (1).

Entsprechend gering ist auch das allgemeine Wissen über Zweck und Notwendigkeit der Verpackung. Meist wird völlig übersehen, daß die heutige Versorgung mit Nahrungsmitteln und hochwertigen Wirtschaftsgütern ohne den Entwicklungsstand der Verpackungstechnik nicht möglich wäre. So wird der Warenverpackung paradoxerweise genau das Gegenteil von dem vorgeworfen, was sie tatsächlich bewirkt:

- sie verteuere die Waren, obwohl sie zur Senkung der Verteilungskosten beiträgt (siehe Übersicht 1)
- sie sei unnütz, obwohl sie die Erhaltung der Warenqualität sichert
- sie sei eine unerwünschte Belastung, obwohl moderne und zweckmäßige Verpackungen
  - zur Verbesserung der Arbeitsbedingungen im Handel und Transportwesen
  - sowie zur Erleichterung des Wareneinkaufes, des Heimtransportes und der Haushaltbevorratung beitragen
- sie vergrößere den Müllberg, obwohl eine zweckmäßige Verpackung das wirksamste Mittel zur Vermeidung von Abfall durch verdorbene und ruinierte Güter ist.

Die heute mitunter geübte pauschale Verteufelung von Verpackungen entspringt somit keineswegs einer profunden, kritischen Auseinandersetzung mit dieser Materie.

Übersicht 1

Verteuert das Verpacken die Waren?

In der Konsumgüterherstellung entfallen 15 - 25 % des Unternehmensumsatzes auf Vertriebskosten. Sie beeinflussen in diesem Ausmaß auch den Warenpreis. Da der Vertriebsaufwand keineswegs zur Steigerung des Warenwertes beiträgt, muß er so gering wie möglich gehalten werden.
Er setzt sich aus
- den Packmittel- und Abpackkosten
- den Entwicklungs- und Kontrollkosten für den Abpackprozess
- den Kosten für Transport, Lagerung und Warenumschlag
- den Verlusten an Packmittel, Füllgut, Arbeitszeit und Energie beim Portionieren und Abpacken (Ausschuß)
- und den Distributionsverlusten (beschädigte oder verdorbene Waren)

zusammen, die sich in ihrer Höhe gegenseitig beeinflussen. Deshalb muß der Verpackungsaufwand so gesteuert werden, daß daraus ein minimaler Gesamtaufwand resultiert. Dieser wird durch unzulängliches Verpacken ebenso erhöht wie durch zu aufwendiges Verpacken. Somit ist das jeweils billigste Packmittel nicht unbedingt auch das kostengünstigste (2).

Tab. I: Pro-Kopf-Quoten[1)] des Verpackungsverbrauches (Österreich 1987) nach ÖIV (43)

Packmittel	Menge (kg)	Wert (öS)
Metall	11,2	463,49
Glas	25,2	119,36
Kunststoff	18,8	651,08
Papier und Pappe	61,1	879,07
Holz	8,5	66,75
Textilien	0,4	35,88
insgesamt	125,2	2.215,62

1) 7,553 Mio Einw.

2.2. Anstieg des Verpackungsverbrauches (29)(43)

Verpackungsstatistiken weisen auf einen von Jahr zu Jahr steigenden Verpackungsaufwand hin. So stieg der jährliche Verpackungsverbrauch je Einwohner in Österreich von öS 274,- oder 30,5 kg im Jahr

1960 auf öS 2.216,- oder 125,2 kg im Jahr 1987 an (siehe Tab. I).
Diese Entwicklung ergab sich aus

- dem Wirtschaftswachstum
- dem gestiegenen Verbrauch an Konsumgütern
- dem erhöhten Lebensstandard, der eine Wandlung der Konsumgewohnheiten und gestiegene Ansprüche an die Produktqualität nach sich zog
- und dem härteren Konkurrenz- und Preiskampf innerhalb der einzelnen Branchen, der zu Kosteneinsparungen durch Rationalisierung der Warenherstellung und Warendistribution zwang.

Dazu zählt auch die Vermeidung von Qualitätseinbußen bzw. -verlusten auf dem Verteilungsweg, was einer Erhöhung des qualitativen und quantitativen Verpackungsaufwandes bedurfte.

Isolierte Darstellungen des ständig zunehmenden Verpackungsaufwandes vermitteln den Eindruck eines ins Uferlose steigenden Verpackungsverbrauches. Setzt man diesen jedoch in Relation zum Produktionswert von Industrie und Gewerbe wie in Abb. 1, so zeigt sich, daß der Anteil des Verpackungsaufwandes am Produktionswert von Industrie und Gewerbe leicht fallende Tendenz aufweist: 1966 betrug dieser rund 2,6 % und sank bis 1987 auf 2,3 % ab.

Den Anteil der einzelnen Branchen am Verpackungsverbrauch gibt Tab. II wieder. Daraus geht hervor, daß die Nahrungs- und Genußmittelindustrie mit rd. 48 % des gesamten Verpackungsverbrauches zu den größten Abnehmern der Verpackungswirtschaft zählt, gefolgt von der chemischen Industrie. Alle anderen Industriesparten haben einen relativ geringen Verpackungsaufwand. Dennoch zeigt die Statistik, daß kaum eine Branche ohne Verpackungen auskommen kann. Selbst die Erdölindustrie, die ihre Produkte vorwiegend in Großbehältnissen lagert und verteilt, hat noch einen Anteil von 0,02 %.

Aufgrund des hohen Anteils der Nahrungs- und Genußmittelindustrie am Verpackungsaufwand wird gefolgert, daß der Verpackungsverbrauch fast zu 50 % von den Angebots- und Verteilungsformen des Lebensmittelhandels geprägt wird (29).

2.3. Angemessenheit des Verpackungsaufwandes für Nahrungs- und Genußmittel

Obwohl der Verpackungsaufwand primär von den Schutzmaßnahmen zur Qualitätserhaltung eines Produktes abhängt, wird immer wieder versucht, dessen Angemessenheit durch Vergleich der Verpackungs-

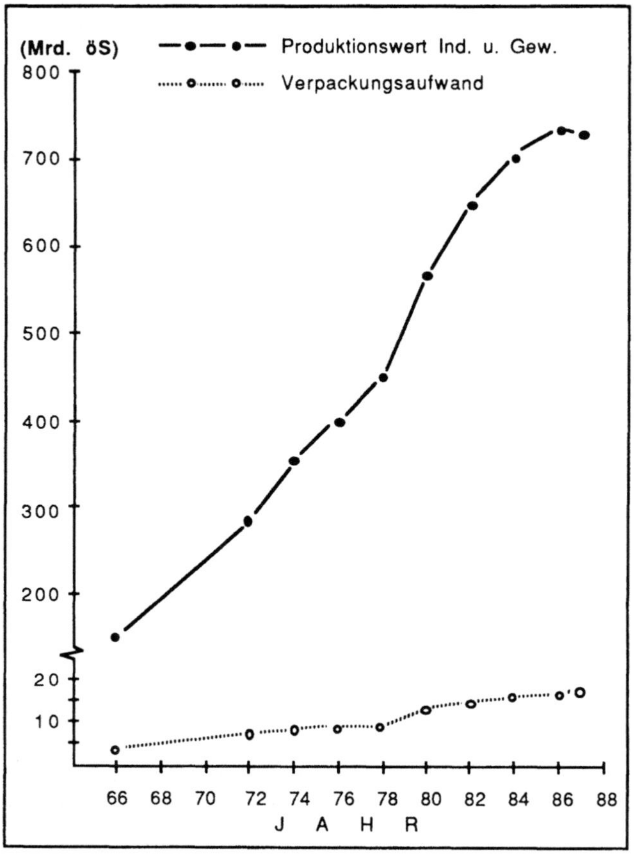

Abb. 1: Entwicklung des Verpackungsaufwandes (wertmäßig) und des Produktionswertes von Industrie und Gewerbe (Österreich 1966 - 1987) nach (29)(30)(31)(43)

kosten verschiedener Produkte zu beurteilen. Eine dafür herangezogene Maßzahl ist z.B. der "spezifische Verpackungsanteil", der nach ALBER (29) den Verpackungsverbrauch als Prozentanteil der Vorleistungen angibt (siehe Tab. III). Abgesehen von der Fragwürdigkeit solcher Vergleiche, welche die Abhängigkeit des Verpackungsaufwandes von den produktbezogenen und vertriebsabhängigen Schutzmaßnahmen unberücksichtigt lassen, wird dadurch nur erhärtet, daß weniger empfindliche Lebensmittel keines hohen Verpackungsaufwandes bedürfen. Einen relativ hohen "spezifischen Verpackungsanteil" weisen hingegen Tabakwaren, Spirituosen und Schokoladewaren auf.

IV/121

Tab. II: Verpackungsverbrauch (1981) der einzelnen Branchen (wertmäßig in öS 1.000) nach ALBER (29)

Branche	Packstoffgruppe							% des ges. Verpackungs-verbrauches
	Metall	Glas	Kunststoff	Papier, Pappe	Holz	Textilien	gesamt	
Bergwerke	2300	-	39510	42226	28606	337	112979	1,27
Eisenhütten	13999	-	1507	8800	62029	239	86574	0,97
Erdölindustrie	600	-	1022	-	-	-	1622	0,02
Stein- und Keramikindustrie	14216	-	54261	196811	47615	-	312903	3,52
Glasindustrie	776	-	42826	108016	26549	-	178167	2,01
Chem.Industrie	291117	134718	599803	716104	62386	1230	1805358	20,32
Papiererz.Ind.	13632	-	59255	186726	123440	-	383053	4,31
Papierverarb.Ind.	4634	-	10858	72349	9567	259	97667	1,1
Holzverarb.Ind.	6187	-	17552	105366	14178	157	143440	1,62
Nahrungs- und Genußmittelind.	910113	577782	799182	1965969	19280	1722	4274048	48,11
Ledererz. und Leder-verarb. Ind.	183	-	3979	125885	632	1	130680	1,47
Gießereiind.	326	-	1203	10218	6394	18	18159	0,2
FE-Metallind.	2382	-	12400	24113	45959	80	84934	0,96
Maschinen- und Stahlbauind.	20572	-	11500	50522	81996	844	165434	1,86
Fahrzeugind.	163	-	481	18202	19369	-	38215	0,43
Eisen- und Metall-warenindustrie	18139	77	47050	228748	74533	1284	369831	4,15
Elektroindustrie	2601	-	80061	202063	49928	6	334659	3,77
Textilindustrie	3442	-	60869	180848	2759	4516	252434	2,84
Bekleidungsind.	580	-	16610	77384	25	26	94625	1,07
gesamt	1305962	712577	1858929	4320350	675245	10719	8883782	100
gesamt in %	14,7	8,02	20,93	48,63	7,6	0,12	100	

Tab. III: Verpackungsverbrauch (wertmäßig) der einzelnen Bereiche der Nahrungs- und Genußmittelindustrie (Österreich 1976) nach ALBER (29)

Bereich	Verpackungsverbrauch öS 1000	Verpackungsverbrauch in %	Spezifischer Verpackungsanteil[1)] (%)
Fleischverarbeitung	291.708	9,57	12,46
Obst- und Gemüseverwertung	202.741	6,65	31,36
Mahlprodukte	41.844	1,37	2,25
Backwaren	125.731	4,12	8,81
Milchverwertung	552.097	18,12	5,81
Zucker	61.645	2,02	2,87
Schokoladewaren	296.690	9,73	16,82
Brauerei, Mälzerei	88.730	2,91	4,62
Wein, Spirituosen	312.203	10,25	18,82
Alkoholfreie Getränke	118.364	3,88	10,06
Tabakwaren	246.579	8,09	29,43
sonstige	709.228	23,29	10,76
insgesamt	3,047.560	100,00	7,97

1) der spezifische Verpackungsanteil ist nach ALBER (29) folgendermaßen definiert:

$$\text{spezifischer Verpackungsanteil} = \frac{\text{Verpackungsverbrauch}}{\text{Vorleistungen}} \times 100$$

Ungeachtet der zuvor erhobenen Einwände widerlegt der Vergleich des "spezifischen Verpackungsaufwandes" verschiedener Branchen die verbreitete Meinung, daß Einwegverpackungen grundsätzlich einen höheren Verpackungsaufwand als Mehrweg-Gebinde verursachen: Wie Tab. III zeigt, zählt die Milchwirtschaft im Nahrungs- und Genußmittelbereich mit einem wertmäßigen Anteil von 18 % zu den größten Verpackungsverbrauchern. Gemessen an den gesamten Vorleistungen für die Produktherstellung ist ein spezifischer Verpackungsanteil von nur 5,8 % für Produkte, deren Empfindlichkeit und leichte Verderblichkeit besondere Verpackungsmaßnahmen in bezug auf Hygiene und Haltbarkeit erfordern, erstaunlich gering. Unterboten wird diese niedrige Quote nur mehr von Erzeugnissen weniger empfindlicher Güter, wie von Mahlprodukten, der Zuckerindustrie und den Brauereien, die jedoch nicht wie Molkereien täglich fast ihr gesamtes, hereinkommendes Rohprodukt einzelhandelsgerecht portioniert und verpackt auf den Markt bringen müssen.

Daß der spezifische Verpackungsanteil in Branchen, die so wie die Milchwirtschaft vorwiegend Flüssigprodukte herstellen, auch relativ hoch sein kann, zeigt dieselbe aus dem Jahr 1976 stammende Statistik: Für alkoholfreie Getränke, die damals fast ausschließlich in Mehrwegflaschen auf den Markt kamen, wird ein spezifischer Verpackungsanteil von 10,06 % angegeben. Er lag damit wesentlich höher als bei Milchprodukten, von denen der Flüssigwarenanteil damals bereits zu 88 % einwegverpackt abgegeben wurde (32). Der höchste spezifische Verpackungsanteil wurde mit 31,36 % bei der Obst- und Gemüseverwertung festgestellt, die mit Ausnahme von Tiefkühlware ihre Produkte vorwiegend in Glas und Feinstblech einwegverpackt abgibt. Dies unterstreicht, daß die Kosten von Einwegverpackungen nicht undifferenziert mit denen von Mehrweggebinden verglichen werden können.

2.4. Umweltdiskussion

Seit der legendären Studie des Massachusetts Institute of Technology über die "Grenzen des Wachstums" und dem "Ölschock" um die Jahreswende 1973/74 dehnte sich die Kritik an Verpackungen auch auf den Rohstoff- und Energieverbrauch für deren Herstellung aus (3). Seither stehen insbesondere neue Einweg-Getränkeverpackungen aus Kunst- und Verbundstoffen, zum Teil - wie später gezeigt wird - zu Unrecht, im Brennpunkt der Umweltkritik.

Einweg-Verpackungen aus traditionellen Packstoffen wie Papier, Glas und Holz werden dagegen prinzipiell als "umweltfreundlich" betrachtet, ohne die Richtigkeit dieser Meinung sowie die ökologische, ökonomische und funktionelle Sinnhaftigkeit ihres universellen Einsatzes zu hinterfragen. Auch werden Mehrweggebinde, ohne Berücksichtigung der durch Transportentfernungen und Umlaufhäufigkeit gegebenen ökonomischen und ökologischen Grenzen, völlig undifferenziert, für grundsätzlich weniger umweltbelastend gehalten (4). Der an allen Grenzflächen in der Natur vorkommende Stoffaustausch wird zum Anlaß genommen, Migrationsvorgängen zwischen Packstoff und Füllgut, insbesondere bei Kunststoffverpackungen, toxische Einflüsse auf Lebensmittel nachzusagen. Zusammenhänge zwischen Dosis und Wirkung werden bei diesen Substanzmengen, die weit unter jeder Gefährdungsschwelle liegen, zugunsten spekulativer Beurteilungen negiert und Gesundheitsgefährdung allein mit der *Möglichkeit* des Vorhandenseins oder der Nachweisbarkeit einer Substanz begründet (5)(6)(7)(8).

In ähnlicher Umkehr ursächlicher Zusammenhänge wird der Verpackungsabfall für das Überquellen der Deponien verantwortlich gemacht und nicht der gestiegene Warenkonsum sowie das Fehlen einer das abzulagernde Abfallvolumen reduzierenden Behandlung der Abfälle .

2.5. Müllproblem

2.5.1. Abfallaufkommen

Das steigende Abfallaufkommen der Gemeinden (siehe Tab. IV) und die Probleme der Abfallentsorgung werden häufig auf den gleichzeitig mit der Warenproduktion gestiegenen Verpackungsverbrauch zurückgeführt. Der zunehmende Einweg-Anteil der Getränkeverpackungen scheint dies zu bestätigen. Bildliche Darstellungen riesiger Müllhalden, aus denen farblich auffällig gestaltete Verpackungen besonders hervorstechen, verstärken den Eindruck, daß vor allem die Umhüllung verbrauchter Waren für das Überquellen der Mülldeponien verantwortlich ist.

Im Jahr 1973 erstmalig in Österreich durchgeführte Analysen von Hausmüll (11) zeigten, daß rund 32 Gew.% bzw. 52 % des Abfallvolumens in Hausmüllbehältern von Packmitteln herrühren (siehe Tab. V), was als weiterer Beweis für die Notwendigkeit abfallvermeidender Maßnahmen beim Gebrauch von Packmitteln gewertet wurde.

In den Jahren 1985/86 vorgenommene lokale Untersuchungen (12) ließen aufgrund der inzwischen intensivierten Altglas- und Altpapiersammlung einen leichten Rückgang des Verpackungsanteils im Hausmüll auf ca. 28 Gew.% bzw. 48 Vol.% erkennen (siehe Tab. VI).

Vom Österr. Bundesinstitut f. Gesundheitswesen (13) wurde das gesamte österr. Abfallaufkommen im Jahr 1983 auf 24,1 - 45,7 Mio t geschätzt. Konkret konnten 13,3 Mio t oder 12,6 Mio m^3 Gewerbe- und Industriemüll erhoben werden, wovon 4 Mio t bzw. 3,8 Mio m^3 an Eigenentsorgung der Betriebe in Abzug zu bringen sind. Damit verbleibt eine öffentlich zu entsorgende Abfallmenge von 9,3 Mio t an Gewerbe-

IV/125

Tab. IV: Entwicklung des Abfallaufkommens der Gemeinden (Österreich 1973-1984)

Quelle		Müllerhebung 1973 (9)	Abfallerhebung 1980 (9)	Abfallerhebung 1984 (10)
	Hausmüll (t)	1,337.000	1,560,073	1,628.864
	Sperrmüll (t)	-	11.685	98.493
	Direktanlieferung (t)	-	-	327.900
	Summe (t)	1,337.000	1,673.758	2,055.257
Spezifisches Müllaufkommen	Hausmüll (kg/Einw)	179[1)]	209[1)]	216[2)]
	Sperrmüll (kg/Einw)	-	15[1)]	13[2)]
	Direktanlieferung (kg/Einw)	-	-	43[2)]
	insgesamt	179[1)]	224[1)]	272[2)]
	Hausmüll (t/km^2)	16[3)]	19[3)]	19,4[3)]
	Sperrmüll (t/km^2)	-	1[3)]	1,2[3)]
	Direktanlieferung (t/km^2)	-	-	3,9[3)]
	insgesamt (t/km^2)	16[3)]	20[3)]	24,5[3)]
jährliche Steigerungsrate	Hausmüll (t)	-	31.868 (+ 2,2 %)	+ 17.198 (+ 1,1 %)
	Sperrmüll (t)	-	- -	- 3.798 (- 3,3 %)
	insgesamt	-	48.108 (+ 3,6 %)[4)]	+ 95.375 (+ 5,7 %)[4)]

1) 7,457 Mio Einwohner
2) 7,553 Mio Einwohner
3) 83.855 km^2
4) die Steigerungsrate des gesamten Abfallaufkommens ist zum Teil auch auf die Erfassung weiterer Abfallarten (Sperrmüll und Direktanlieferung) zurückzuführen

IV/126

Tab. V: Zusammensetzung des Hausmülls (Österreich 1973) nach (11)

Stoffgruppe	Gewichtsanteil (in %)			Sammelvolumen (in %)[1]		
	Gesamter Hausmüll	sonst. Abfall	Verpackungs-abfall	Gesamter Hausmüll	sonst. Abfall	Verpackungs-abfall
Metalle	8,4	3,3	5,1	9,5	2,1	7,4
Glas	11,1	-	11,1	5,2	-	5,2
Kunststoffe	6,0	1,1	4,9	18,8	2,3	16,5
Papier, Karton	27,2	16,8	10,4	40,2	18,5	21,7
Holz, Kork	1,8	1,2	0,6	2,3	1,2	1,1
Textilien, Leder, Gummi	7,9	7,8	0,1	8,4	8,1	0,3
vegetabile Abfälle	22,5	22,5	-	11,7	11,7	-
mineral. Bestandteile	15,1	15,1	-	3,9	3,9	-
Summe	100,0	67,8	32,2	100,0	47,8	52,2

1) in Hausmüllbehältern

IV/127

Tab. VI: Zusammensetzung des Verpackungsanteils am Hausmüll durch Getränke und andere Warengruppen (Österreich 1983) nach neueren Untersuchungen (12) (33)

Stoffgruppe	Gewichtsanteil (in %)			Sammelvolumen (in %)[1]		
	gesamter Verpackungsabfall	sonstige Verpakkungen	Getränkeverpackungen	gesamter Verpackungsabfall	sonstige Verpakkungen	Getränkeverpak kungen
Metalle	3,1	2,5	0,6	3,0	2,3	0,7
Glas	7,9	3,2	4,7	2,3	0,4	1,9
Kunststoffe	5,9	5,6	0,3	18,7	17,8	0,9
Papier, Karton[2]	11,1	10,1	1,0	24,0	18,5 (20,2)	5,5 (3,8)
Summe	28,0	21,4	6,6	48,0	39,0 (40,7)	9,0 (7,3)

1) Die in Klammer stehenden Zahlen geben das korrigierte Sammelvolumen von Papier- und Kartonverpackungen in Hausmüllbehältern bei Berechnung des Sammelvolumens von Verbundkartonverpackungen mit neueren Dichtefaktoren (42) an.

2) inkl. Papier- und Karton-Verbundstoffe (deren Anteil am Hausmüllaufkommen geht aus Tab. XVII hervor)

und Industriemüll, der weitere 1,63 Mio t Hausmüll und 0,43 Mio t Sperrmüll inkl. direkt aus Abfallbehandlungsanlagen angelieferter Haus-, Gewerbe- und Industriemüll hinzuzurechnen sind. Bezogen auf das gesamte Abfallaufkommen, beträgt das Hausmüllaufkommen, wie Tab. VII zeigt, rd. 11 Gew.%. Der darin enthaltene Verpackungsabfall hat einen Anteil von rd. 3 Gew.%. Die abzulagernden Abfallvolumina entsprechen größenordnungsmäßig etwa den Gewichtsrelationen.

2.5.2. Abfallentsorgungssituation in Österreich

Über die Ursachen des Abfallproblems (siehe Übersicht 2) herrschen in der Öffentlichkeit nicht allseits klare Vorstellungen. So wird die Knappheit an Deponieraum häufig dem steigenden Verbrauch an "unnötigen" Verpackungen zugeschrieben. Allerdings sind die Beispiele für übertriebenen Verpackungsaufwand nach Aufzählung von Zahnpastaschachteln, Geschenk- und Prestigeverpackungen für Süßwaren, Kosmetika oder Luxusgüter meist schon erschöpft. Für diese Warengruppen ist aber die Aufmachung und damit die Verpackung ein wesentlicher Bestandteil des (erwünschten) Produktnutzens. Bei Massen- und Konsumgütern beschränkt sich der Verpackungsaufwand hingegen auf das Nötige und wird allein vom Markt und den Erfordernissen der Warendistribution bestimmt, wie z.B. bei vorverpacktem Frischfleisch, Frischgemüse und Obst, dessen Sinnhaftigkeit oft in Zweifel gezogen wird.

Während nicht nur der Verpackungsabfall, sondern auch alle anderen Abfallarten zusammen mit dem Warenkonsum anstiegen, machte die Errichtung bedarfsgerechter Abfallbehandlungsanlagen zur Reduzierung der abzulagernden Müllmengen auf ein bewältigbares Ausmaß (siehe Tab. VIII und Übersicht 3), in den letzten Dezennien nur bescheidene Fortschritte. Es fällt auf, daß im Gegensatz zu Staaten mit hohem Niveau der Abfallwirtschaft (z.B. Schweiz oder BRD) in Österreich der Einsatz von Verbrennungsanlagen zur thermischen und energetischen Verwertung des Mülls stagniert (10).

Auch die Altstoffsammlung und -verwertung erreichte bisher nur bei Papier und Verpackungsglas relevante Größenordnungen. Gemessen an den verwertbaren Altstoffmengen im Hausmüll wird mit < 0,7 % des Abfallaufkommens erst ein geringer Teil des Altstoffpotentials genutzt, wie Tab. VII und Übersicht 4 zeigen. Angaben über die Möglichkeiten und Wirtschaftlichkeit der Verwertung von Altstoffen aus der Industrie- und Gewerbeproduktion enthält Kap. III.

IV/129

Tab. VII: Daten zum Abfallaufkommen (Österreich 1983) nach (10) (13) (33)

Bereich	Anmerkung	Mio t (%)		Mio m^3 (%)	
Betriebe	Hochrechnung	*24,1 - 45,7*		-	-
Betriebe[2)]	erfaßt	13,26	(86 %)	12,6	(81 %)
Krankenanstalten	erfaßt	0,03	(0,2 %)	~0,03[1)]	(0,2 %)
abzüglich Eigenentsorgung der Betriebe	erfaßt	4,00	(26 %)	~3,8[1)]	(24 %)
öffentlich zu entsorgender Gewerbe- und Industriemüll[3)]	erfaßt	9,29	(60 %)	8,83	(57 %)
Hausmüll[4)]	erfaßt	1,63	(10,6 %)	2,2	(14 %)
Direktanlieferung an Hausmüllbehandlungsanlagen	erfaßt	0,33	(2,0 %)	~ 0,45[1)]	(3,0 %)
Sperrmüll	erfaßt	0,10	(0,7 %)	~ 0,10[1)]	(0,7 %)
öffentlich zu entsorgende Abfallmenge	erfaßt	11,35	(73 %)	11,68	(75 %)
Altstoffsammlung	erfaßt	0,10	(1 %)	~ 0,10[1)]	(0,7 %)
gesamtes Abfallaufkommen	erfaßt	15,45	(100 %)	15,48	(100 %)

1) geschätzt

2) davon 2,0 Mio t Bodenaushub
2,2 Mio t organisch belastete Abwässer
2,2 Mio t Schäume aus Papier- und Zellstofferzeugung, Textilfabrikation sowie Sulfitablaugen
1,2 Mio t Klärschlamm
7,8 Mio t (50 % des Abfallaufkommens)

3) inkl. Abfall von Krankenanstalten

4) inkl. hausmüllähnlicher Gewerbeabfall und Straßenkehricht

Übersicht 2

Ursachen des Abfallproblems

In älteren Wirtschaftsformen wurden Abfälle, soweit sie nicht
- an Tiere verfüttert
- als Kompost verwertet
- oder zur Wärmegewinnung verbrannt

werden konnten, mehr oder minder ordentlich abgelagert. Durch die heutigen Lebensformen können die beiden erstgenannten Möglichkeiten zur Abfallverwertung nur mehr vereinzelt genutzt werden, und mit der weitgehenden Umstellung unserer Heizsysteme auf Ölfeuerung müssen auch brennbare Abfälle deponiert werden, weil großtechnische Möglichkeiten zur Verringerung des abzulagernden Abfalles nicht in ausreichender Kapazität vorhanden sind. Dadurch hat

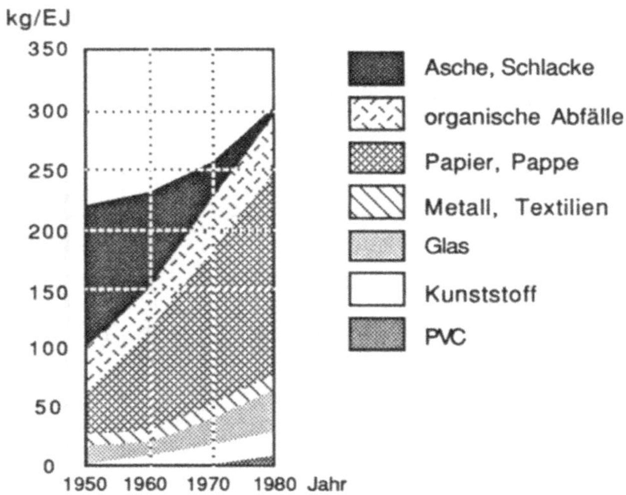

Zunahme des Hausmüllaufkommens und Änderungen der Hausmüllzusammensetzung (kg/Einwohner/Jahr) in der BRD (1950 - 1980) nach (14)

sich nicht nur die Zusammensetzung, sondern auch die Menge des abzulagernden Abfalls verändert (siehe Abbildung).

Der vermehrte Verbrauch an Sachgütern und damit auch von Packmitteln trug zur weiteren Steigerung des Abfallaufkommens bei, wodurch das Deponieren - ungeachtet der damit verbundenen Umweltbeeinträchtigungen - sich als nicht weiter praktizierbares Entsorgungsverfahren erwies. Die Einrichtung zeitgemäßer Müllbehandlungsverfahren, die den abzulagernden Abfall wirksam verringern können, erfordert jedoch hohe finanzielle Aufwendungen.

Tab. VIII: Beurteilung von Varianten der Abfallverwertung nach (28)

Variante	Müllmengenreduktion (%)[1)]	Eingespartes Deponievolumen (%)
Zentrale Sortierung	20	18
Wertstoff-Tonne	33	22
Bram-Herstellung	29	26
Kompost-Tonne	37	26
3-Tonnen-System	60	55
Verbrennung mit zentralem Containersystem	100	81

1) Verringerung des Müllgewichts durch Altstofferfassung

Übersicht 3

Grundsätze einer ressourcen- und umweltschonenden Abfallbehandlung (15)

Bei der Abfallbehandlung ist
- den Gesichtspunkten des Umweltschutzes Priorität einzuräumen
- der Wiederverwertung von Abfällen (Recycling, Kompostierung) besonderer Vorrang zu geben
- auf maximale Volumensreduktion zur Einsparung von Deponiekapazität zu achten
- bei thermischer Verwertung der neueste Stand der Rauchgasreinigung zu berücksichtigen und die Abwärme im Wege der Kraft-Wärme-Kopplung optimal zu nutzen (Einsparung von fossilen Brennstoffen und Verringerung der Rauchgasemissionen durch Fernwärmenutzung).

Im Hinblick auf die stoffliche und thermische Verwertung der Abfälle müssen bei Planung abfallwirtschaftlicher Konzepte folgende Fragen abgeklärt werden:
- möglicher Kompostabsatz
- möglicher Wertstoffabsatz
- möglicher Absatz von Verbrennungsschlacken
- möglicher Energieabsatz.

Verwertbare Potentiale im österreichischen Hausmüll (35):

Stoffart	Verwertbarkeit	Anteil im österr. Hausmüll
Glas, Metalle	Umschmelzen (Recycling)	20 %
Papier, Karton, Kunststoffe, Holz, Textilien, Leder, Gummi	thermisch, teilweise auch durch Wertstofferfassung	43 %
vegetabiler Abfall	Kompostieren	22 %
insgesamt		85 %

Durch optimale Nutzung verwertbarer Müllanteile könnten >90 % des heute benötigten Deponievolumens eingespart werden.

Übersicht 4

Abfallbeseitigung (Österreich 1983)

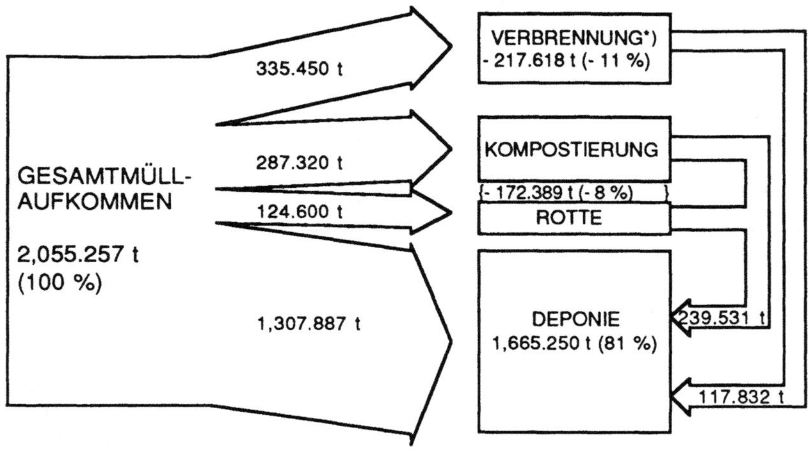

*) inkl. Verwertung von 4.790 t Eisenschrott

Die der Abfallerhebung 1984 entnommene Darstellung (10) zeigt, daß in Österreich von der Gesamtmüllmenge (gewichtsmäßig)

64 Gew.% deponiert
16 Gew.% verbrannt[1)]
14 Gew.% kompostiert und
6 Gew.% in Rotteanlagen behandelt werden.

Da 35 Gew.% der verbrannten Müllmenge als Asche bzw. Schlacke und 58 Gew.% der in Kompostierungs- und Rotteanlagen behandelten Abfälle wieder deponiert werden müssen, beläuft sich der Anteil des abzulagernden Abfalles auf 81 Gew.% des Gesamtmüllaufkommens, worin angesichts des immer knapper werdenden Deponievolumens das Abfallproblem besteht.

An Wertstoffen wurden 1983

	87.246 t	Altpapier	(d.s. 24 % des Papieranteils im Hausmüll)
	36.244 t	Altglas	(d.s. 20 % des Glasanteils im Hausmüll)
	10.060 t	Alttextilien	
	4.790 t	Eisenschrott	(d.s. 4 % des Metallanteils im Hausmüll)
insgesamt	138.340 t	Wertstoffe	(d.s. 8 % des Hausmüllaufkommens)

gesammelt.

1) Durch den Ausfall der MVA Wien-Spittelau werden bis zu deren Wiederinbetriebnahme dzt. nur 6 % der Gesamtmüllmenge verbrannt

Tab. IX: Schadstoffgehalt von Hausmüll nach (16) (17) (18) (19)

Parameter	Gehalt (mg/kg)	Parameter	Gehalt (mg/kg)
Schwefel	2000 - 7000	Nickel	15 - 1840
Chlor	5000 - 15000	Cadmium	1 - 50
Fluor	50 - 250	Chrom	5 - 2810
Blei	110 - 2500	Kupfer	110 - 2500
Zink	100 - 3500	Kobalt	4,0 - 6,0
Quecksilber	0,3 - 14	Mangan	170 - 880

Obwohl vom gesamten Müllaufkommen der Gemeinden, welches gemäß Tab. IV rd. 2,055 Mio t beträgt,

- 16 Gew.% verbrannt[1)]
- 20 Gew.% in Kompostierungs- oder Rotteanlagen behandelt
- und 64 Gew.% direkt deponiert

wurden, beträgt die Menge der abzulagernden Abfälle, wie aus Übersicht 4 hervorgeht, 81 Gew.% des Gesamtmüllaufkommens. 35 Gew.% der in Müllverbrennungsanlagen behandelten Abfälle müssen als Asche bzw. Schlacke und 58 Gew.% der in Kompost- und Rotteanlagen behandelten Abfälle als unverwertbarer Rest wieder deponiert werden. Dieser Umstand zieht neben dem Mengenproblem auch noch erhebliche Umweltbeeinträchtigungen nach sich: Im Hausmüll enthaltene und auch beim Abbau verrottbarer Abfälle frei werdende Schadstoffe (siehe Tab. IX) treten zum Teil über Sickerwasser, Deponiegas oder oberflächliche Abschwemmungen aus dem Deponiekörper aus, was bekanntlich - oft erst nach Jahrzehnten - kostspielige Sanierungsmaßnahmen für Altlasten erforderlich macht.

Aufgrund des hohen technischen Standes der Rauchgasreinigung sind die Schadstoffemissionen von Müllverbrennungsanlagen heute deutlich geringer als von Heizkraftwerken (siehe Tab. X). Durch energetische Nutzung von Abfällen und Ersatz des Hausbrandes durch Fernwärmelieferung an Kleinverbraucher wird in Ballungsräumen eine Verbesserung der Luftsituation erreicht. Allerdings muß Flugasche aus Müllverbrennungsanlagen aufgrund ihres hohen Gehaltes an potentiel-

1) siehe Fußnote Übersicht 4

IV/134

Tab. X: Schadgas-, Staub- und Schwermetallemissionen von Heizkraftwerken (Durchsatz > 0,75 t/h) bei Verwendung von Steinkohle und Hausmüll als Brennstoff

Schadstoffe	Menge	Verbrennung ohne Abgas-reinigung		Verbrennung mit Abgasreinigung	
				einhaltbare Grenzwerte	1985 in Österreich geforderte Grenzwerte
		Steinkohle (21)	Hausmüll (21) (22)	Hausmüll (23)	Hausmüll (24)
SO_2	mg/m³	2000	200 - 500	30	100
NO_x	mg/m³	1400	200 - 300	12 - 200 (70)	-
HCl	mg/m³	240	700 - 1.200	10 - 15	30
CO	mg/m³	-	50 - 600	30 - 100	≤ 0,002 2)
Staub	mg/m³	350	2.000 - 10.000	10 - 15	25
Cd	mg/m³	0,01	0,15	} 0,15 - 0,20 (Cd, Hg)	0,1
Hg	mg/m³	(0,05) 1)	(0,50) 1)		0,1
As	mg/m³	0,18	0,02	} 0,2 - 0,5 (As, Ni)	1,0
Ni	mg/m³	0,23	0,01		-
Sb	mg/m³	0,04	0,25		-
Pb	mg/m³	0,81	3,0	} 1,0 - 3,0 (Sb, Pb, Zn)	} 4,0
Zn	mg/m³	0,98	8,0		

1) wird in Gasform freigesetzt
2) CO/CO_2 Volumensverhältnis

len Schadstoffen (siehe Tab. XI) so wie Sonderabfall behandelt werden. Gegen die Ablagerung von Schlacke auf Hausmülldeponien bestehen keine Bedenken (26) (27). Nach dem Bamberger Modell (siehe Übersicht 5) können die abzulagernden Reststoffe durch Verwertung der Schlacke als Baustoff auf 3,8 - 5,5 Gew. % der verbrannten Müllmenge reduziert und auf geordneten Deponien abgelagert werden. Das Abfallvolumen wird dabei auf 2 - 10 % seines ursprünglichen Ausmaßes verringert.

Eine dem heutigen Stand der Technik entsprechende umwelt- und ressourcenschonende Abfallbehandlung setzt bereits am Ort der Abfallentstehung ein:

- Wertstoffe (sauberes Papier, Glas und Metalle)
- kompostierbare Küchenabfälle
- und schadstoffhaltiger Abfall (Batterien, Leuchtstoffröhren, Chemikalien usw.)

müßten getrennt gesammelt werden, wodurch diese Materialien einer Verwertung bzw. zweckmäßigen Behandlung zugeführt werden können. Der restliche, aus nicht verwertbaren, aber brennbaren Stoffen bestehende Müll kann in geeigneten Verbrennungsanlagen thermisch genutzt werden. Auf diese Weise kann das abzulagernde Müllvolumen erheblich reduziert und die Laufzeit von Deponien verlängert werden. Von den Verbrennungsrückständen ist Schlacke weitgehend verwertbar. Flugasche enthält ca. 20 - 30 % umweltbeeinträchtigende, aber wertvolle, in der Technik benötigte Stoffe, deren Rückgewinnung noch vorangetrieben werden müßte.

Gegenüber anderen Abfallbehandlungsverfahren, wie z.B. der Kompostierung, Müllsortierung oder Pyrolyse, deren Schwergewicht auf der stofflichen Verwertung von Abfällen liegt, liegt der Vorteil der Müllverbrennung derzeit nicht nur in den bereits erwähnten Nebeneffekten, sondern vor allem in der technischen Reife erforderlicher Verarbeitungskapazitäten und der Kostengünstigkeit. Trotz der gegenwärtigen Vorteile der thermischen Abfallverwertung sollte der Verwertung von Altstoffen überall dort, wo sie sinnvoll, wirtschaftlich tragfähig und ökologisch vertretbar ist, der Vorzug und die Möglichkeit zur Weiterentwicklung der Verfahren gegeben werden.

Eine Übersicht, welche Einsparung an (abzulagerndem) Abfallgewicht und Deponievolumen gebräuchliche Abfallbehandlungsverfahren ermöglichen, enthält Tab. XII.

Tab. XI: Schadstoffgehalt von Flugstaub aus Müllverbrennungsanlagen nach (25)

Parameter	Flugstaub (g/kg TS)
Cl^-	30 - 80
$SO4^{--}$	35 - 75
Na^+	31 - 38
Ca^{++}	31 - 58
Mg^{++}	14 - 18
Cd^{++}	0,29 - 0,51
Cu^{++}	1 - 1,1
Ni^{++}	0,15 - 0,17
Zn^{++}	18,2 - 45,3
Cr^{+++}	1,2 - 3,2

Tab. XII: Einsparung an (abzulagerndem) Abfallgewicht und Deponievolumen durch gebräuchliche Abfallbehandlungsverfahren

Abfallbehandlungs-verfahren	Quelle	Einsparung an	
		abzulagerndem Abfallgewicht	Deponie-volumen
Zentrale Müllsortierung	(28)	20 %	18 %
Wertstoff-Tonne	(28)	33 %	22 %
Bram[1)]-Herstellung	(28)	29 %	26 %
Müllverbrennung	(28) (27)	60 - 65 %	81 - 92 %
Müllverbrennung mit Schlackenverwertung (Bamberger Modell)	(27)	95 %	98 %

1) Brennstoff aus Müll

Übersicht 5

Bamberger Modell - geringe Umweltbelastung und Energiegewinn (27)

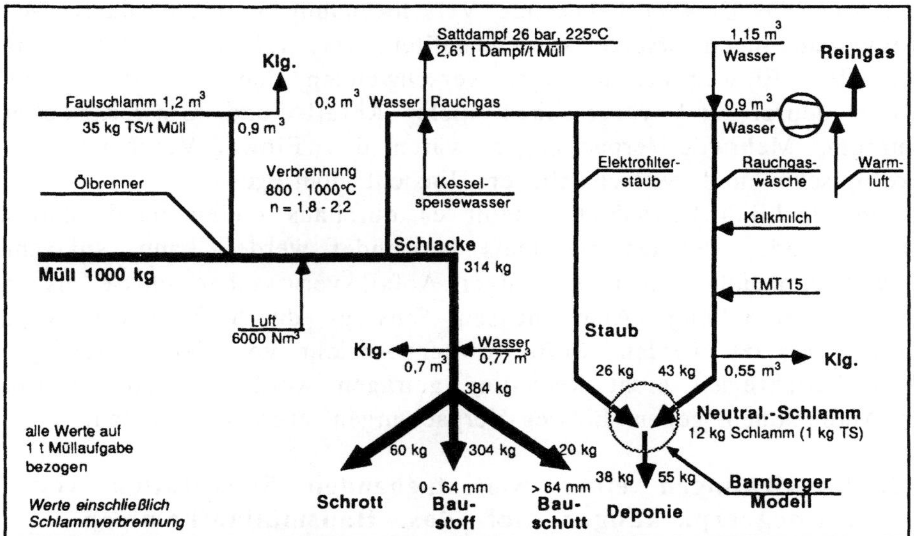

MHKW Bamberg	**Bamberger Müllverbrennungsschema mit spez. Frachtangaben pro Tonne Müll**	**1/1984**

Die wesentlichen Aufgaben der Müllverbrennung liegen in der Volumensreduzierung und Nutzung der im Abfall enthaltenen Energie (2,2 - 2,4 kWh/kg). Durch Müllverbrennung läßt sich eine Verringerung des Ausgangsvolumens auf 8 - 13 % erreichen, während sich das Gewicht auf ca. 40 % reduziert. Mit Hilfe der in Bamberg praktizierten Schlackenverwertung fallen nur noch 2 Gewichtsprozent als Abfallprodukt auf Baustoffdeponien und 3 Gewichtsprozent als schadstoffangereichertes Mischgut an, das auf geordneten Deponien abgelagert werden kann. Dadurch verbleiben von 1 t Müll nur mehr 50 kg abzulagernde Reststoffe, die 2 % des ursprünglichen Abfallvolumens an Deponieraum benötigen.

Beim Bamberger Modell wird die heiße Schlacke mit Durchlaufwaschwasser von leicht löslichen Salzen befreit, zu 80 % als salzarmer filterstaubfreier Baustoff und zu 15 % als Schrott wiederverwertet. 5 % der Schlacke fallen als Bauschutt an. Schadstoffe,.wie Flugstaub und Neutralisationsschlamm werden soweit gebunden, daß sie auf geordnete Hausmülldeponien aufgebracht werden können.

Durch die Wertstofferfassung aus Müll kann das Abfallaufkommen um 25 bis 30 Gewichtsprozent reduziert werden. Trotz hoher Sammelbereitschaft und guter Marktlage sind dem Absatz dieser Wertstoffe Grenzen gesetzt. Werden noch 15 - 20 % der vegetabilischen Abfälle zur Komposterzeugung genutzt, so verbleiben 50 - 60 Gewichtsprozent an Restmüll, der mit einem Energieinhalt von ca. 1,7 kWh/kg noch selbstgängig verbrennt und so auf 2 - 10 % seines ursprünglichen Volumens reduziert werden kann.

3. Die Einweg/Mehrweg-Diskussion

3.1. Die öffentliche Meinung

In der Öffentlichkeit herrscht die Meinung vor, daß Einwegverpackungen eine die Umwelt belastende Verschwendung sind und durch Mehrwegverpackungen ersetzt werden sollten, was folgendermaßen begründet wird: Einweg-Verpackungen verschwenden Energie und Rohstoffe, wären teurer und verursachen mehr Abfall- und Umweltprobleme. Kurzum, Mehrweg-Verpackungen wären den Einweg-Verpackungen in ökologischer und wirtschaftlicher Hinsicht überlegen.

Oberflächlich betrachtet scheint es durchaus einleuchtend, daß ein Pfandgebinde, welches mehrmals verwendet werden kann, sparsamer, umweltschonender sei und weniger Abfall verursachen müsse als eine Einweg-Verpackung. Also müssen Einweg- durch Mehrweg-Verpakkungen ersetzt werden. Sollte dieser Ansicht von den einschlägigen Wirtschaftskreisen nicht Rechnung getragen werden, müßten restriktive Maßnahmen gegen Einweg-Verpackungen ergriffen werden.

3.2. Auswirkungen einer weitestgehenden Substitution von Einwegverpackungen auf das Hausmüllaufkommen

Die Grenzen solcher Zielsetzungen zeigte eine bereits 1973 erstellte Berechnung der möglichen Müllreduzierung durch weitestgehende Substitution von Einweg- durch Mehrweg-Verpackungen auf dem Lebensmittelsektor (34).

Wie aus Abb. 2 ersichtlich ist, betrug der gesamte Lebensmittelverbrauch in Österreich damals jährlich ca. 6,2 Mio Tonnen. Davon waren 36,5 % nicht verbrauchsgerecht vorverpackt (belasten also mit Ausnahme unvermeidbarer Transportverpackungen nicht das Hausmüllaufkommen), 45,2 % waren einwegverpackt und 18,3 % mehrwegverpackt. Es zeigte sich, daß von den 2,8 Mio Tonnen einwegverpackter Lebensmittel nur 1,1 Mio Tonnen zumindest theoretisch (ohne Berücksichtigung der Wirtschaftlichkeit, Zweckdienlichkeit und praktischen Durchführbarkeit) mehrwegverpackt werden könnten. Der Rest, das sind fast 2/3 der Menge einwegverpackter Lebensmittel, kann nicht mehrwegverpackt werden.

Würde der Anteil nicht verbrauchsgerecht vorverpackter Waren unverändert bleiben und würden alle theoretisch substituierbaren Einweg-Verpackungen aufgelassen werden, so würde sich, wie in Abb. 2

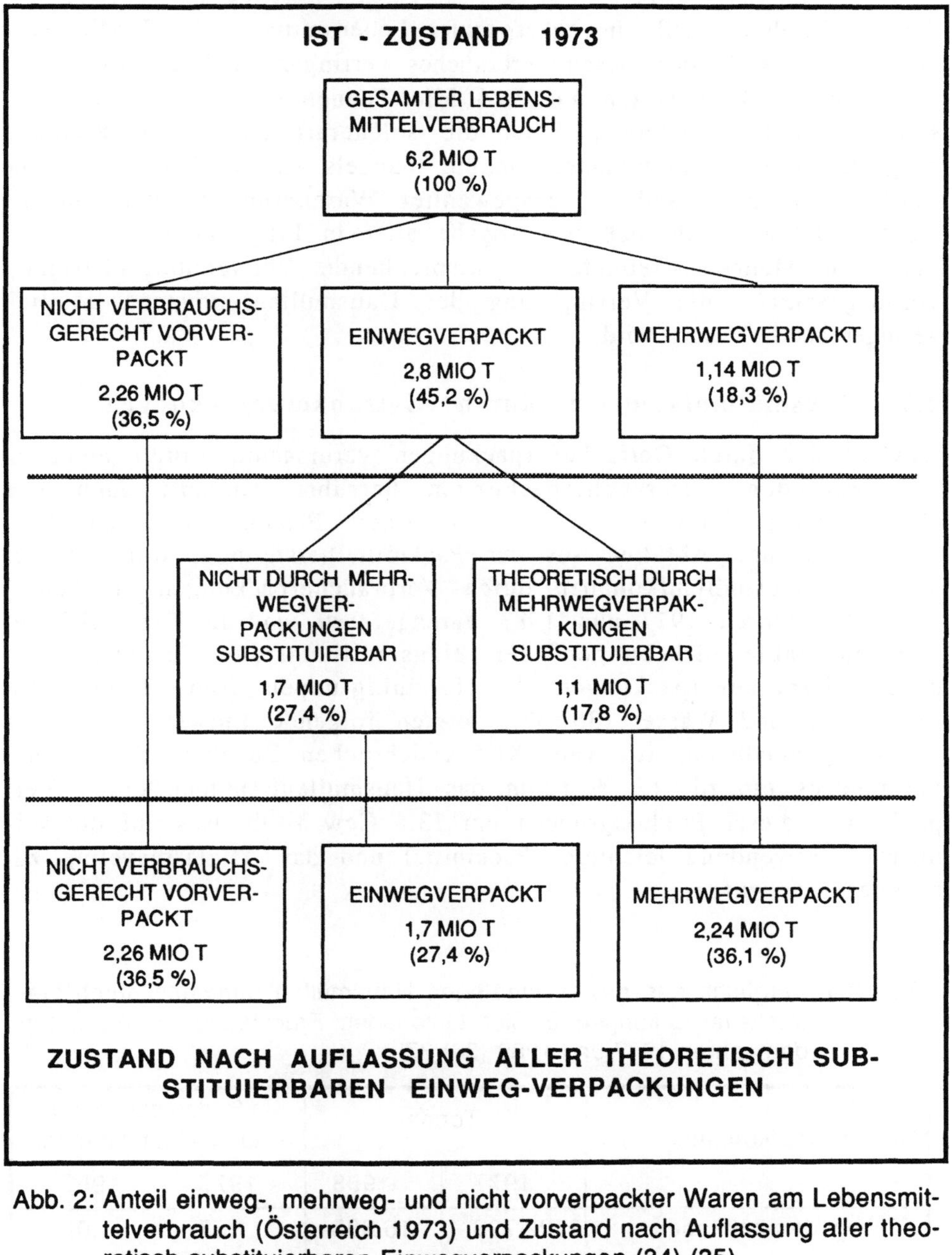

Abb. 2: Anteil einweg-, mehrweg- und nicht vorverpackter Waren am Lebensmittelverbrauch (Österreich 1973) und Zustand nach Auflassung aller theoretisch substituierbaren Einwegverpackungen (34) (35)

dargestellt, der Anteil einwegverpackter Lebensmittel auf 1,7 Mio Tonnen oder 27,4 % des Gesamtverbrauches verringern und der Anteil der mehrwegverpackten Waren auf 2,24 Mio Tonnen oder 36,1 % des Gesamtverbrauches ansteigen. Über die solcherart erreichbare Reduzierung des Hausmüllaufkommens mußte mangels statistischer Daten eine Teilberechnung anhand 15 ausgewählter Warengruppen vorgenommen werden. Diese ergab, daß bei Abgabe aller in Frage kommenden Produkte in Mehrweg-Gebinden - entsprechende Verwendungshäufigkeit vorausgesetzt - die Verringerung des Hausmüllaufkommens deutlich geringer als 5 % sein wird.

3.3. Hausmüllaufkommen durch Getränkeverpackungen

Obwohl der durch Getränkeverpackungen verursachte Abfall nicht allein von den Verbraucherpackungen herrührt, sondern auch von Transportverpackungen aus den einzelnen Produktions- und Vertriebsstufen und Abfällen aus der Packmittelherstellung, wurde bisher nur das Hausmüllaufkommen durch Verbraucherpackungen erhoben.

In den Jahren 1977 und 1983 durchgeführte und in Tab. XIII zusammengefaßte Erhebungen der Hausmüllbelastung in Österreich durch Getränkeverpackungen der Produktgruppen Bier, Limonaden, Fruchtsäfte und Wässer (36)(37), zeigten folgende Entwicklung: Trotz der mengenmäßigen, aus Tab. XIV ersichtlichen Zunahme des Inlandverbrauches um rd. 17 % nahm das Hausmüllaufkommen durch Verpakkungen dieser Produktgruppen um 13,4 Gew.% ab, was auf die vermehrte Verwendung leichterer Packmittel und das Altglasrecycling zurückgeführt wurde.

Tab. XIII: Vergleich des gewichtsmäßigen Hausmüllaufkommens durch Getränkeverpackungen für Bier, Limonaden, Fruchtsäfte und Wässer in den Jahren 1977 und 1983 (36)(37)

Hausmüllaufkommen	Tonnen		in % des gesamten Hausmüllaufkommens	
	1977	1983	1977	1983
Einweg-Verpackungen	22.726	16.635	1,53	1,02
Mehrweg-Verpackungen	27.028	26.432	1,81	1,62
insgesamt	49.754	43.067	3,34	2,64

Tab. XIV: Vergleich des Inlandsverbrauches von Bier, Limonaden, Fruchtsäften und Wässern in den Jahren 1977 und 1983 (36)(37)

Jahr	1977	1983
Inlandsverbrauch	12,194.216 hl	14,271.980 hl
Veränderung	-	+ 17,04 %

Eine im Auftrag des Bundesministeriums für Umwelt, Jugend und Familie sowie der Sozialpartner von 3 Instituten gemeinsam durchgeführte und in Tab. XV zusammenfassend wiedergegebene Erhebung des Hausmüllaufkommens 1982/83 durch Getränkeverpackungen *aller Produktgruppen* (12)(38) stellte klar heraus, daß ein weitaus größerer Anteil der Verpackungen im Hausmüll auf andere Bereiche als auf Getränkeverpackungen entfällt, was auch Abb. 3 verdeutlicht. Der Anteil der Einweg-Getränkeverpackungen am Hausmüllaufkommen wurde mit 5,2 Gew.% ermittelt.

Nach Datenblatt 1 und 3 (siehe Abschn. 6) hatten Spirituosen-, Wein-, Dessertwein- und Schaumweinflaschen mit 2,7 Gew.% bzw. 1,7 Vol.% in den Jahren 1982/83 den höchsten Anteil am abzulagernden Hausmüllaufkommen durch Getränkeverpackungen innerhalb der einzelnen Produktgruppen, gefolgt von Verpackungen für Frisch- und Dauermilchprodukte (1,38 Gew.% bzw. 1,33 Vol.%), deren mengenmäßiger Verbrauch allerdings das 1,7-fache alkoholischer Getränke betrug.

Am Hausmüll-Sammelvolumen, das mit 11,8 Mio m^3 angenommen wurde, haben nach diesen Berechnungen (12), gemäß Datenblatt 2, Mehrweg-Getränkeverpackungen einen Anteil von 0,61 Vol.% und Einweg-Getränkeverpackungen von 8,36 Vol.%. Für Frisch- und Dauermilchprodukte wurde mit Abstand der höchste Anteil (5,51 Vol.%) am Sammelvolumen berechnet, gefolgt von Limonaden mit 1,03 Vol.%.

Der hohe Anteil der Milchproduktenverpackung am Hausmüllsammelvolumen ist auf die niedrige, von anderen Literaturangaben (siehe Tab. XVI) abweichende Einschätzung der Sammeldichte von Verbundkartonverpackungen für flüssige Lebensmittel in dieser Studie zurückzuführen. Werden dieselben Berechnungen auf neuere österreichische Untersuchungen (42) basiert, so ergibt sich das in der Spalte "Hausmüllsammelvolumen korr." in den Tab. XV und XVII sowie in Abb. 3 dargestellte Bild: Der Anteil der Getränkeverpackung am österr. Hausmüllsammelvolumen verringert sich auf 7,26 Vol.% und der der Einweg-Getränkeverpackungen auf 6,66 Vol.%.

IV/142

Tab. XV: Anteil der Getränkeverpackung am Hausmüllaufkommen (Österreich 1982/83) nach (12) (38)

Abfallart	Hausmüllgewicht[1)]		Hausmüll-Sammelvolumen[2)]		Hausmüll-Sammelvolumen korr.[3)]		Hausmüll-Deponievolumen[4)]	
	Mio t	%	Mio m^3	%	Mio m^3	%	Mio m^3	%
Hausmüll	1,628	100,0	11,765	100,00	11,765	100,00	2,200	100,0
Verpackungen	0,456	28,00	5,647	48,00	5,647	48,00	-	-
Getränkeverpackungen insges.	0,107	6,58	1,055	8,97	0,854	7,26	0,116	5,3
Einweg-Getränkeverpackungen	0,084	5,19	0,984	8,36	0,783	6,66	0,097	4,4

1) nach (12); siehe Datenblatt 1
2) nach (12); siehe Datenblatt 2, berechnet mit Sammeldichten für den Verbundkarton nach Untersuchungen von VOGEL (40) aus 1985/86
3) nach (12); siehe Datenblatt 2, jedoch berechnet mit Sammeldichten für den Verbundkarton nach Untersuchungen von VOGEL (42) aus 1988
4) Schätzung nach (38) bei 16 % Müllverbrennung; siehe Datenblatt 3

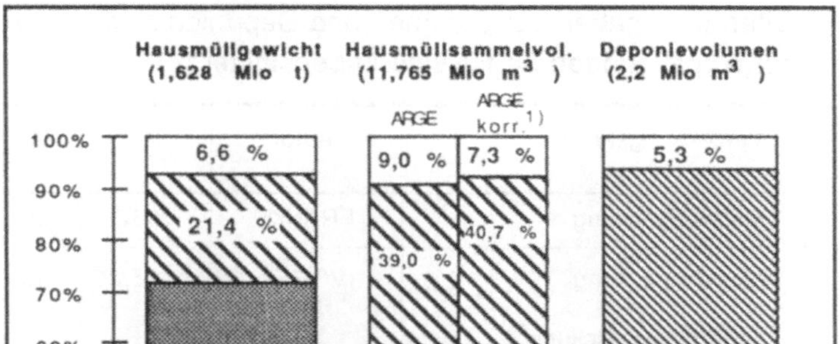

Abb. 3: Anteil der Getränke- und sonstigen Verpackungen am Hausmüllgewicht, Hausmüllsammel- und Deponievolumen (Österreich 1982/83) nach (12)(38)

Bei Betrachtung des Anteils der einzelnen Packmittel am österreichischen Hausmüllaufkommen 1982/83 (siehe Tab. XVII) standen Hohlglasverpackungen mit rd. 5 Gew.% an erster, Verbundkartonverpakkungen mit rd. 1 Gew.% an zweiter und Weißblech-Getränkedosen mit rd. 0,4 Gew.% an dritter Stelle. Aluminium-Getränkedosen und -Formkörper verursachten < 0,01 Gew.% des Hausmüllaufkommens. Kunststoff-Formkörper lagen mit 0,24 Gew.% an vorletzter Stelle.

Am Hausmüllsammelvolumen hatten Verbundkartonverpackungen mit rd. 3,8 Vol.% unter allen Getränkeverpackungen den höchsten Anteil, gefolgt von Hohlglasverpackungen mit rd. 2 Vol.%. An dritter Stelle

Tab. XVI: Literaturangaben zur Sammel- und Deponiedichte von Verbundkartonverpackungen für flüssige Lebensmittel

Geltungsbereich	Verpackungsart	Autor	Jahr	Zitat	Dichte (t/m^3)
Hausmüllsammelbehälter	Milchverpackung	FRANKE	1982	(39)	0,066-0,091
	Milchverpackung	VOGEL	1985/86	(40)	0,023[3)]
	Getränkeverpackung[1)]				0,030[3)]
	unverdichteter Originalzustand	TABASARAN	1987	(41)	0,02-0,35
	Müllgroßbehälter bzw. -container				0,02-0,035
	35 l - 50 l Mülltonnen				0,05-0,20
	Milchverpackung[2)]				0,029
	Getränkeverpackung[1)2)]				0,034
	Milchverpackung	VOGEL	1988	(42)	0,032
	Getränkeverpackung[1)]				0,051
	Milch- u. Getränkeverpackung				0,042
nach Müllsammelfahrzeug	Milchverpackung	VOGEL	1985/86	(40)	0,033[3)]
	Getränkeverpackung[1)]				0,044[3)]
	Milch- u. Getränkeverpackung	TABASARAN	1987	(41)	0,06-0,18
	Milchverpackung	VOGEL	1988	(42)	0,044
	Getränkeverpackung[1)]				0,076
	Milch- u. Getränkeverpackung				0,051
Deponie	Milch- u. Getränkeverpackung	TABASARAN	1987	(41)	0,8
	nach Setzung				1,0

1) aluminiumbeschichteter Verbundkarton
2) Werte aus einer Sortieranalyse Schleswig-Holstein
3) für die Volumensberechnungen in (12) verwendete Angaben

IV/145

Tab. XVII: Anteile der einzelnen Packmittel am Hausmüllaufkommen durch Getränkeverpackungen (Österreich 1982/83) nach (12) (38)

Packmittel	Abfallgewicht		Sammelvolumen[5]		Sammelvolumen korr.[6]		Deponievolumen[4]	
	t	%[1]	m^3	%[2]	m^3	%[2]	m^3	%[3]
Mehrweg-Glasflaschen	22.633	1,39	71.152	0,60	71.152	0,60	19.181	0,87
Einweg-Glasflaschen	58.535	3,60	169.495	1,44	169.495	1,44	50.193	2,28
Weißblechdosen	6.110	0,38	56.574	0,48	56.574	0,48	15.849	0,72
Alu-Dosen und -Formkörper	165	0,01	2.407	0,02	2.407	0,02	153	0,01
Kunststoffflaschen u. -Becher	3.829	0,24	103.601	0,88	103.601	0,88	13.984	0,64
Verbundkarton	15.927	0,98	651.919	5,54	451.173	3,83	16.723	0,76
Summe Einweg-Getränkeverp.	84.566	5,19	983.996	8,36	783.250	6,66	96.902	4,41
Getränke-Verpackungen insges.	107.199	6,58	1,055.148	8,97	854.402	7,26	116.083	5,28

1) bezogen auf Hausmüllaufkommen (1,628.000 t)
2) bezogen auf Hausmüllaufkommen (11,765.000 m^3)
3) bezogen auf Hausmüllaufkommen (2,2 Mio m^3)
4) Schätzung nach (38) bei 16 % Müllverbrennung; siehe Datenblatt 3
5) nach (12); siehe Datenblatt 2, berechnet mit Sammeldichten für den Verbundkarton nach Untersuchungen von VOGEL (40) aus 1985/86
6) nach (12); siehe Datenblatt 2, jedoch berechnet mit Sammeldichte 0,032 t/m^3 für den gewöhnlichen Verbundkarton, bzw. 0,051 t/m^3 für den aluminiumbeschichteten Verbundkarton nach Untersuchungen von VOGEL (42) aus 1988

standen Kunststoff-Formkörper mit rd. 0,9 Vol.% und an letzter Stelle wieder Aluminium-Formkörper (inkl. Aluminium-Getränkedosen).

Der Anteil der einzelnen *Packstoffe* am Hausmüllaufkommen durch Getränkeverpackungen ist in Abb. 4 grafisch dargestellt. Mit einem Anteil von 5,2 Gew.% erweist sich der Abfall an Einweg-Getränkeverpackungen nach (38) keineswegs als determinierende Größe für das Müllproblem. Daher wird die zunehmende Verknappung des verfügbaren Deponieraumes dem größeren Volumensanteil der Verpackung am Hausmüllaufkommen zugeschrieben. Dabei wird aber übersehen, daß sich diese Ziffer auf das (unverdichtete) Sammelvolumen im Müllbehälter, nicht aber auf den Verbrauch an Deponievolumen bezieht. Eine Schätzung des Hausmüll-Deponievolumens von Getränkeverpackungen (38) ergab gem. Datenblatt 3, daß der Volumensanteil mit rd. 5,3 % (Einweg-Getränkeverpackungen 4,1 %) eher geringer als der Gewichtsanteil sein müßte. Die Anteile der einzelnen Packmittel am Verbrauch an Deponievolumen zeigen ähnliche Relationen wie ihre Gewichtsanteile (siehe Tab. XVII). Damit wird weniger als 1/4 des Gewichtes bzw. nur wenig mehr als 1/8 des Volumens des gesamten Verpackungsabfalls durch Getränkeverpackungen verursacht.

Wird der Verpackungsabfall nicht auf das Hausmüllaufkommen, sondern, wie in Tab. XVIII und Abb. 5, auf das gesamte Abfallaufkommen von rd. 15,5 Mio t bezogen, so hat dieser einen Anteil von 3 Gew.% und Getränkeverpackungen < 0,7 Gew.%. Die in der Abfalldiskussion als Ursache des Müllproblems bezeichneten Einweg-Getränkeverpackungen sind mit 0,54 Gew.% Anteil in Abb. 5 kaum mehr grafisch darstellbar. Die Schätzung des Verbrauchs an Deponievolumen, bei einem Müllverbrennungsanteil von 16 %, ergab, wie aus Tab. XVI ersehen werden kann, fast gleiche Anteile wie das Abfallgewicht.

3.4. Abfallvermeidung und -verringerung

In Österreich wurden 1982/83 gemäß Datenblatt 4 rd. 64 % des Getränkevolumens in Mehrweg-Glasflaschen abgefüllt. Der Anteil der Mehrweg-Gebinde an der abgefüllten Stückzahl betrug gemäß Datenblatt 5 rd. 60 %. Mit einem Anteil von 5,2 % am Hausmüllgewicht bzw. 6,7 % am Hausmüllsammelvolumen (nach älteren Berechnungen 9 %) und ca. 4,4 % am Hausmüll-Deponievolumen stellen Einweg-Getränkeverpackungen keine Größe dar, die zu Recht im Mittelpunkt der Abfalldiskussion steht (33). Andererseits kann die "Geringfügigkeit" des Abfallaufkommens durch Getränkeverpackungen nicht als Argument ge-

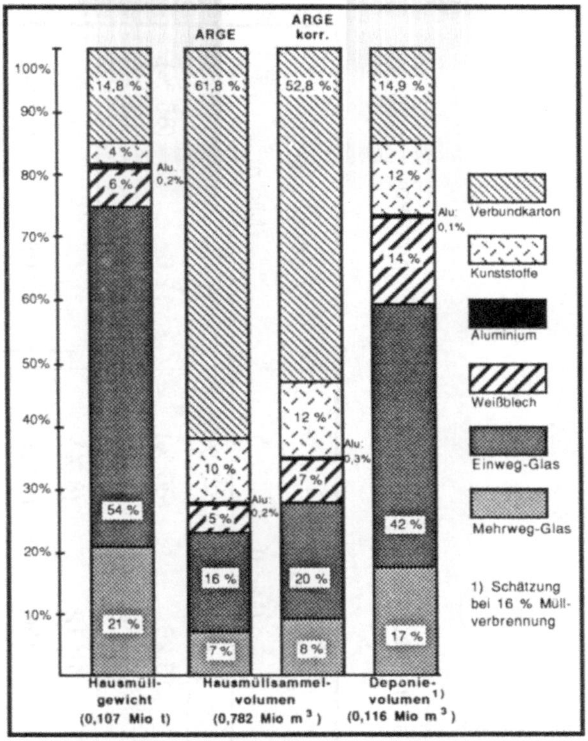

Abb. 4: Anteil der einzelnen Packstoffe am Hausmüllaufkommen durch Getränkeverpackungen (Österreich 1982/83) nach (12)(38)

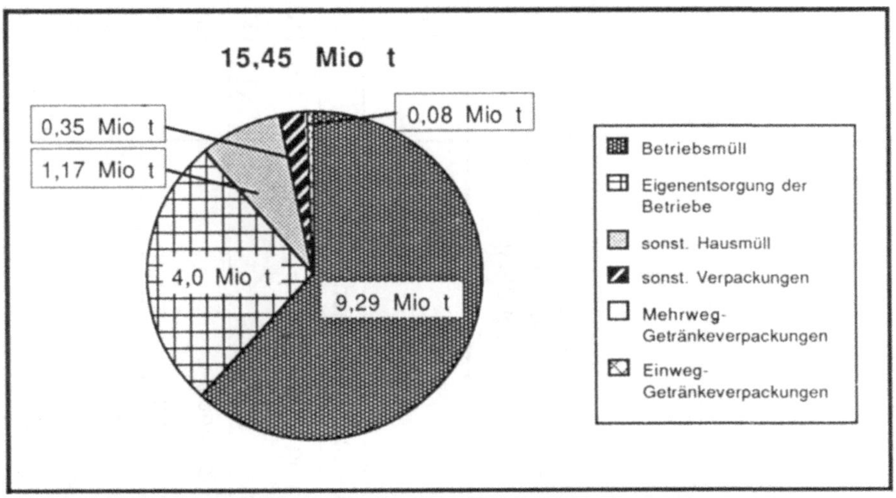

Abb. 5: Gesamtes Abfallaufkommen (Österreich 1983) nach (10)(12)(13)

IV/148

Tab. XVIII: Anteil des Verpackungsabfalls sowie der Getränkeverpackungen am gesamten Abfallaufkommen (Österreich 1982/83)

Abfallart	Quelle	Abfallgewicht (Mio t)		Deponievolumen (Mio m^3)	
Gesamtes Abfallaufkommen	(10) (13)	15,45	(100 %)	14,8	(100 %)
Gewerbe- und Industriemüll	(10) (13)	13,26	(86 %)	12,6	(85 %)
Hausmüll	(10) (13)	1,628	(11 %)	2,2	(15 %)
sonstiger Hausmüll	(12) (38)	1,172	(8 %)	2,08	(14 %)
Verpackungsabfall	(12) (38)	0,456	(3 %)		
sonstige Verpackungen	(12) (38)	0,349	(2,3%)		
Getränkeverpackungen	(12) (38)	0,107	(0,70 %)	0,116	(0,80 %)[1)]
Einweg-Getränkeverpackungen	(12) (38)	0,084	(0,54 %)	0,097	(0,66 %)[1)]

1) Schätzung bei 16 % Müllverbrennung

gen abfallvermeidende oder abfallverringernde Maßnahmen herhalten. Schließlich würde kein Unternehmen Rationalisierungsmaßnahmen deshalb unterlassen, weil die dadurch erzielten Einsparungen nur einen verschwindenden Bruchteil des Sozialproduktes ausmachen (46). In der gegenwärtigen Entsorgungssituation, in der das Deponieren von Abfällen überwiegt, würde allein die Verwendung von Einweg-Glasbehältnissen als Allweggebinde[1], selbst wenn diese nur 2 Umläufe machen, das Volumen der *abzulagernden* Getränkeverpackungsabfälle bereits um 21 % verringern. Wie aus Datenblatt 3 errechnet werden kann, bestehen diese

- zu etwa 42 Vol.% aus Einweg-Glasbehältnissen
- zu je 14 Vol.% aus Getränkedosen und Verbundkartonverpackungen
- und zu 12 Vol.% aus Kunststoffbechern und -flaschen.

Der Grundsatz, daß mehrmalige Verwendung das Aufkommen an abzulagerndem Abfall reduziert, gilt allerdings nur für das gleiche Packmittel. Er kann nicht auf verschiedenartige Packmittel übetragen werden, ohne den Einfluß der Abfallbehandlung (Recycling, Verbrennung, Deponieren usw.) und der Verwendungshäufigkeit des alternativen Mehrweggebindes auf die abzulagernde Abfallmenge zu berücksichtigen.

Eine wesentlich effizientere und nicht nur auf den Getränkeverpackungsbereich beschränkte Möglichkeit zur Verringerung abzulagernder Abfälle bestünde in der Anwendung zeitgemäßer Abfallbehandlungsverfahren, wie z.B.

- in der magnetischen Abscheidung eisenmetallischer Abfälle, die u.a. eine Verwertung von Weißblechgetränkedosen ermöglicht
- in der thermischen Verwertung brennbarer Abfälle, wodurch Packmittel aus Verbund- und Kunststoffen, soweit deren Recycling nicht möglich oder wirtschaftlich ist, nahezu keinen Deponieraum mehr verbrauchen würden
- in der Förderung eines weiteren Ausbaues der Altglas- und Altpapiersammlung, welche das abzulagernde Volumen an Verpackungsglas sowie Papier- und Kartonverpackungen reduzieren könnte
- sowie auch im Recycling von Aluminium-Getränkedosen und Altkunststoffen, dessen Wert aber eher in der Energieersparnis bzw. in der stofflichen Nutzung als in der Verringerung des Abfallaufkommens bzw. des Verbrauches an Deponievolumen zu sehen ist.

1) pfandfreie Leichtglasbehältnisse mit freiwilliger Rücknahme

Die Installierung und der Betrieb solcher Sammel- oder Behandlungssysteme erfordert erhebliche private oder öffentliche Geldmittel, weshalb ihre Ausbreitung nicht jenen Fortschritt macht, der aus umweltpolitischen Gründen wünschenswert wäre. Einerseits stößt die Errichtung größerer Abfallbehandlungsanlagen auf erheblichen Widerstand betroffener Anrainer, weshalb sie nur äußerst schwierig durchsetzbar ist, andererseits können sich privatwirtschaftliche Initiativen dort nicht entfalten, wo durch ungleiche Lastenverteilung Wettbewerbsverzerrungen drohen oder keine gemeinsame Vorgangsweise innerhalb der Branchen erreicht wird.

Da ein Verbot aller Einweg-Getränkeverpackungen allein schon mit Rücksicht auf die Konkurrenzsituation und die Außenhandelsverflechtungen auf dem Getränkemarkt für Österreich kaum realisierbar scheint, können reglementierende Eingriffe nur in Teilbereichen vorgenommen werden, was aber in Hinblick auf die Abfallsituation weder effizient noch mit dem Gleichheitsprinzip vereinbar ist. Es ist auch nicht verwunderlich, daß die Getränkeabfüller wenig Verständnis für einen Verzicht auf Einweg-Verpackungen aufbringen, wenn alle anderen Warenhersteller das Hausmüllgewicht weiterhin uneingeschränkt zu 23 % und das Hausmüllsammelvolumen zu 41 % (bzw. 39 %) mit ihren Einweg-Verpackungen belasten können.

Deshalb werden auf Behördenseite legistische Regelungen erwogen, die sich unter folgenden Gesichtspunkten zusammenfassen lassen:

- Einhebung eines "Zwangspfandes" auf bestimmte Einweg-Getränkeverpackungen, um einen Anreiz zu deren Rückbringung und Verwertung auszuüben,
- Einhebung einer "Verpackungsabgabe" auf Getränkeverpackungen, um durch kostenmäßige Besserstellung des Mehrwegsystems dessen Stabilisierung und Ausweitung zu erreichen.

Ein Ausweg aus dem Konfliktbereich und den nachteiligen Auswirkungen legistischer Maßnahmen wird im Vertrauen auf die höhere Effizienz und Kostengünstigkeit privatwirtschaftlicher Initiativen in freiwilligen Vereinbarungen zwischen Umweltbehörden und Wirtschaft gesehen. Ihre Wirksamkeit wird verschiedentlich aber auch skeptisch beurteilt, nicht nur was den Nachweis der tatsächlichen Erreichung von Zielvorgaben, sondern auch was die lückenlose Einhaltung vereinbarter Verhaltensregeln betrifft. Schließlich sind der brancheninternen Durchsetzung von Maßnahmen, die Mehrkosten verursachen oder eines freiwilligen Verzichtes auf Vorteile, die einzelnen Branchenpartnern aus vereinbarungswidrigem Verhalten erwachsen können, Grenzen gesetzt.

3.5. Legistische Maßnahmen

3.5.1. Übersicht (44)

Zur Begründung von Eingriffsregelungen wird gerne auf positive Beispiele in anderen Staaten hingewiesen, weshalb kurz auf deren Maßnahmen und Erfahrungen eingegangen werden soll. Dem schwedischen Aluminiumdosen-Recyclingmodell und den amerikanischen "bottle bills" sind im Abschn. 3.5.2. eingehendere Betrachtungen gewidmet.

- *Kanada:* Ähnlich den "bottle bills" in den USA wurden auf regionaler Ebene Zwangspfandregelungen für Ein- und Mehrweggebinde, vereinzelt auch Verbote für gewisse Packmittel (z.B. 1,5-l-Glasflaschen für kohlensäurehältige Getränke, Aluminiumdosen und/oder Kunststoffflaschen) erlassen.
- *Dänemark* erließ ein Verbot für den Vertrieb von Getränken (ausgenommen flüssige Molkereiprodukte) in Einweggebinden. Da z.B. Dosenbier in andere EG-Staaten exportiert wird, wurde dieses eher protektionistisch motivierte Verbot in der EG, allerdings vergeblich, angefochten. Andererseits wird es durch Importe alkoholischer Getränke in Flaschen-Sonderformen zunehmend durchbrochen.
- *Finnland:* Bier und kohlensäurehältige Getränke in Einweggebinden sind mit einer Abgabe belegt, die bereits mehrmals erhöht werden mußte, um dem weiteren Rückgang des Mehrwegsystems entgegenzuwirken.
- *Frankreich:* Zwischen Regierung und Industrie wurde ein Abkommen geschlossen, den Rohstoff- und Energieverbrauch sowie den Abfall durch Getränkeverpackungen innerhalb von 5 Jahren um festgelegte Prozentsätze zu verringern. Trotz gewisser Einsparungen wurden die vorgegebenen Quoten nicht erreicht.
- *Norwegen:* Für Mehrweg-Behältnisse ist die Bepfandung obligatorisch. Einweg-Getränkeverpackungen sind mit einer Abgabe belegt, wovon der Bereich der Molkereiprodukte und der stillen Getränke ausgenommen ist. Nachdem bei letzteren der Einweg-Anteil zunimmt, werden weitergehende Regelungen erwogen.

3.5.2. Zwangspfand (45)

Aluminiumdosenrecycling - Sonderfall Schweden

Das Aluminiumdosen-Recycling wird in Schweden gemeinschaftlich von der Umweltbehörde, dem schwedischen Dosenhersteller (PLM), den Abfüllern und dem Einzelhandel im Rahmen einer zentralen Pfandgesellschaft betrieben. Zum Unterschied von anderen Pfandsystemen setzt die Pfandeinhebung bereits beim Dosenproduzenten oder Dosenimporteur an und wird über den Handel an den Verbraucher weitergewälzt. Die Gesellschaft finanziert sich aus dem Verkaufserlös der zurückgelieferten Dosen sowie aus nicht zurückgezahlten Pfandgeldern, die bei einer Rückgabequote von 75 % die Hälfte des Finanzbedarfes decken sollen. Bei 85 % Rückgabe müßte allerdings die Pfandgebühr zur Deckung der Unkosten verdoppelt werden.

Die Konstruktion zielt ausschließlich auf das Recycling von Aluminiumdosen ab, das vom Handel offensichtlich der manipulationsaufwendigeren Rückgabe von Glasflaschen vorgezogen wird. Unter diesen Randbedingungen sind die Chancen für die aus abfallwirtschaftlichen Gesichtspunkten nicht negativer einzuschätzende Weißblech-Getränkedose entsprechend gering.

Zwangspfandregelungen in den USA

Nachdem Oregon bereits 1972 begonnen hatte, haben 8 weitere US-Staaten Zwangspfandsysteme mit folgenden Merkmalen eingeführt:

- das Pfand wird vom Abfüller oder vom Großhändler eingehoben
- der Erlös aus einbehaltenen, nicht rückerstatteten Pfändern und aus dem Verkauf zurückgebrachter Leergebinde verbleibt beim Abfüller bzw. Großhandel
- der Einzelhandel, der einen wesentlichen Teil der Kosten für die zusätzlichen Manipulationen zu tragen hat, erhält je Leergebinde 1 - 2 Cent ("handling fee") vom Abfüller oder Zwischenhändler
- wiederbefüllbare Normflaschen, die von mindestens 2 Abfüllern verwendet werden, sind mit einem geringeren Pfand belastet (Anreiz zur Gebindevereinheitlichung).

Die Erfahrungen mit diesen Regelungen lassen sich folgendermaßen zusammenfassen:

- Der Verbraucher beharrte trotz erhöhter Preise, Zwangspfand und ökonomischem Druck zur Rückgabe des Leergutes auf leichten, bruchsicheren Verpackungen, wodurch nur ein geringer Substitutionseffekt zugunsten des Mehrwegsystems (kleinräumige Anbotstrukturen und lokale Abfüller ausgenommen) eintrat.
- Im Bereich der stillen Getränke verdrängte die Kunststoffflasche aus PET die Einweg-Glasflasche, während die Dose ihre Position letztlich halten konnte.

- Die Rückgabequoten lagen zwischen 50 - 85 % und waren damit niedriger als bei bestehenden Mehrwegsystemen.
- Das Recycling der Leergebinde wurde verbessert (Glas 77 %, Dosen 59 %, PET-Flaschen 33 %) und das achtlose Wegwerfen von Getränkeverpackungen markant reduziert.
- Durch das Zwangspfand war der Konsum der betroffenen Getränke rückläufig, die Preise stiegen deutlich (bei Bier am stärksten); der Beschäftigungseffekt wurde positiv beurteilt.
- Die erzielte Abfallverringerung war allerdings kaum besser als in anderen US-Bundesstaaten, in denen abfallwirtschaftliche Maßnahmen und Programme zur Durchführung kamen.

Übertragen auf die zuvor beschriebene Situation auf dem österreichischen Getränkemarkt, ist der Spielraum für eine Erhöhung des Mehrweg-Anteils mit 98,5 Vol.% bei Bier und 99,9 Vol.% bei Mineralwasser kaum gegeben. Bei stillen Getränken wird das Angebot zu 52 Vol.% vom Verbundkarton (Milch, Limonaden und Fruchtsäfte) dominiert. Bei alkoholischen Getränken (Wein, Schaumwein und Spirituosen) liegt der Anteil der Einweg-Glasflaschen bei 24 Vol.%. Getränkedosen spielen mit 3 - 4 Vol.% noch eine untergeordnete Rolle. Ein Zwangspfand würde freiwillige Recyclingsysteme (z.B. die Altglassammlung) ausdünnen und eine Angebotsverlagerung zu leichteren, bruchsicheren und höhere Altstoffpreise erzielenden Packmitteln (Aluminiumdose und PET-Flasche) zu Lasten der Einweg-Glasflasche bewirken. Da eine Rücknahme entleerter Verbundkartonverpackungen im Lebensmittelhandel Hygieneprobleme aufwirft, können diese nicht in Pfandregelungen einbezogen werden und stellen damit im Vergleich zu anderen Einweg-Getränkeverpackungen ein diesbezüglich begünstigtes Marktsegment dar.

Auswirkungen des Zwangspfandes

Die kritische Auseinandersetzung mit der Problematik des Zwangspfandes führte zu folgendem Schluß (45): Das Zwangspfand bewirkt eine "Perfektionierung" und "Perpetuierung" von Einwegsystemen, die unter Berücksichtigung höherer Recyclingquoten "hoffähig" und bei Erreichen gewisser Rücklaufraten (Schwedisches System) offiziell als "umweltfreundlich" definiert werden, was sich langfristig auf das Mehrwegsystem auswirken kann. Aufgrund der geringen abfallwirtschaftlichen Relevanz und der geringen Ziel- und Lenkungseffizienz eines Zwangspfandes, dessen unbegründeter Selektivität für den Verpackungsmarkt und wegen der befürchteten Nebenwirkungen, wie

- Benachteiligung insbesondere kleinerer Handelsgeschäfte
- strukturelle Auswirkungen auf der Ebene der Abfüller und Verpackungsproduzenten zu ungunsten kleinerer und mittelständischer Betriebe
- Absatzrückgänge und Verteuerungen bei den betroffenen Getränken

muß bezweifelt werden, daß es dem allgemeinen Grundsatz der Verhältnismäßigkeit genügt.

3.5.3. Verpackungsabgabe (45)(46)

Um die Lenkungseffizienz einer Verpackungsabgabe und deren Gestaltung beurteilen zu können, müssen zuerst die Relationen zwischen den Systemkosten verschiedener Verpackungsarten und den Verbraucherpreisen ein- und mehrwegverpackter Getränke beleuchtet werden.

Verpackungskosten und Getränkepreise
Aufgrund der Gesamtkostenstruktur wären Mehrweg-Gebinde der Einweg-Distribution in Glasflaschen, Aluminium- oder Weißblechdosen vorzuziehen. Lediglich die verschiedenen Formen der Verbundkartonverpackung stellen aufgrund ihrer Herstellungskosten, welche von den geringeren Manipulationskosten im Handel überkompensiert werden, gegenüber der Mehrwegflasche die ökonomisch günstigere Alternative dar. Diese Relationen spiegeln sich auch in den Getränkepreisen wider. Offensichtlich präferiert aber ein Großteil der Verbraucher die Vorteile der bestehenden Einweg-Gebindestrukturen sosehr, daß sich vom Handel für einwegverpackte Getränke höhere Verkaufspreise erzielen lassen und in Relation zu den Kosten mehrwegverpackter Getränke auch günstigere Ertragschancen gesehen werden (d.h. die Kostendifferenz Einweg/Mehrweg wird durch die Verkaufspreisdifferenz überkompensiert). "Faktisch führt der Handel im Bereich der Mehrwegsysteme einen Preiskampf, verzichtet dabei aber auf eine Überwälzung der logistischen Mehrkosten und versucht gleichzeitig, die dadurch schlechten Rentabilitätsbedingungen im Getränkebereich durch den Verkauf von Einweggebinden zu kompensieren" (46).

Wesen und Zielsetzungen einer Verpackungsabgabe
Darunter wird eine Abgabe auf alle Verpackungen - also auch auf Mehrwegverpackungen - verstanden. Die beabsichtigte Belastungsdifferenzierung zwischen Einweg- und Mehrweggebinden ergibt sich

aus dem für die Inverkehrsetzung *neuer* Packmittel zu zahlenden Abgabebetrag, der sich entsprechend der Umlaufhäufigkeit auf eine oder mehrere Abfüllungen aufteilt. Dies soll Einweg-Verpackungen verteuern und aufgrund der notwendigen Preiserhöhung einen Nachfragerückgang auslösen.

Im Gegensatz zur Zwangspfandregelung ist die Verpackungsabgabe ausschließlich auf die Substitution von Einweg durch Mehrweg ausgerichtet und kann keinen Anreiz auf den Verbraucher zur Rückgabe von Einweg-Leergut ausüben. Unter der Annahme, daß die Abgabe vom Abfüller nicht kompensiert werden kann, müßte sie auf den Einstellpreis beim Handel durchschlagen. Kann dieser die Mehrkosten auf den Verbraucher überwälzen, besteht kein Zwang zu Anpassungsmaßnahmen. Reagiert der Verbraucher aber mit einer verstärkten Nachfrage nach mehrwegverpackten Getränken, so entstehen dem Handel daraus grundsätzlich höhere Handling- und Raumkosten. Wurde die Abgabe hoch genug festgesetzt, so daß die mit der Umstellung auf Mehrweggebinde verbundenen Mehrbelastungen des Handels überkompensiert werden, kann sie ihr Lenkungsziel erreichen, andererseits muß dies bezweifelt werden.

Effizienz einer Verpackungsabgabe
Unter dem Blickwinkel möglicher Überwälzungs- und Preisstrategien auf den Stationen zwischen Verpackungsproduzenten und Konsumenten ist allerdings unsicher, ob, in welcher Höhe und bei welcher Verpackung die auf der Produzentenebene erhobene Abgabe den Verbraucher erreicht. Ein "sicherer" Lenkungserfolg wird sich demnach nur mit einer prohibitiven Abgabenhöhe erreichen lassen, deren Realisierung allerdings abgabenrechtliche Bedenken auslöst.

3.5.4. Schlußfolgerungen

Während ein Zwangspfand das Recycling gebrauchter Einweg-Getränkeverpackungen fördert, unterstützt die Verpackungsabgabe - allerdings erst bei entsprechender Höhe - das gegenüber Einwegflaschen und -dosen, nicht aber gegenüber Verbundkartonverpackungen günstigere Mehrwegsystem von der Kostenseite. Obwohl die Wirksamkeit dieses Instrumentariums im Zusammenspiel der Marktmechanismen verschiedentlich angezweifelt wird, kann ihm ein - wenn auch bescheidener - abfallvermindernder Effekt nicht abgesprochen werden. Damit ist aber nicht widerlegt, daß dieselben oder bessere Ergebnisse auch mit abfallwirtschaftlichen Maßnahmen erreicht werden können, deren Finanzierung letztlich die Triebfeder der Diskussion zwischen Industrie und Behörden ist. Ohne die Sinnhaftigkeit abfallvermeidender oder abfallvermindernder Maßnahmen bestreiten zu wollen, darf dennoch nicht übersehen werden, daß diese Regelungen mit Ausnahme des "Litterproblems" keine spürbaren Auswirkungen auf die gesamte Abfallsituation zeigten, obwohl von der Getränkewirtschaft, dem Handel und dem Verbraucher erhebliche Mehraufwendungen und Mehrleistungen erbracht werden mußten. Die Unverhältnismäßigkeit der Auswirkungen legistischer Regelungen auf den Getränkemarkt, im Vergleich zur (wahrscheinlich) geringeren volkswirtschaftlichen Belastung durch gesamtheitlich wirksame, abfallwirtschaftliche Maßnahmen, wurde aber bisher nicht geklärt, obwohl sie vermutet werden muß. Ein weiterer "Schönheitsfehler" des Zwangspfandes und der Verpackungsabgabe ist die Tatsache, daß sie nicht auf eine Beschränkung jener Verpackungen abzielt, welche die Umwelt am meisten belasten, sondern allein auf eine Verringerung der abzulagernden Abfallmenge an ausgedienten Getränkeverpackungen, unabhängig von deren Umweltauswirkungen in anderen Parametern.

Um solche Entwicklungen zu vermeiden, sollte *vor* reglementierenden Eingriffen (und dazu zählen auch "freiwillige Vereinbarungen") Klarheit über das gesamte Spektrum der Umweltauswirkungen durch die betroffenen Verpackungen herrschen und die erhoffte Verbesserung der Umweltsituation in einer Art "Umweltverträglichkeitsprüfung" auf ihre Stichhaltigkeit überprüft werden.

4. Mißverständnisse in der Verpackungsdiskussion

4.1. Übersicht

In der Verpackungsdiskussion werden von Kritikern mitunter unrichtige Behauptungen aufgestellt, die auf dem Mißverständnis elementarer Zusammenhänge beruhen. In der Argumentation tritt am häufigsten die Fehlmeinung auf, daß

- Verpackungen aus verrottbaren Werkstoffen bevorzugt werden sollten
- und Kunststoff- bzw. kunststoffbeschichtete Verpackungen beim Verbrennen giftige Gase bilden.

Darauf soll in den nächsten Abschnitten näher eingegangen werden.

4.2. Sollen Verpackungen aus verrottbaren Werkstoffen bevorzugt werden ?

Der Wunsch, daß sich Dinge, deren man sich entledigen will, in "Luft" auflösen mögen, ist menschlich gesehen verständlich. Allerdings machen uns Abfälle beim Verrotten auf der Deponie nicht diese Freude in der erhofften Weise. Sie verrotten nur in Oberflächennähe, wo dieser Prozeß durch Feuchtigkeit, ausreichenden Luftzutritt und Mikroorganismentätigkeit vor sich gehen kann. Bereits in wenigen Metern Tiefe kommt er zum Stillstand. Weitere Umsetzungen können nur mehr unter anaeroben Bedingungen, d.h. ohne Sauerstoffzutritt unter Erwärmung vor sich gehen. Sie laufen durch das ständige Aufschichten der Deponie immer langsamer ab, so daß z.B. Zeitungen, die 20 Jahre in mehreren Metern Tiefe lagerten, noch gut lesbar waren.

Durch die anaeroben Zersetzungsprozesse bilden sich Deponiegase, die, wenn sie nicht abgeleitet werden, als Kohlenwasserstoffe, Kohlenmonoxyd und andere Schadgase aus dem Deponiekörper in die Atmosphäre gelangen oder sich in der Erde ausbreiten und dort als Sickergas nahegelegene Gebäude gefährden. Wasserlösliche Verrottungsprodukte gelangen aus nicht abgedichteten Deponien in das Grundwasser und führen zu dessen Beeinträchtigung.

Die Vorstellung, daß größere Mengen abbaubarer Stoffe ähnlich problemlos wie abgefallenes Waldlaub dem Stoffkreislauf der Natur überlassen werden können, erweist sich als Irrtum. Insofern ist die Unverrottbarkeit von Glas, Metallen und Kunststoffen auf Deponien kein Nachteil, weil keine Umweltbeeinträchtigungen entstehen können. Der Energieinhalt der Kunststoffe bleibt langfristig erhalten. Sie verspröden lediglich unter Deponiebedingungen, zerfallen in kleine Bruchstücke und nehmen erdähnliches Aussehen an. Glas wird trübe, es setzt "Entglasung" ein. Ob sich bei diesen extrem langsam ablaufenden Prozessen auch Reaktionsprodukte bilden, die als Schadstoffe einzustufen wären, ist nicht bekannt. Auch Faserstoffe, wie Papier und Karton, bestehen nicht *nur* aus natürlicher Zellulosefaser. Um ihnen die geforderten Eigenschaften zu verleihen, müssen Hilfsstoffe zugesetzt werden (siehe Kapitel III), deren Verhalten auf Deponien ungeklärt ist.

Eine Deponie sollte aber der sicheren Lagerung von Abfällen dienen und nicht der Reduzierung von Abfallmengen durch Verrotten. Dazu dienen Rotteanlagen. Aus ökologischer und ökonomischer Sicht wäre es aber sinnvoll, Altstoffe nicht abzulagern oder verrotten zu lassen, sondern diese stofflich oder energetisch zu nutzen.

4.3. Bilden Kunststoffe und kunststoffbeschichtete Verpackungen beim Verbrennen giftige Gase ?

Hier ist grundsätzlich einmal festzustellen, daß bei jeder Verbrennung, gleichgültig ob von fossilen Brennstoffen, Holz, Papier oder Kunststoffen so wie von jedem organischen Material, gasförmige und feste Schadstoffe in die Umwelt gelangen. Im Bereich zwischen 400°C und 800°C kommt es neben den Hauptreaktionen, der Bildung von Kohlendioxyd (CO_2) und Wasserdampf (H_2O), auch zu Nebenreaktionen, bei denen Schadstoffe wie Kohlenmonoxyd (CO), Stickoxyde (NO_x), Kohlenwasserstoffe (C_nH_x) und je nach dem Gehalt des Brennstoffes an Schwefel, Chlor und Fluor auch Schwefeldioxyd (SO_2), Salzsäure (HCl) und Fluorwasserstoff (HF) entstehen. Der Gehalt des Brennstoffes an Schwermetallen (Blei, Cadmium, Arsen, Chrom, Kupfer, Quecksilber, Zink, Nickel, Bor usw.) ist für Schwermetallemissionen beim Verbrennungsprozeß verantwortlich.

Der Vergleich des Schadstoffgehaltes fossiler Brennstoffe mit dem von Verbundkartonmaterial (Zellulosefaser + Polyäthylen) zeigt, daß dessen Schadstoffpotential wesentlich geringer ist als jenes fossiler Brennstoffe und in den meisten Parametern auch unter jenem von Holz liegt (s. Tab. XIX). Selbst beim Verbrennen in Müllverbrennungsanlagen *ohne* Rauchgasreinigung könnten nach (52) die strengen Emissionsbestimmungen mit Ausnahme des Grenzwertes für Staub (aufgrund des Kalzium- und Aluminiumanteils) eingehalten werden. Auch Kunststoffe sind wesentlich schadstoffärmer als jedes herkömmliche Brennmaterial. Ausnahmen bilden nur das Polyvinylchlorid (PVC) und das Polyvinylidenchlorid (PVDC) aufgrund ihres hohen Chlorgehaltes.

Wie Tab. XX zeigt, sind die Emissionen von Kleinfeuerungsanlagen, wie sie auch im Privathaushalt verwendet werden, weitgehend vom Brennmaterial abhängig und bei Gasheizungen am geringsten. Unabhängig davon bilden sich je nach Verbrennungsführung auch Ruß und unerwünschte, zum Teil auch toxische organische Substanzen wie Aldehyde, Phenole, Kresol, polycyclische Verbindungen usw.

Die Geringhaltung der Schadstoffbildung und -emissionen beim Verbrennungsprozeß bedarf besonderer technischer Regel- und Abgasreinigungseinrichtungen, die es ermöglichen, die vom Brennmaterial herrührenden Schadstoffe auszuwaschen bzw. auszufiltern und die Verbrennung so zu führen, daß die vorerwähnten toxischen Substanzen weitestgehend nicht entstehen oder in unschädliche Stoffe wie Wasserdampf und Kohlendioxyd umgewandelt werden.

Tab. XIX: Vergleich des Schadstoffpotentials (Elementaranalysen) herkömmlicher Haushaltsbrennstoffe sowie von polyäthylenbeschichtetem Verbundkarton nach (17)(18)(19)(20)(47)(48)

PARAMETER	EINHEIT	STEINKOHLE	BRAUNKOHLE	HEIZÖL EL.	HOLZ	HAUSMÜLL	VERBUNDKARTON
Heizwert	kWh/kg	~ 8,2	~ 2,3	~ 11,9	~ 4,2	~ 2,3	~ 4,0
Schwefel	mg/kg	6000-14000	3000-39000	≤ 3000	700-1000	2000-7000	775
Chlor	mg/kg	1000-1600	≤1600	100-5000	800-1300	5000-15000	387
Fluor	mg/kg	10-350	≤ 370	100-300	-	50-250	39**)
Blei	mg/kg	2-270	1-270	0-2	0-50	110-2500	1,0
Zink	mg/kg	5-210	5-250	0-1,3	7,-92	300-3500	7,5
Quecksilber	mg/kg	0,07-1,5	1,4	0,002	0,01-0,07	0,3-14	-
Nickel	mg/kg	4-95	-*)	6-23	0-1,4	15-1840	1,6
Cadmium	mg/kg	0,01-10	-*)	0-0,053	0,06-1,7	1-50	< 0,1
Chrom	mg/kg	2-80	-*)	0,02-0,05	0-4	5-2810	0,8
Kupfer	mg/kg	0,04-60	-*)	0,1-0,3	1,9-23,0	110-2500	2,0
Kobalt	mg/kg	1-40	-	0,2-0,5	0,05-0,3	4,0-6,0	< 0,5
Mangan	mg/kg	25-100	-	0,03-0,1	5-194	170-880	-

*) keine Angaben
**) bei aluminiumbeschichtetem Verbundkarton

Tab. XX: Emissionen von Kleinfeuerungsanlagen (in kg/Mio kWh) bei Verwendung verschiedener Brennstoffe nach (49)(50)

Schadstoffe / Brennstoff	Schwefel-dioxyd	Stick-oxyde	Kohlen-monoxyd	Kohlen-wasserstoffe	Staub	PCKW*) (g/Mio kWh)
Steinkohle	195	10	2.320	70	70	1.140
Braunkohle	285	< 5	1.790	100	100	1.140
Heizöl EL	80	10	40	5	< 5	2
Stadtgas	-	10	35	< 5	-	0,4
Holz	-	< 5	1.790	50	140	11.070

*) polycyclische Kohlenwasserstoffe

Schadstoffemissionen sind daher weniger eine Frage des verwendeten Brennmaterials als der technischen Anlagenausrüstung, die bei Hausöfen und den meisten Kleinfeuerungsanlagen bezüglich der Luftreinhaltung unzureichend ist. Damit verursachen alle Feuerungsanlagen ohne entsprechende Regeleinrichtungen und Rauchgasreinigung, so wie der Hausbrand, erhebliche Luftbelastungen, auch wenn das Verbrennen einzelner, im Haushalt anfallender Verpackungen als Beigabe zu festen Brennstoffen den Schadstoffausstoß kaum erhöhen würde - PVC und PVDC ausgenommen. Da beide Kunststoffe nicht ohne weiteres von anderen unterschieden werden können, sollte das Verbrennen von Kunststoffen im Haushalt grundsätzlich unterlassen werden.

Dem Stand der Technik entsprechende Abfallverbrennungsanlagen belasten die Umwelt weitaus weniger als der Hausbrand und herkömmliche Kohlekraftwerke (siehe Tab. X). Sie ersetzen durch Fernwärmelieferung an öffentliche Gebäude und Privathaushalte viele Kleinfeuerungsanlagen. Damit tragen sie mit wirtschaftlich vertretbarem Aufwand zur Verbesserung der Luftsituation in Ballungsräumen und gleichzeitig zur energetischen Nutzung brennbarer Abfälle sowie zur Schonung des knappen Deponievolumens bei.

5. Schlußbetrachtungen

In der Diskussion über die Schädigung der Umwelt durch die Folgen fortschreitender Technisierung, ständigen Wirtschaftswachstums und kollektiven Fehlverhaltens, wie z. B. der Wegwerfmentalität, wurden auch Verpackungen Gegenstand öffentlicher Kritik. Auf allen gesellschaftlichen Ebenen werden zu diesem Thema sachlich richtige Erkenntnisse vermischt mit Fehlbeurteilungen vorgetragen, die oft auf Basis ideologisch bedingter Voreingenommenheit eine pauschale, mitunter emotionell geäußerte Aversion gegen Neuerungen und technischen Fortschritt enthalten (51).

Da Fehlmeinungen - besonders wenn sie bei oberflächlicher Betrachtung einleuchtend erscheinen - die Eigenschaft haben, sich unter geeigneten Umständen epidemisch auszubreiten und dann kollektiv verhaltenssteuernd zu wirken, können subjektiv als "problematisch" eingeschätzte Verpackungsarten "abgewählt" und durch andere, objektiv nicht mehr oder minder problematische substituiert werden. Sind solche Substitutionen mangels ausreichenden Marktangebotes nicht "still" vollziehbar, regt dies mediale und politische Initiativen an, die letztlich gesetzgeberische Aktivitäten auslösen können.

Erschwerend in den Bemühungen, sachlich unzutreffende Vorurteile abzubauen und Meinung durch Wissen zu ersetzen, wirkt sich bei komplexen, schwer überschaubaren Sachverhalten, wie der Auswahl technisch, wirtschaftlich *und* ökologisch optimaler Verpackungen, die allgemeine Skepsis gegenüber wissenschaftlichen und fachlichen Erkenntnissen aus, sofern sie nicht die eigene (vorgefaßte) Meinung untermauern.

Im Bestreben, diese Schwierigkeiten zu umgehen, entwickelt sich zunehmend eine auf Umweltfragen bezugnehmende Werbung, die dem eigenen Produkt ein gutes "Umweltimage" verleihen soll. Dagegen wäre nichts einzuwenden, solange sich diese Anstrengungen auf die Richtigstellung sachlich unzutreffender Vorurteile beziehen. Sie sollten aber nicht auf eine (geschickt umschriebene) Abwertung konkurrenzierender Packmittel ausgerichtet sein, die von der Gegenseite gleichartige Reaktionen auslöst, welche der Keim weiterer, schwer auszumerzender Fehlmeinungen sind.

Welche Wege sind nun zur Verringerung der Umweltauswirkungen durch die Konsumgüterverpackung zielführend ?

Der Druck zur ständigen Verringerung des Rohstoff- und Energieverbrauches für die Warenverpackung erwächst allein aus dem Wettbewerb innerhalb der Konsumgüter- und Verpackungsindustrie. Die Luft- und Wasserbelastung kann durch verschärfte Emissions- und Abwasserbestimmungen effizienter verringert werden als durch verordnete Verpackungssubstitutionen. Diese würden lediglich den Wettbewerbsdruck auf legislativ bevorzugte Packmittel verringern und umwelttechnische Fortschritte bei jenen Systemen zum Stillstand bringen, die aus dem Verkehr genommen wurden.

Hinsichtlich der Verringerung des Abfallaufkommens durch Verpackungen wären aus heutiger Sicht folgende Überlegungen anzustellen: Da nur sortenreine und saubere Altstoffe wirtschaftlich verwertbar sind und verunreinigte Abfälle (als welche ausgediente Packmittel im Hausmüll für gewöhnlich vorliegen) in der anfallenden Menge auf dem Altstoffmarkt kaum untergebracht werden können, ist durch deren Aussortierung und stoffliche Verwertung derzeit keine wesentliche Veringerung der abzulagernden Hausmüllmenge zu erzielen. Solche Altstoffe können meist nur für die Herstellung minderer Qualitäten eingesetzt werden. Damit ist die Hausmüllsortierung nur *vereinzelt*, aber nicht *allgemein* wirtschaftlich anwendbar (52). Effektiver und wirtschaftlicher wäre es dagegen, die wesentlich größeren Mengen an Industrie- und Gewerbemüll (siehe Tab. VII und Abb. 5) sortenrein zu erfassen, was auch leichter gelingen würde als bei Haushaltsabfällen.

Nachdem das Deponieren stofflich nicht verwertbarer Hausmüllfraktionen keine Zukunft hat, ist deren energetische Verwertung derzeit die einzige, technisch und mengenmäßig ausgereifte Möglichkeit, das abzulagernde Hausmüllvolumen wirksam zu reduzieren.

Müllverbrennungsanlagen können sowohl wirtschaftlich als auch unwirtschaftlich betrieben werden. Für wirtschaftlich tragfähige Konzepte gibt es Beispiele (52). Schließlich ist eine dem heutigen Stand der Technik entsprechende, energetische Nutzung brennbarer Abfälle und damit auch von ausgedienten Verpackungen umwelt- und ressourcenschonender als das Verbrennen fossiler Brennstoffe bzw. von Biomasse in Kleinfeuerungsanlagen ohne Abgasreinigung und belastet - wirtschaftliche Vorgangsweise vorausgesetzt - Umwelt, Verbraucher und Wirtschaft weniger als unwirtschaftlich betriebene Abfallaufbereitungsanlagen und warenverteuernde sowie den technischen Fortschritt hemmende Reglementierungen. Die Befürchtung, daß der Bau von Müllverbrennungsanlagen die Weiterentwicklung der - vom ökologischen Standpunkt anzustrebenden - stofflichen Verwertung von Abfällen verhindert, ist für den Hausmüll solange hinfällig, als es nicht gelingt, diesen bereits am Ort des Entstehens, also im Haushalt, in verwertbarer Form zu erfassen.

Die Feststellung der Umweltauswirkungen durch Verpackungen, wie sie in den nächsten Kapiteln beschrieben wird, sollte nicht Anlaß zu Restriktionen, sondern Anlaß zur Verbesserung des gegenwärtigen Standes der Herstellungs- und Verwendungstechnik sein.

6. Datenblätter

IV/164

Datenblatt 1: Vereinheitlichte Datenbasis für das Hausmüllgewicht (Österreich 1982/83) durch Getränkeverpackungen nach (12)

PACKMITTEL \ PRODUKTGRUPPE		MILCH, FLÜSSIGE FRISCH-MILCH-PRODUKTE (t)	H-MILCH, FLÜSSIGE DAUER-MILCH-PRODUKTE (t)	BIER (t)	LIMONADEN (t)	FRUCHTSÄFTE UND -SIRUPE (t)	WÄSSER (t)	WEINE, DESSERTWEINE (t)	SCHAUMWEINE (t)	SPIRITUOSEN, RUM (t)	SUMME (t)	IN % DES HAUSMÜLLAUFKOMMENS*)
MW	GLASFLASCHEN	19		2.288	5.043	1.076	7.336	2.846			18.608	1,14
MW	VERSCHLÜSSE	2		2.578	651	70	280	411			3.992	0,25
MW	ETIKETTEN			7	9	2	11	4			33	0,002
MW	SUMME	21		4.873	5.703	1.148	7.627	3.261			22.633	1,39
EW	GLASFLASCHEN		6.878	1.016	3.557	6.182	63	13.877	5.952	20.176	57.701	3,54
EW	WEISSBLECH			592	5.256	262					6.110	0,38
EW	ALU-DOSEN U. -FORMKÖRPER		28	87	50						165	0,01
EW	KST-FLASCHEN UND -BECHER	2.690	11		498	630					3.829	0,24
EW	VERBUNDKARTON	11.929	734		918	2.049		297			15.927	0,98
EW	VERSCHLÜSSE	188	49	11	34	65		126	45	110	628	0,04
EW	ETIKETTEN		30	4	27	57		36	7	45	206	0,01
EW	SUMME	14.807	7.730	1.710	10.340	9.245	63	14.336	6.004	20.331	84.566	5,19
SUMME EINWEG UND MEHRWEG		14.828	7.730	6.583	16.043	10.393	7.690	17.597	6.004	20.331	107.199	6,58
IN % DES HAUSMÜLLAUFKOMMENS*)		0,91	0,47	0,40	0,99	0,64	0,47	1,08	0,37	1,25	6,58	-

*) 1,628.000 t

Datenblatt 2: Vereinheitlichte Datenbasis für das Hausmüllaufkommen im Müllbehälter (Österreich 1982/83) durch Getränkeverpackungen (in m^3) nach (12)

PRODUKT-GRUPPE / PACK-MITTEL	MILCH, FLÜSSIGE FRISCH-MILCH-PRODUKTE	H-MILCH, FLÜSSIGE DAUER-MILCH-PRODUKTE	BIER	LIMO-NADEN	FRUCHT-SÄFTE UND -SIRUPE	WÄS-SER	WEINE UND DES-SERT-WEINE	SCHAUM-WEINE	SPIRI-TUO-SEN, RUM	SUMME	IN % DES HAUS-MÜLL-AUFKOM-MENS*)
MW GLASFLASCHEN	51		6.201	13.667	2.916	19.881	7.713			50.429	0,43
MW VERSCHLÜSSE	15		7.005	6.320	680	2.718	3.952			20.690	0,18
MW ETIKETTEN			7	9	2	11	4			33	0,0003
MW SUMME	66		13.213	19.996	3.598	22.610	11.669			71.152	0,60
EW GLASFLASCHEN		23.965	2.830	9.908	17.220	175	38.654	16.579	56.200	165.531	1,41
EW WEISSBLECH			5.481	48.667	2.426					56.574	0,48
EW ALU-DOSEN U. -FORMKÖRPER		267	1.359	781						2.407	0,02
EW KST-FLASCHEN UND -BECHER**)	79.944	157		10.375	13.125					103.601	0,88
EW VERBUNDKARTON	518.652	24.467		30.600	68.300		9.900			651.919	5,54
EW VERSCHLÜSSE		377	30	239	575		1.212	257	1.068	3.758	0,03
EW ETIKETTEN		30	4	27	57		36	7	45	206	0,002
EW SUMME	598.596	49.263	9.704	100.597	101.703	175	49.802	16.843	57.313	983.996	8,36
SUMME EINWEG UND MEHRWEG	598.662	49.263	22.917	120.593	105.301	22.785	61.471	16.843	57.313	1.055.148	8,97
IN % DES HAUSMÜLLAUFKOMMENS*)	5,09	0,42	0,19	1,03	0,90	0,19	0,52	0,14	0,49	8,97	-

*) 11,765.000 m^3

**) inkl. Verschlüsse und Etiketten

IV/166

Datenblatt 2a: Vereinheitlichte Datenbasis für das Hausmüllaufkommen im Müllbehälter (Östereich 1982/83) durch Getränkeverpackungen (in m^3) nach (12), jedoch berechnet mit Sammeldichte 0,032 t/m^3 für den einfachen Verbundkarton bzw. 0,051 t/m^3 für den aluminiumkaschierten Verbundkarton nach Untersuchungen von VOGEL (42) aus 1988

PACKMITTEL / PRODUKTGRUPPE		MILCH, FLÜSSIGE FRISCH-MILCH-PRODUKTE	H-MILCH, FLÜSSIGE DAUER-MILCH-PRODUKTE	BIER	LIMONADEN	FRUCHTSÄFTE UND -SIRUPE	WÄSSER	WEINE UND DESSERTWEINE	SCHAUMWEINE	SPIRITUOSEN, RUM	SUMME	IN % DES HAUSMÜLLAUFKOMMENS*)
MW	GLASFLASCHEN	51		6.201	13.667	2.916	19.881	7.713			50.429	0,43
MW	VERSCHLÜSSE	15		7.005	6.320	680	2.718	3.952			20.690	0,18
MW	ETIKETTEN			7	9	2	11	4			33	0,0003
MW	SUMME	66		13.213	19.996	3.598	22.610	11.669			71.152	0,60
EW	GLASFLASCHEN		23.965	2.830	9.908	17.220	175	38.654	16.579	56.200	165.531	1,41
EW	WEISSBLECH			5.481	48.667	2.426					56.574	0,48
EW	ALU-DOSEN U. -FORMKÖRPER		267	1.359	781						2.407	0,02
EW	KST-FLASCHEN UND -BECHER**)	79.944	157		10.375	13.125					103.601	0,88
EW	VERBUNDKARTON	372.781	14.392		18.000	40.176		5.824			451.173	3,83
EW	VERSCHLÜSSE		377	30	239	575		1.212	257	1.068	3.758	0,03
EW	ETIKETTEN		30	4	27	57		36	7	45	206	0,002
EW	SUMME	452.725	39.188	9.704	87.997	73.579	175	45.726	16.843	57.313	783.250	6,66
SUMME EINWEG UND MEHRWEG		452.791	39.188	22.917	107.993	77.177	22.785	57.395	16.843	57.313	854.402	7,26
IN % DES HAUSMÜLLAUFKOMMENS*)		3,85	0,33	0,19	0,92	0,66	0,19	0,49	0,14	0,49	7,26	-

*) 11,765.000 m^3

**) inkl. Verschlüsse und Etiketten

Datenblatt 3: Schätzung des Hausmüllaufkommens auf Deponien (Österreich 1982/83) durch Getränkeverpackungen (in m^3, bei 16 % Müllverbrennung) nach (38)

PACK-MITTEL	PRODUKT-GRUPPE	MILCH, FLÜSSIGE FRISCH-MILCH-PRODUKTE	H-MILCH, FLÜSSIGE DAUER-MILCH-PRODUKTE	BIER	LIMO-NADEN	FRUCHT-SÄFTE UND -SIRUPE	WÄS-SER	WEINE, DES-SERT-WEINE	SCHAUM-WEINE	SPIRI-TUO-SEN, RUM	SUMME	IN % DES HAUS-MÜLL-AUFKOM-MENS*)
MW	GLASFLASCHEN	16		1.939	4.274	912	6.217	2.412			15.769	0,72
MW	VERSCHLÜSSE	2		2.185	552	59	237	348			3.383	0,15
MW	ETIKETTEN			6	8	2	9	3			28	0,00
MW	SUMME	18		4.130	4.833	973	6.464	2.764			19.181	0,87
EW	GLASFLASCHEN		5.829	861	3.014	5.239	53	11.760	5.044	17.098	48.899	2,22
EW	WEISSBLECH			1.536	13.634	680					15.849	0,72
EW	ALU-DOSEN U. -FORMKÖRPER		26	81	46						153	0,01
EW	KST-FLASCHEN UND -BECHER	9.824	40		1.819	2.301					13.984	0,64
EW	VERBUNDKARTON	12.525	771		964	2.151		312			16.723	0,76
EW	VERSCHLÜSSE	174	45	10	31	60		117	42	102	628	0,03
EW	ETIKETTEN		97	13	87	184		116	23	145	666	0,03
EW	SUMME	22.524	6.808	2.500	19.596	10.615	53	12.305	5.108	17.346	96.902	4,40
SUMME EINWEG UND MEHRWEG		22.542	6.808	6.630	24.429	11.588	6.517	15.069	5.108	17.346	116.083	5,28
IN % DES HAUSMÜLLAUFKOMMENS*)		1,02	0,31	0,30	1,11	0,53	0,30	0,68	0,23	0,79	5,28	-

*) 2,2 Mio m^3

IV/168

Datenblatt 4: Vereinheitlichte Datenbasis für das Volumen (in 1.000 Liter) der abgefüllten Getränke (Österreich 1982/83) nach (12)

PRODUKT-GRUPPE / PACKMITTEL	MILCH, FLÜSSIGE FRISCH-MILCH-PRODUKTE	H-MILCH, FLÜSSIGE DAUER-MILCH-PRODUKTE	BIER	LIMO-NADEN	FRUCHT-SÄFTE UND -SIRUPE	WÄS-SER	WEINE UND DES-SERT-WEINE	SCHAUM-WEINE	SPIRI-TUO-SEN, RUM	SUMME GETRÄNKE-ABFÜLLUNG	
	(1000 L)	(1000 L)	(1000 L)	(1000 L)	(1000 L)	(1000 L)	(1000 L)	(1000 L)	(1000 L)	(1000 L)	(IN %)
MW GLASFLASCHEN	3.134		542.037	265.184	56.524	367.214	229.900			1.463.993	64,21
EW GLASFLASCHEN		17.716	1.793	7.959	14.794	136	30.450	11.750	33.360	117.958	5,17
EW WEISSBLECH			5.086	45.166	2.249					52.501	2,30
EW ALU-DOSEN U. -FORMKÖRPER		231	1.362	570						2.163	0,09
EW KST-FLASCHEN UND -BECHER	68.856	1.014		9.228	8.546					87.644	3,84
EW VERBUNDKARTON	420.227	22.331		31.506	71.141		10.400			555.605	24,37
EW SUMME	489.083	41.292	8.241	94.429	96.730	136	40.850	11.750	33.360	815.871	35,79
SUMME GETRÄNKEABFÜLLUNG	492.217	41.292	550.278	359.613	153.254	367.350	270.750	11.750	33.360	2.279.864	100,00
(IN %)	21,59	1,81	24,14	15,77	6,72	16,11	11,88	0,52	1,46	100,00	-

IV/169

Datenblatt 5: Vereinheitlichte Datenbasis für die Anzahl (in 1.000 Einheiten) der abgefüllten Getränkeverpackungen (Österreich 1982/83) nach (12)

PRODUKT-GRUPPE / PACKMITTEL	MILCH, FLÜSSIGE FRISCH-MILCH-PRODUKTE (1000 EINH.)	H-MILCH, FLÜSSIGE DAUER-MILCH-PRODUKTE (1000 EINH.)	BIER (1000 E.)	LIMO-NADEN (1000 E.)	FRUCHT-SÄFTE UND -SIRUPE (1000 E.)	WÄS-SER (1000 E.)	WEINE UND DES-SERT-WEINE (1000 E.)	SCHAUM-WEINE (1000 E.)	SPIRI-TUO-SEN, RUM (1000 E.)	SUMME ABGEFULLTE EINHEITEN (1000 EINH.)	(IN %)
MW GLASFLASCHEN	4.717		1.100.557	423.775	73.650	410.831	140.500			2.154.030	59,68
EW GLASFLASCHEN		37.502	4.963	11.976	18.778	166	43.729	11.000	55.000	183.114	5,07
EW WEISSBLECH			15.411	136.867	6.814					159.092	4,41
EW ALU-DOSEN U. -FORMKÖRPER		14.215	4.129	2.161						20.505	0,57
EW KST-FLASCHEN UND -BECHER	306.756	8.447		16.955	9.340					341.498	9,46
EW VERBUNDKARTON	595.188	34.254		37.586	73.585		10.400			751.013	20,81
EW SUMME	901.944	94.418	24.503	205.545	108.517	166	54.129	11.000	55.000	1.455.222	40,32
SUMME GETRÄNKEABFÜLLUNG (ABGEF. EINHEITEN)	906.661	94.418	1.125.060	629.320	182.167	410.997	194.629	11.000	55.000	3.609.252	100,00
(IN %)	25,12	2,62	31,17	17,44	5,05	11,39	5,39	0,30	1,52	100,00	-

7. Literatur

1. RITTER T.: Betriebswirtschaftliche Verpackungsoptimierung. S 1 ff., Eichhorn-Verlag, Göttingen (1980)

2. BOJKOW E.: Senkung des Verpackungsaufwandes durch ingenieurmäßiges Verpacken. Verpackungs-Rundschau 8, 844 - 854 (1985)

3. BOJKOW E.: Die Lebensmittelverpackung im Kraftfeld legislativer und umweltorientierter Tendenzen. Milchwirtschaftl. Berichte, Wolfpassing 44, 199 - 204 (1985)

4. SCHMID R.: Abfall und Recycling. Aktion Saubere Schweiz. Im Eigenverlag, Zürich (1984)

5. N.N. Polystyrol: Gesundheitsrisiko bei Verwendung als Arbeits- und Baustoff? Wohnung + Gesundheit 12, 25 - 27 (1983)

6. WERNER A.: Gesundheitsrisiko durch Polystyrol: Polystyrol und seine Verwendung als Baustoff und Lebensmittelverpackungsmaterial. Wohnung + Gesundheit 12, 27 - 30 (1983)

7. N.N.: Wie harmlos ist Polystyrol ? Wohnung + Gesundheit 12, 30 - 31 (1983)

8. ARGE MÜLLVERMEIDUNG: Kunststoffe PVC, Flugblatt (1985)

9. ÖSTERR. BUNDESINSTITUT FÜR GESUNDHEITSWESEN: Umweltsituation Teil 3; Abfall. Im Eigenverlag, Wien (1981)

10. ÖSTERR. BUNDESINSTITUT FÜR GESUNDHEITSWESEN: Abfallerhebung 1984 in den Gemeinden. Im Eigenverlag, Wien (1985)

11. ÖSTERR. INSTITUT FÜR VERPACKUNGSWESEN: Verpackungsanteil am österr. Hausmüll. Schriftenreihe Verpackungsforschung, Heft 2. Im Eigenverlag, Wien (1973)

12. ALBER S., BOJKOW E., HÜBL U., RIEDER Th., SCHARFF C. u. VOGEL G.: Einheitliche abfallrelevante Verpackungsdaten für Österreich. Hrsg. ARGE "Abfallrelevante Verpackungsdaten", Wirtschaftsuniversität Wien. Im Eigenverlag (1987)

13. ÖSTERR. BUNDESINSTITUT FÜR GESUNDHEITSWESEN: Abfallerhebung 1984 in den Betrieben. Im Eigenverlag, Wien (1985).

14. THOMÉ-KOZMIENSKY K.: Verbrennung von Abfällen, S 53, EF - Verlag für Energie- und Umwelttechnik, Berlin (1980)

15. TABASARAN O.: Planung von Anlagen zur Verwertung von Siedlungsabfällen am Beispiel "Modell Augsburg" in "Planung von Abfallbehandlungsanlagen" S 43 - 56, EF - Verlag für Energie- und Umwelttechnik, Berlin (1985)

16. MÜLLER H.: Emissionen aus der Verbrennung von Abfällen und BRAM in Thomé-Kozmiensky: Müllverbrennung und Umwelt S 500 ff., EF - Verlag für Energie- und Umwelttechnik, Berlin (1985)

17. EINHÖRNING B.: Incineration of Refuse with Energy Reclamation. Household Waste Management in Europe. S 176 - 196, Van Nostrand Reinhold Comp., London (1981)

18. TABASARAN O.: Schadstoffproblematik bei Abfallverwertung und Recycling. Informationsseminar des Fachverbandes Kartonverpackungen für flüssige Nahrungsmittel, Wien (1985)

19. THOMÉ-KOZMIENSKY K.: Verbrennung von Abfällen, S 49 f., EF - Verlag für Energie- und Umwelttechnik, Berlin (1980)

20. LUNDHOLM P. u. SUNDSTRÖM G.: Tetra Brik Aseptic Umweltprofil. Im Eigenverlag, Malmö (1980)

21. BRAUN H. u. VOGG H.: Vergleich der abluftseitigen Emissionen bei Müllverbrennungsanlagen und Kohleheizkraftwerken. Recycling International, S 73 - 78, EF-Verlag für Energie- und Umwelttechnik, Berlin (1984)

22. THOMÉ-KOZMIENSKY K.: Verbrennung von Abfällen, S 10 ff., EF - Verlag für Energie- und Umwelttechnik, Berlin (1980)

23. TABASARAN O.: Umweltverträglichkeit von Müllverbrennungsanlagen. Müllverbrennung und Umwelt, S 33 ff (1985)

24. N.N.: Wiener Vorgaben. Luftreinhaltung in Österreich - die thermische Abfallentsorgung. Entsorgungspraxis 5, 293 - 294 (1985)

25. BECKER F.: Schadstoffbestimmungen und Untersuchungen an den festen Rückständen aus der Verbrennung von Brennstoffen aus Müll, in "Brennstoff aus Müll", S 521 - 536, EF - Verlag für Energie- und Umwelttechnik, Berlin (1984)

26. JÄGER B.: Abfallverwertung in der BRD. Bundesministerium für Forschung und Technologie und Umweltbundesamt, Berlin (1983)

27. REIMANN O.: Geringe Umweltbelastung und Energiegewinn. Entsorgungspraxis 3, 185 - 191 (1985)

28. TABASARAN O: Innovation und Abfallwirtschaft. Vortrag: 4. PKL-Forum, Saalfelden (1985)

29. ALBER S.: Verpackungsverbrauch in Österreich. Informationen zur Umweltpolitik Nr. 20, Institut für Wirtschaft und Umwelt des Österr. Arbeiterkammertages (1985)

30. ÖSTERR. STAT. ZENTRALAMT: Bruttoproduktionswerte der österr. Industrie (1985)

31. ÖSTERR. STAT. ZENTRALAMT: Bruttoproduktionswerte (Gewerbe) nach Bundesinnungsgruppen (1985)

32. MILCHWIRTSCHAFTSFONDS: Tätigkeitsbericht über das Jahr 1976. Im Eigenverlag, Wien (1977)

33. VOGEL G.: Beiträge zur Lösung verpackungsorientierter Abfallprobleme im Bereich der Getränkeindustrie (Studie im Auftrag der Getränkeindustrie), Schriftenreihe Umweltschutz und Ressourcenökonomie Bd. 14. Hrsg. Univ. Prof. Dr. J. Hölzl, Univ. Doz. Dr. G. Vogel; im Eigenverlag, Wien (1988)

34. ÖSTERR. INSTITUT FÜR VERPACKUNGSWESEN: Systemvergleich Einwegverpackung - Mehrwegverpackung. Schriftenreihe Verpackungsforschung, Heft 7. Im Eigenverlag, Wien (1977)

35. BOJKOW E.: Fakten zur Umweltdiskussion über die Müllbelastung durch Einwegverpackungen. Österr. Milchwirtschaft 39/7, 137-142 und 39/8, 153-162 (1984)

36. ÖSTERR. INSTITUT FÜR VERPACKUNGSWESEN: Situation Mehrweg-Verpakkung am Getränkesektor. Schriftenreihe Verpackungsforschung Heft 8. Im Eigenverlag, Wien (1978)

37. ÖSTERR. INSTITUT FÜR VERPACKUNGSWESEN: Analyse des österr. Getränkemarktes im Hinblick auf die verwendeten Verpackungssysteme und -arten, sowie Darstellung der Entwicklung 1977-1983. Im Eigenverlag, Wien (1985)

38. BOJKOW E.: Kommentar und Sonderauswertungen zur Kurzfassung Alber - Bojkow - Hübl - Rieder - Scharff - Vogel: "Hausmüllrelevante Verpackungsdaten für Österreich". Verpackungslabor für Lebensmittel und Getränke. Im Eigenverlag, Wien (1987)

39. FRANKE M.: Abfallrelevanz und Einfluß unterschiedlicher Getränkeverpackungssysteme auf die Abfallbehandlungsmethoden. Verpackung und Umwelt (Ressourcen und Recycling), Technik, Wirtschaft, Umweltschutz, Band 4, S 427 - 450, EF - Verlag für Energie- und Umwelttechnik, Berlin (1982)

40. VOGEL G.: Noch unveröffentlichte Untersuchungen zur Dichtebestimmung für einzelne Packmittel. Wien 1985/86

41. TABASARAN O.: Recyclingmöglichkeiten für Kartonverpackungen für flüssige Nahrungsmittel. ARGE Ingenieursozietät Abfall. Im Eigenverlag, Stuttgart (1987)

42. VOGEL G.: Dichteberechnungen für Packmittel im Hausmüll. Persönl. Mitteilung (1988)

43. ÖSTERR. INSTITUT FÜR VERPACKUNGSWESEN: Österr. Verpackungsstatistik 1987. Im Eigenverlag, Wien (1988)

44. LIEBEN P.: Measures to promote Re-use or Recycling of Beverage Containers. In I. BOUSTEAD u. K. LIDGREN: Problems in Packaging, the Environmental Issue. J. Wiley & Sons, New York, Chichester, Brisbane, Toronto (1984)

45. EWRINGMANN D.: Zur Effizienz eines Zwangspfandes auf ausgewählte Einweg-Getränkeverpackungen. Finanzwissenschaftl. Forschungsinstitut Universität Köln. Im Eigenverlag, Köln (1986)

46. STEGER U. u. FEESS-DÖRR E.: Strategien zur Stabilisierung und Ausweitung der Mehrwegsysteme in der Getränkedistribution. Institut für Ökologie und Unternehmensführung. Im Eigenverlag, Oestrich-Winkel (1988)

47. MÜLLER H.: Emissionen aus der Verbrennung von Abfällen und BRAM in Thomé Kozmiensky: Müllverbrennung und Umwelt S 500 ff., EF - Verlag für Energie- und Umwelttechnik, Berlin (1985)

48. TABASARAN O.: Zusammensetzung und Inhaltsstoffe von Kartonverpackungen für flüssige Nahrungmittel und deren Relevanz bei der Verbrennung. Im Eigenverlag, Stuttgart (1985)

49. FINK R.: Innovation und neue Produktionsmöglichkeiten der Österreichischen Wirtschaft im Bereich der Umwelttechnologie. Institut für Umweltforschung. Im Eigenverlag, Graz (1986)

50. PETERS J.: Monsanto Research Cooperation. Im Eigenverlag, Doyton/USA (1981)

51. HAASE H.: Verpackungsnutzung und Umweltbewußtsein. Psychologisches Inst. Universität Frankfurt, im Eigenverlag, Frankfurt (1986)

52. BERGVALL G. u. HULT J.: Economics and Environmental Effects of Solid Waste Treatment. DRAV-Projekt Nr. 33, Final Report (1985)

KAPITEL V

Beurteilung der Umweltauswirkungen von Verpackungssystemen - Grundsätze

Inhaltsverzeichnis

Eine ausführliche, auf die Grundlagen eingehende Darstellung der hier abgedruckten Kurzfassung dieses Kapitels kann vom

Verpackungslabor f. Lebensmittel u. Getränke
Universität für Bodenkultur
Gregor-Mendel-Straße 33
A-1180 Wien
Tel. 0222/31 63 21

bezogen werden.

1. Ermittlung der Umweltauswirkungen von Verpackungssystemen

1.1. Übersicht (1)(2)(3)(4)

Jene Anforderungen, welche aus ökologischer Sicht an Verpackungen zu stellen sind, wurden bereits in Kap. I Abschn. 1.5. angeführt. Demgemäß werden Umweltauswirkungen von Verpackungen anhand
- des Rohstoffverbrauches
- des Energieverbrauches
- der Luft- und Wasserbelastung durch Rest- oder Schadstoffe
- des Abfallgewichtes und -volumens
- des Beitrages zum Litterproblem
- und der Auswirkungen auf die Arbeitsumwelt[1)]

beurteilt. Während sich ältere Studien zu diesem Thema meist nur auf ein Kriterium - in der Regel den Energieverbrauch - bezogen, trachtet man heute durch Einbeziehung möglichst aller genannten Kriterien eine umfassende Darstellung der Umweltauswirkungen zu erhalten. Vereinzelt werden als weitere Kriterien noch die "Recyclierfähigkeit" und die "Toxizität von Packstoffen" betrachtet, auf deren Zweckmäßigkeit später eingegangen wird.

Verpackungssysteme können nicht allein anhand der Belastungsdaten der Einzelhandelsverpackung beurteilt werden. In gleicher Weise müssen auch Transportverpackungen, Packhilfsmittel, Reinigung, Transport usw., kurzum alle systemimmanenten Komponenten mit einbezogen werden.

Dazu werden, wie Abb. 1 schematisch zeigt, die Umweltauswirkungen jeder Prozeßstufe, von der Rohstoffgewinnung bis zur Entsorgung, qualitativ und quantitativ ermittelt. Grundlage ist eine genaue Prozeßanalyse des stofflichen und energetischen "Input" und "Output" im Gesamtsystem. Vergleiche verschiedener Verpackungssysteme anhand von Prozeßdaten, die nicht auf repräsentativen Messungen, sondern auf Schätzungen oder nicht überprüfbaren Angaben beruhen, können dazu führen, daß unvollständig erfaßte Auswirkungen eines Verpackungssystems in Vergleichen jene Systeme benachteiligen, deren Belastungen infolge vollständiger Erfassung nun höher erscheinen. Ein Dilemma, das beim Vergleich von Umweltbilanzen nicht selten zutage tritt.

1) dieser Parameter blieb bisher zumeist unberücksichtigt

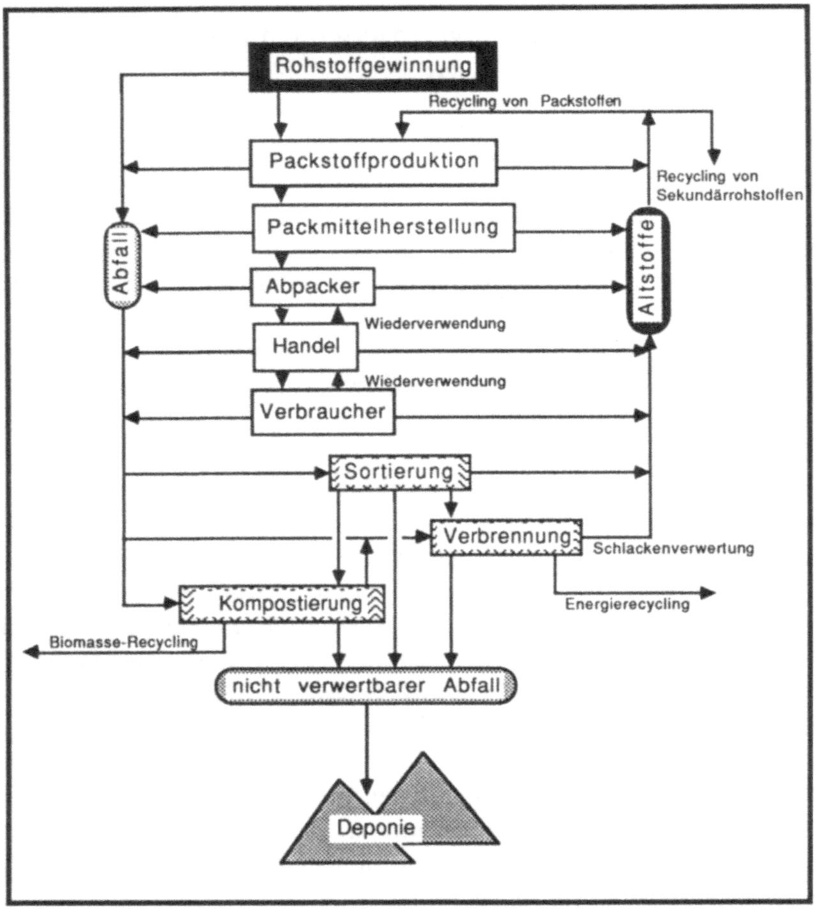

Abb. 1: Fließschema für Produktion, Nutzung, Recycling und Entsorgung von Packmitteln

1.2. Rohstoffverbrauch

Eine ökologische Bewertung des Rohstoffverbrauches müßte an der Knappheit und Regenerierbarkeit der jeweils benötigten Rohstoffe erfolgen. Eine diesbezügliche Gewichtung von Rohstoffen wurde aber bisher nicht versucht. Sie ist wahrscheinlich mangels zuverlässiger Schätzungen der verfügbaren Rohstoffreserven auch schwer möglich. Es besteht aber Einigkeit, daß alle für die Massengüterverpackung erforderlichen Ressourcen noch für lange Zeit reichen, so daß hier in absehbarer Zukunft keine Verknappung zu befürchten ist:

Hohlglasverpackungen werden aus Kalk-Natron-Glas hergestellt, das aus sehr feinem Quarzsand, Soda, Kalkstein bzw. Dolomitstein und Feldspat (Na-K-Silikat) erschmolzen wird. Die hohen Qualitätsanforderungen der Glasindustrie lassen vermuten, daß in der Natur Rohmaterialien entsprechender Reinheit nicht in unbeschränkter Menge vorkommen. Dennoch zeigten in der BRD vorgenommene Schätzungen, daß die heute bekannten Lagerstätten für mehr als 1000 Jahre reichen (5), so daß sich bisher die Frage einer Rohstoffverknappung nicht stellt, wenn man von den für die Glasherstellung erforderlichen Energieträgern absieht.

Aluminium ist nach Sauerstoff und Silizium das dritthäufigste Element und mit ca. 8 % am Aufbau der Erdkruste beteiligt, wodurch die weltweit in der Natur vorkommenden Aluminiumressourcen an Reicherzen und (weitgehend noch ungenutzten) Armerzen praktisch als unerschöpflich gelten können. Nach den offiziellen Schätzungen des US Bureau of Mines wird die Nutzungsdauer der gesicherten Bauxit-Vorräte mit 250 - 500 Jahren angenommen, wobei der Abbau von Armerzen und das Recycling von Altaluminium als zunehmend genutzte Rohstoffquelle noch nicht berücksichtigt sind (6). Mögliche Engpässe sind eher im hohen Energieaufwand für die Aluminiumschmelze als im Rohstoffverbrauch zu vermuten.

Kunststoffe werden bekanntlich aus Rohöl oder Erdgas hergestellt. Angesichts der Tatsache, daß 0,8 % des geförderten Öls für die Herstellung von Kunststoffverpackungen verbraucht werden (7), der größte Teil der Ölförderung aber in die Energiegewinnung geht, erhebt sich die Frage, welche Nutzungsform wirklich einen Raubbau an den zweifellos begrenzten Ölressourcen darstellt: die direkte Verbrennung oder die Herstellung von Gebrauchsgegenständen, die nach Erfüllung ihres Zweckes wiederverwertet und letztlich zur Energiegewinnung herangezogen werden können, wodurch dieser Rohstoff mehrfach genutzt wird. Da Kunststoffe auch aus Kohle und regenerierbaren Kohlenstoffquellen, wie z.B. Biomasse, hergestellt werden können, wäre es falsch, im Hinblick auf die prognostizierte Erdölverknappung von alarmierenden Ressourcenschwierigkeiten zu sprechen.

Holz als Rohstoff für die Papier- und Kartonerzeugung ist regenerierbar. Der langfasrige Zellstoff zur Herstellung des Trägermaterials für Verbundkarton wird aus nordeuropäischen und nordamerikanischen Nadelhölzern gewonnen. Die Holzbringung für die Zellstofferzeugung erfolgt fast ausschließlich in Gebieten mit traditioneller Waldpfle-

Tab. I: Vergleich des Rohstoffverbrauches durch Verwendung von 1,0-l-Mehrweg-Glasflaschen (20 Umläufe) und Verbundkartonverpackungen für den Vertrieb von 1000 l past. Trinkmilch nach LUNDHOLM (1986) und ÖKO-Daten (1984)

Verpackungssystem	1,0-l-Mehrwegflasche (20 Umläufe)		1,0-l-Verbundkarton	
Gewicht (Verbraucherpackung)	480 g	400 g	25 g	25 g
Autor Jahr	LUND-HOLM (1986)	ÖKO-Daten (1984)	LUND-HOLM (1986)	ÖKO-Daten (1984)
Wasser (m^3)	1,473	0,562	2,307	6,006
Hilfsstoffe (kg)	-	0,614	2,069	4,375
Quarzsand (kg)	13,577	7,128	-	-
Kalk/Dolomitstein (kg)	8,303	2,473	-	-
Soda (kg)	-	1,962	-	-
Feldspat (kg)	0,955	0,652	-	-
Altglas (kg)	2,400	7,768	-	-
Scherben (kg)	2,400	1,796	-	-
NaOH (kg)	-	0,117	-	0,248
NaCl (kg)	10,410	-	0,200	-
Na_2SO_4 (kg)	0,154	-	-	-
Flußmittel (Fluorid) (kg)	0,011	0,011	-	-
Bauxit (kg)	1,404	2,800	0,080	-
Koks (Kohle) (kg)	-	0,385	-	-
Walzöl (kg)	0,193	0,032	-	-
Chlor (kg)	-	0,064	-	1,280
Holz (kg)	0,377	0,214	38,184	42,800
Erdgas (Erdöl) (kg)	0,407	0,427	7,475	5,340
Eisenerz (kg)	0,003	-	0,003	-
Streichchemikalien (kg)	-	-	2,670	-

ge, bei der nach jedem Holzeinschlag eine Neupflanzung folgt. Außerdem liegt in den Zuliefergebieten für die Zellstoffindustrie die Holzentnahme deutlich unter dem Zuwachs (8).
Auflistungen des Rohstoffverbrauches für die Herstellung von Packmitteln führen zu umfangreichen Tabellen, die wegen ihrer unterschiedlichen qualitativen und quantitativen Zusammensetzung eine Gesamtbeurteilung schwierig gestalten. Der gewichtsmäßige Gesamtrohstoffverbrauch erlaubt keinen Rückschluß auf die Umweltauswirkungen (siehe Tab. I).

1.3. Energieverbrauch (9)(10)(11)(12)(13)(14)(29)

Der Energieverbrauch hat sich als Maßzahl für die Umweltbelastung eingebürgert, weil verbrauchte Energie nicht recyclierbar ist und damit eine Bewertungsgröße für die irreversible Abnutzung unser Umwelt darstellt.

Für die energetische Bewertung von Verpackungsmaßnahmen wird der Gesamtverbrauch an Energie und Rohstoffen von deren Gewinnung bis zur Entsorgung als thermisches Energieäquivalent angegeben und damit die energetische und stoffliche Nutzung als gleichwertig angesehen. Demgemäß werden Rohstoffe zur Herstellung von Packstoffen, die gleichzeitig auch Energieträger sein können (z.B. Erdöl und Holz) mit ihrem Energieinhalt bewertet. Dabei müßte aber unterschieden werden, ob es sich um regenerierbare (z.B. Holz) oder nicht regenerierbare Energieträger (z.B. Erdöl oder Erdgas) handelt.

Bei der energetischen Bewertung des Verbrauches von Brennstoffen (Erdöl, Erdgas, Kohle, Treibstoffe usw.) muß außer deren Energieinhalt (E_{St}) auch der Energieaufwand für ihre Bereitstellung als Bereitstellungsnutzungsgrad (a) anteilig berücksichtigt werden. Die als Verbrauch einzusetzende thermische Bruttoenergie (BE_{St}) ist daher

$$BE_{St} = a \cdot E_{St}$$

Das als Bewertungsgrundlage dienende *thermische* Energieäquivalent (E_{th}) errechnet sich aus dem Verbrauch an thermischer Bruttoenergie (BE_{St}) und elektrischer Energie (E_{el}) unter Berücksichtigung des Stromerzeugungsnutzungsgrades (b), der sich aus dem jeweiligen Anteil der kalorischen Stromerzeugung am gesamten Stromverbrauch und den dabei auftretenden Umwandlungsverlusten ergibt:

$$E_{th} = BE_{St} + b \cdot E_{el}$$

Für rückgewonnene Prozeßenergie und für die thermische Verwertung von Abfällen werden entsprechende Energiegutschriften gegeben. Der Energieaufwand zur Herstellung von Investitionsgütern bleibt in der Regel unberücksichtigt, weil dessen Beitrag zum gesamten Energieverbrauch als vernachlässigbar gering erachtet wird.

Ergebnisunterschiede zwischen Untersuchungen des Energieverbrauches durch Verpackungen kommen damit nicht nur durch Einbeziehung unterschiedlich energieaufwendiger Produktionsverfahren und Verpackungskonzepte in die Systembetrachtung zustande, sondern auch durch

- unterschiedlichen Anteil der eingesetzten Energieformen für die Stromerzeugung (Wasserkraft, nukleare und kalorische Stromerzeu-

gung) und damit unterschiedliche Stromerzeugungsnutzungsgrade
- Berücksichtigung oder Außerachtlassung des Bereitstellungsnutzungsgrades von Brennstoffen
- Einbeziehung oder Ausklammerung des Energieinhaltes von Packstoffen
- und Berücksichtigung nicht ausgelasteter Produktionskapazitäten.

1.4. Luft- und Wasserbelastung (9)(11)(13)(14)

Die Vielzahl und Verschiedenartigkeit der von der Rohstofferzeugung bis zur Entsorgung eines Packmittels an Luft und Wasser abgegebenen Rest- und Schadstoffe führen zu umfangreichen Tabellen, die einen direkten Vergleich schwierig gestalten (s. Tab. II). Deshalb wurde die Berechnung der "kritisch werdenden Luft- und Wassermenge" vorgeschlagen, die angibt, mit wieviel m^3 Luft bzw. Liter Wasser die abgegebenen Schadstoffe verdünnt werden müssen, um ihre zulässige Höchstkonzentration nicht zu überschreiten. Die in Tab. III angegebenen Luftgrenzwerte stützen sich nach (9) auf MIK- und MAK-Werte[1)], die Wassergrenzwerte auf geltende Grenzwerte für Abwassereinleitungen.

Durch diese Umwandlung können Luft- und Wasserbelastungen mit je einer Kennziffer angegeben werden. Diese vereinfachende Darstellung kam z.B. in den Schweizer "ÖKO-Daten" (9) zur Anwendung und setzt sich trotz berechtigter Einwände (eine Reihe von Stoffen bleibt mangels geltender Grenzwerte unberücksichtigt und unvollständige Schadstoffangaben führen zu extrem verzerrten Kennzahlen) zunehmend durch. Diese Darstellungsform wurde auch hier wegen der Kürze und der leichteren Vergleichbarkeit übernommen.

1.5. Abfall (14)(15)(16)(19)

Auf den Stufen der Rohstoffgewinnung, Packstoff- und Packmittelherstellung sowie beim Abpackprozeß entstehender Abfall wird recycliert oder als Sonder- bzw. Gewerbe- und Industriemüll zumeist an anderen Orten entsorgt als verbrauchte Transport- und Einzelhandelsverpackungen. Diese fallen im Handel und beim Verbraucher an und sind dem Hausmüll zuzuordnen, sofern sie nicht gesondert erfaßt und recycliert werden. Aufgrund unterschiedlicher Entwicklungsstufen der Abfallwirtschaft und der Abfallbehandlung müssen bei der Ermittlung

1) MIK-Werte: maximale Immissions-Konzentrationen bei dauernder Belastung
MAK-Werte: maximale Arbeitsplatzkonzentration

V/181

Tab. II: Vergleich der Luft- und Wasserverunreinigungen durch Verwendung von 1,0-l-aluminiumkaschierten Verbundkartonverpackungen und Mehrweg-Glasflaschen (20 Umläufe) für 1000 l Fruchtsaft nach LUNDHOLM (1985)

Luftverunreinigungen			Wasserverunreinigungen		
Parameter	Kartonverpackung	MW-Glasflasche	Parameter	Kartonverpackung	MW-Glasflasche
Staub (kg)	0,238	0,289	Susp. Stoffe (kg)	0,111	1,320
Stickoxyde (kg)	0,483	0,749	BOD (kg)	0,069	0,083
Kohlenwasserstoffe (kg)	0,257	0,245	COD (kg)	0,422	0,106
Schwefeldioxyd (kg)	1,014	1,471	Al (kg)	0,002	0,001
Kohlenmonoxyd (kg)	0,596	0,864	Tot. P (kg)	0,001	0,000
Schwefelwasserstoff (kg)	0,002	0,000	Kjeldahl-N (kg)	0,008	0,002
Fluorwasserstoff (kg)	0,001	0,001	NaCl (kg)	-	1,760
Fluoride (kg)	0,009	0,012	$CaCl_2$ (kg)	-	3,931
organ. Schwefel (kg)	0,001	0,000	sonst. feste Verunreinigungen (kg)	0,007	0,000
			Fluoride (kg)	0,003	0,004

Tab. III: Grenzwerte für die Berechnung der kritisch werdenden Luft- und Wassermenge aus Schad- und Reststoffangaben nach (9)

Parameter	Luftgrenzwert (mg/m^3)	Parameter	Wassergrenzwert (mg/l)
Staub, Feststoffe	0,15	Salze	-
Kohlenmonoxyd	10,00	ungelöste Stoffe	20,00
Ammoniak	0,50	Säuren	-
Stickoxyde	0,05	Blei	0,50
Salzsäure	0,10	Eisen	2,00
Schwefeldioxyd	0,10	Quecksilber	0,01
Chlor	0,02	Ammoniak/Ammonium	-
Fluoride	0,10	Chloride	-
Fluorwasserstoff	0,05	Cyanide	0,10
Mercaptane	0,01	Fluoride	10,00
Schwefelwasserstoff	0,15	Sulfide	0,10
Kohlenwasserstoff	15,00	org. C gelöst (DOC)	10,00
Aldehyde (wie Formaldehyd)	0,03	chem. O_2-Bedarf (COD)	30,33*)
org. Verbindungen (wie Ethylenimin)	0,01	bioch. O_2-Bedarf (BOD) BSB_5	20,00
Blei	0,0015	verseifbare Öle und Fette	20,00
Quecksilber	0,0007	ges. Kohlenwasserstoffe	10,00
		chlor. Lösungsmittel	0,10
		org. Cl-Verbindungen (Lipophile)	0,10
		Phenole	0,05
		gelöste Stoffe	-
		Metallionen (wie Fe)	2,00

*) COD = DOC / [illegible]

der abzulagernden, festen Abfälle die jeweiligen regionalen Verhältnisse in bezug auf die teilweise Wiederverwendung oder -verwertung gebrauchter Packmittel und Packhilfsmittel in allen Stufen der Herstellung und Verwendung von Verpackungen berücksichtigt werden. Die meisten Untersuchungen befassen sich lediglich mit dem Anteil des Verpackungsabfalls am Hausmüllaufkommen und erfassen daher nur die auf dem Verteilungsweg und beim Verbraucher, nicht aber die in den Vorstufen entstehenden Abfälle. Grundsätzlich kann der Verpackungsabfall auf folgende Arten ermittelt werden:

- durch abfallorientierte Erfassung (der Verpackungsabfall wird, wie in Übersicht 1 beschrieben, durch stichprobenweise Müllanalysen ermittelt)
- oder durch marktorientierte Erfassung (der Anteil bestimmter Verpackungen am Hausmüllaufkommen wird, wie in Übersicht 2 beschrieben, aus dem Packmittelverbrauch errechnet).

Der Nachteil des erstgenannten Verfahrens liegt in der jahreszeitlich, regional und von Probe zu Probe variierenden Müllzusammensetzung, welche zur Ermittlung repräsentativer Werte zahlreiche Stichproben erfordert, und in der begrenzten Differenzierungsmöglichkeit verschiedener Verpackungsarten. Das zweitgenannte Verfahren ist auf jedes beliebige Packmittel anwendbar, setzt aber das Vorhandensein exakter Verpackungsstatistiken voraus. Wird die Menge des abzulagernden Abfalls durch Abfallbehandlungsverfahren (Verbrennung, Recycling usw.) verringert, müssen entsprechende Abzüge gemacht werden. Weiters muß bedacht werden, welche Packmittel und Packhilfsmittel des jeweils betrachteten Verpackungssystems mit welchen Anteilen dem Gewerbe- und Industriemüll oder dem Hausmüll zuzuordnen sind.

Bei Abfallerhebungen müssen immer 2 Parameter gesehen werden: Das *Abfallgewicht* und das *Abfallvolumen*. Während ersteres durch *eine* Größe eindeutig definiert ist, hängt das Abfallvolumen vom Grad der Verdichtung und Verdichtbarkeit des betrachteten Packmittels ab, weshalb zwischen *Sammel-*, *Transport-* und *Deponievolumen* unterschieden werden muß. Durch die unterschiedliche Komprimierbarkeit und zufallsabhängige Verschachtelung der Müllkomponenten ineinander ist die Dichtebestimmung einzelner Müllfraktionen oder bestimmter Verpackungsabfälle schwierig und ungenau. Dies bestätigen erheblich voneinander abweichende Literaturangaben über die Dichte von Verpackungsabfällen (siehe Tab. XVI in Kap. IV sowie Tab. IV und V in diesem Kapitel).

Übersicht 1

ABFALLORIENTIERTE ERFASSUNG (21)

Die Analyse der Hausmüllzusammensetzung kann
- nach Korngrößen
- oder nach Stoffgruppen

vorgenommen werden. Für die Feststellung des Verpackungsanteils bzw. des Anteils bestimmter Packmittel im Hausmüll eignet sich nur das letztgenannte Verfahren. Bei der Analyse wird der Verpackungsmüll vom übrigen Hausmüll getrennt. Darüberhinaus kann sich eine Untergliederung in mehrere Stoffgruppen (siehe Tab. V in Kap. IV), die bei Bedarf in weitere Untergruppen aufgeteilt werden können, als zweckmäßig erweisen.

Da die Zusammensetzung des Hausmülls jahreszeitlich und regional (Städte, ländliche Bereiche und Industriezonen) stark variiert, muß eine entsprechende Stichprobenauswahl diese Unterschiede ausgleichen und die Einbeziehung von Gewerbe- und Industriemüll ausschließen.

Von entsprechend ausgewählten Sammelrouten zur Zwischen- oder Endablagerung gebrachter Hausmüll wird direkt vom Sammelfahrzeug auf eine Kunststoffolie abgelagert und in mehrere Segmente zu 1 - 1,5 m^3 unterteilt. Ein Segment wird zufällig ausgewählt und in einen Meßverschlag, zur Kontrolle der Untersuchungsmenge, umgeschaufelt (bei Anlieferung des Hausmülls in Säcken wird eine dieser Menge entsprechende Anzahl von Säcken zufällig ausgewählt).

Die Untersuchungsmenge von ca. 1,5 m^3 wird manuell nach den festgelegten Analysengruppen sortiert, in Müllsäcke gefüllt und das Gewicht jeder Gruppe bestimmt.

Bei Ermittlung des Raumvolumens der einzelnen Analysengruppen müssen jene Verdichtungsbedingungen simuliert werden, die (dem Untersuchungsziel entsprechend) im Sammelbehälter, im Sammelfahrzeug oder auf der Deponie herrschen. Die Kontrolle der richtigen Verdichtung jeder Analysengruppe erfolgt durch Vergleich der aus dem Gewicht und der jeweiligen Dichte sich ergebenden Summe der Raumvolumina aller Gruppen mit dem ursprünglichen Gesamtvolumen der untersuchten Probe. Eine den tatsächlichen Verhältnissen entsprechende Korrektur der ermittelten Dichte jeder Analysengruppe aufgrund der Differenz zwischen berechnetem und tatsächlichem Volumen der Gesamtprobe ist objektiv nicht lösbar und muß daher der Einschätzung des Untersuchenden überlassen bleiben. Auch wird die Stichprobenhäufigkeit bei Müllanalysen meist ein Kompromiß zwischen der gewünschten Genauigkeit und dem wirtschaftlich vertretbaren Aufwand sein.

Angaben über das *Volumen* der bei der Rohmaterialgewinnung, Packstoffproduktion und Entsorgung von Verpackungen entstehenden festen Abfälle enthalten die Schweizer ÖKO-Daten (9) für die wichtigsten Packstoffe. Sie haben aber nur für Schweizer Entsorgungsverhältnisse (77 % Müllverbrennung, 23 % direktes Deponieren) Geltung. Daraus lassen sich allerdings die in Tab. VI angegebenen Dichten zur Schätzung der Deponiebelastung durch Packmittel aus den angeführten Packstoffen bei ausschließlichem Deponieren (ohne Volumensreduktion durch Verbrennung oder Recycling) ableiten (28).

Übersicht 2

MARKTORIENTIERTE ERFASSUNG (19)(22)

Voraussetzung für eine marktorientierte Erfassung des Anteils bestimmter Packmittel im Hausmüll ist das Vorhandensein exakter, nach Verpackungsart und -größen differenzierter Absatzstatistiken. Da solche Daten nur für einzelne Produkte oder Verpackungsarten vorliegen bzw. erhoben werden können, ist dieses Verfahren für die genaue Erfassung spezieller Teilsegmente des Verpackungsabfalls prädestiniert, was durch die abfallorientierte Erfassung aufgrund der limitierten Stichprobenzahl nicht mit gleicher Genauigkeit möglich wäre.

Bei der marktorientierten Erfassung des abzulagernden Verpackungsabfalls müssen wiederverwendete oder verwertete (recyclierte) Verpackungsanteile in Abzug gebracht werden.

Nach Abb. 1 berechnet sich das Gewicht des zur Abfallbehandlung (Verbrennung, Kompostierung, Deponierung usw.) kommenden Verpackungsanteils (M) aus der Anzahl (x) und dem Stückgewicht (G) der vermarkteten oder abgefüllten Packmittel, Packhilfsmittel und Umverpackungen, deren Umlaufzahl (U) bzw. deren Rücklaufquote (r) und deren Altstoffrecyclingquote (c) gemäß

$$M = x \cdot G(1-c)/U = x \cdot G(1-r)(1-c)$$

Zur Berechnung der abzulagernden Reststoffmenge (A) muß der zur Abfallbehandlung kommende Verpackungsanteil (M) noch mit dem für das betreffende Behandlungsverfahren und dem packstoffrelevanten Reduktionsfaktor (R = < 1) multipliziert werden:

$$A = M \cdot R$$

Soll auch das Volumen der zu sammelnden oder abzulagernden Reststoffmenge (V_A) geschätzt werden, so ist das Gewicht der abzulagernden Reststoffmenge (A) durch die Deponiedichte (D_A) des jeweiligen Packmittels bzw. Packhilfsmittels zu dividieren:

$$V_A = A / D_A$$

1.6. Litterproblem

Das Problem des achtlosen Wegwerfens von Verpackungen besteht seit alters her und wurde nicht erst durch Einweg-Getränkeverpackungen geschaffen. Verpackungssubstitutionen können diesbezüglich keine Abhilfe bringen, sondern lediglich Erziehungsarbeit und Landschaftssäuberungsaktionen.

1.7. Verbesserung der Arbeitsumwelt

Der Beitrag leichter und mit weniger Mühe manipulierbarer Verpackungen zur Verbesserung der Arbeitsbedingungen im Transportwesen, Einzelhandel und Haushalt wird meist übersehen. Die Bedeutung der

V/186

Tab. IV: Gegenüberstellung von Literaturangaben zur Dichte des Sammelvolumens von Hausmüll und verschiedenen Packmitteln

Parameter	Quelle	Sammeldichte (t/m^3)	Parameter	Quelle	Sammeldichte (t/m^3)
Hausmüll (Wien)	(23)	0,0811	Hausmüll[1)]	(25)	0,1362
Hausmüll (Graz)	(24)	0,120	Hausmüll (Wien)	(24)	0,097
Nichteisenmetalle	(25)	0,0817	Aluminiumdosen	(15)	0,053-0,063
Eisenmetalle	(25)	0,0963	Weißblechdosen	(15)	0,101-0,137
Glas	(25)	0,2907	Einweg-Glasflaschen	(15)	0,382-0,491
Kunststoff-Folien	(25)	0,0369	PE-Beutel	(15)	0,082
Kunststoff-Formkörper	(25)	0,0454	Kunststoffflaschen	(15)	0,042-0,071
Papier, Karton	(25)	0,0681	Verbundkarton	(16)	0,032 - 0,052

Tab. V: Literaturangaben zur Dichte des Sammelvolumens verschiedener Packmittel und Packhilfsmittel für flüssige Füllgüter

Parameter	Quelle	Sammeldichte (t/m^3)	Parameter	Quelle	Sammeldichte (t/m^3)
Getränkeflaschen	(26)	0,359	Kunststoffbecher inkl. Verschlußdeckel (für Dauermilchprodukte)	(26)	0,070
Kondensmilchflaschen	(26)	0,287	Alu-Becher und -tuben	(26)	0,105
Kronenkorkverschlüsse	(26)	0,368	Alu-Standbehälter	(26)	0,064
Aluminium-Aufreißverschlüsse	(26)	0,130	Kunststoffflaschen	(26)	0,048
Aluminium- und Kunststoffschraubverschlüsse	(26)	0,103	Milchflaschen	(26)	0,278
Naturkorken für Wein	(26)	0,104	Aluminium-Kappen (für Milch)	(26)	0,287
Sektkorken	(26)	0,175	Verbundkarton (für Milch)[1]	(26)(27)	0,023-0,200
Weißblechdosen für Bier	(26)	0,083	Verbundkarton (aluminiumkaschiert)[1]	(26)(27)	0,030-0,200
Weißblechdosen	(26)	0,108			
Aluminiumdosen	(26)	0,064			
Kunststoffbecher inkl. Verschlußdeckel (für flüssige Frischmilchprodukte)	(26)	0,036			

1) siehe auch Tab. XVI in Kap. IV

Tab. VI: Dichtefaktoren zur Schätzung des Verbrauches an Deponievolumen durch Packmittel aus den angeführten Packstoffen

Packstoff	Deponiedichte (t/m^3)	Quelle
Glas	1,18	(9) (28)
Weißblech	0,33	(9) (28)
Aluminium	1,08	(9) (28)
HD-Polyäthylen	0,20	(9) (28)
LD- Polyäthylen	0,19	(9) (28)
PVC	0,29	(9) (28)
PS (schlagfest)	0,23	(9) (28)
Papier, Karton	0,26	(9) (28)
Verbundkarton	0,80	(27)

Arbeitsgestaltung, als Gesundheit und Lebensqualität beeinflussende Umweltkomponente, sollte nicht unterschätzt werden und in die ökologische Beurteilung von Verpackungen mit einfließen.

1.8. Recyclierfähigkeit

Eine gesonderte Beurteilung von Packmitteln anhand dieses Kriteriums, wie dies mitunter geschieht (4), ist deshalb überflüssig, weil der Anteil recyclierter Abfälle bei einer Analyse der Umweltauswirkungen ohnehin berücksichtigt wird. Die alleinige *Möglichkeit* des Recyclierens ist, solange sie nicht praktisch genutzt wird, ökologisch bedeutungslos. Auch müssen die aus der Wiederaufbereitung eines Altstoffes resultierenden Umweltbelastungen berücksichtigt werden.

1.9. Toxizität von Packstoffen

Da im Lebensmittelverkehr nach dem jeweiligen Stand des Wissens nur gesundheitlich unbedenkliche Packmittel und Zusatzstoffe Verwendung finden dürfen, besteht für eine Beurteilung der Toxizität im praktischen Gebrauch keine Grundlage. Das von einzelnen Kritikern ins Spiel gebrachte Gefährdungspotential bestimmter Packstoffe (4) entbehrt beweisbarer Erkenntnisse oder läßt die Geringfügigkeit der von Verpackungen auf Lebensmittel übergehenden Stoffmengen außer acht.

Um unerwünschte Substanzübergänge auf das Füllgut durch verunreinigte Sekundärmaterialien (wiederaufbereitete Altstoffe) auszuschließen, sollten Packstoffe, die mit Lebensmitteln in direkten Kontakt kommen, nur aus Primärstoffen und nicht aus (recyclierten) Altstoffen hergestellt werden, Glas, Metalle und sortenreine Fabrikationsabfälle von Primärstoffen aus der Kunststoffverarbeitung ausgenommen.

1.10. ÖKO-Bilanzen von Packstoffen (4)(9)

1.10.1. Die Schweizer Basisdaten für Packstoffe

Um nicht für jedes Packmittel Umweltdaten gesondert erheben zu müssen, wurde in der Schweiz eine Datenbank für die wichtigsten Packstoffe angelegt. Dieser als "ÖKO-Daten" bekannt gewordene Zahlensatz gibt für Schweizer Verhältnisse die Umweltauswirkungen durch Herstellung und Entsorgung von 1 kg (flächigem) Packstoff anhand des
- Rohmaterialverbrauches
- Energieverbrauches
- der kritisch werdenden Luft- und Wassermenge
- und des Volumens fester Abfälle

an. Die Phasen der Verarbeitung des Packstoffes zum fertigen Packmittel, der Abpackung, Lagerung und Distribution sind darin nicht berücksichtigt. Dadurch eignen sich die ÖKO-Daten nicht zum Vergleich alternativer Verpackungssysteme, die in diesen Bereichen unterschiedliche Belastungen verursachen, sondern nur zum Vergleich verschiedener Packstoffe, die für das gleiche Packmittel verwendet werden können, wie z.B. Polystyrol- und PVC-Kunststoffbecher. Vergleiche *verschiedenartiger* Packmittel wie z.B. Verbundkartonverpackungen und Mehrweg-Glasflaschen, welche die in den ÖKO-Daten nicht enthaltenen Prozeßstufen unberücksichtigt lassen, können zu Fehlschlüssen führen, wie die folgenden Beispiele (Tab. VII bis X) zeigen. Dazu wurden die Originalangaben verschiedener Autoren jenen Werten gegenübergestellt, die sich anhand der Tabellenwerte in den "ÖKO-Daten" aufgrund des (von den Autoren angegebenen) Packstoffverbrauches errechnen lassen.

1.10.2. Rohstoff- und Wasserverbrauch

Der in Originalarbeiten angegebene Rohstoffverbrauch zeigt meist keine befriedigende Übereinstimmung mit jenen Rohstoffmengen, die sich aufgrund des Packstoffverbrauches aus den Tabellenwerten der "ÖKO-Daten" errechnen lassen. Dies sei beispielgebend am Wasserverbrauch verschiedener Verpackungssysteme in Tab. VII aufgezeigt.

1.10.3. Energieverbrauch

Bei alleiniger Berücksichtigung des Energieaufwandes für die Pack*stoff*herstellung und Entsorgung müßte der mit Hilfe der "ÖKO-Daten" aus dem Pack*mittel*verbrauch berechnete Energieaufwand geringer sein als der in Fallstudien angegebene, welcher den Gesamtaufwand (inkl. Packmittelherstellung, Reinigung, Abfüllung und Distribution) berücksichtigt. Wie jedoch der Vergleich des Energieaufwandes für die Pack*stoff*- und Pack*mittel*herstellung von Hohlglasverpackungen und Kunststoffbechern in Tab. VIII zeigt, wäre der Energieaufwand für die Pack*stoff*produktion bei Berechnung anhand der ÖKO-Daten bloß bei Hohlglasverpackungen geringer, bei Kunststoffbechern aber etwas höher, was offensichtlich nicht den Tatsachen entsprechen kann.

1.10.4. Luft- und Wasserbelastung

Die über die Verwendung von Hohlglasverpackungen angegebenen Belastungswerte von PAUTZ (1984) und MIGROS (1979) weichen infolge unvollständiger Schadstofferfassung gegenüber den Angaben anderer Autoren erheblich ab, was auch aus den daraus berechneten kritisch werdenden Luft- und Wassermengen in Tab. IX erkennbar ist.

Diese Kennzahlen wurden auch aufgrund des angegebenen Packstoffverbrauches anhand der "ÖKO-Daten" berechnet und in den Tab. IX und X den direkten Berechnungen aus den Schadstoffangaben gegenübergestellt. Auch hier fällt beim Vergleich jener Ergebnisse, welche auf einer weitgehend vollständigen Schadstofferfassung, wie in den Fallstudien von FRANKE (1984) und LUNDHOLM (1985) (1986), basieren, die erheblich geringere Luft- und Wasserbelastung durch Hohlglasverpackungen bei Berechnung anhand der "ÖKO-Daten" auf, was nicht allein mit dem Fehlen der Belastungen aus Gebindeherstellung, Abfüllung und Distribution (bei Einweg-Gläsern) bzw. Gebindeherstellung, Rückholung, Reinigung, Abfüllung und Distribution (bei Mehrweggebinden) in den "ÖKO-Daten" erklärt werden kann.

Tab. VII: Vergleich des Wasserverbrauches verschiedener Einweg- und Mehrweg-Verpackungssysteme für past. Trinkmilch und flüssige Milchprodukte nach Autorenangaben und bei Berechnung aufgrund des Packstoffverbrauches nach den Packstofftabellen in den Schweizer "ÖKO-Daten" (9)

Verpackungssystem	Umlauf-zahl	Zitat	Wasserverbrauch für das Verpackungssystem bezogen auf 1000 l Füllgut		Anmerkung
			Original-daten 1) (m^3)	bei Berechnung nach ÖKO-Daten 2) (m^3)	
1,0-l-MW-Glasflaschen für past. Trinkmilch	25	FRANKE (1984)	2,27	0,39	Die Berechnung anhand der "ÖKO-Daten", die z.B. den Wasserverbrauch für die Gebindereinigung nicht enthalten, führt bei Hohlglasverpackungen meist zu erheblich niedrigeren Werten
	25	LUNDHOLM (1986)	1,42	0,46	
1,0-l-MW-Glasflaschen für Sterilmilch	20	LUNDHOLM (1985)	3,84	0,99	
1,0-l-EW-Glasflaschen für Sterilmilch	1	LUNDHOLM (1985)	8,75	7,75	
1,0-l-Verbundkarton für past. Trinkmilch	1	FRANKE (1984)	1,82	6,54	Die Berechnung anhand der "ÖKO-Daten" führt aufgrund der wesentlich höheren Wasverbrauchsangaben für die Papierherstellung bei Verbundkartonverpackungen zu erheblich höheren Werten
	1	LUNDHOLM (1986)	2,31	5,44	
1,0-l-Verbundkarton (aluminium-kaschiert) für H-Milch	1	LUNDHOLM (1985)	2,73	12,50	

1) Wasserverbrauch nach Angabe des zit. Autors
2) Berechnung des Wasserverbrauches anhand des Packstoffverbrauches nach den Tabellenwerten der Schweizer "ÖKO-Daten"

Tab. VIII: Vergleich des Energieverbrauches für die Pack**mittel**herstellung (aufgrund einer Fallstudie) mit dem Energieaufwand für die Pack**stoff**erzeugung bei Berechnung aus dem Packstoffverbrauch anhand der "ÖKO-Daten" (9)

Verpackungssystem	**Umlaufzahl**	**Energieaufwand (kWh_{th}/1000 Einheiten)**	
		Pack**mittel**herstellung[1)] lt. EMPA (1979)	Pack**stoff**erzeugung[1)] bei Berechnung nach ÖKO-Daten
0,18-l-Allweg-Glas	2	238	205
0,18-l-Einweg-Glas	1	417	304
0,18-l-Polystyrolbecher	1	196 - 213	182 - 214

1) inklusive Entsorgung bei 77 % Verbrennung

Tab. IX: Vergleich der Luft- und Wasserbelastung durch Verwendung von Einweg- und Mehrweg-Hohlglasverpackungen für past. Trinkmilch und flüssige Milchprodukte bei Berechnung der kritisch werdenden Luft- und Wassermenge anhand der Autorenangaben bzw. des Packstoffverbrauches nach den Packstofftabellen in den Schweizer "ÖKO-Daten" (9)

Füll-gut	Verpackungs-system	Um-lauf-zahl	Zitat	krit. Luftmenge (Mio m^3/1000 l Füllgut)		krit. Wassermenge (m^3/1000 l Füllgut)	
				nach Original-daten	bei Berechnung nach ÖKO-Daten[1)]	nach Original-daten	bei Berechnung nach ÖKO-Daten[1)]
past. Trink-milch	1,0-l-MW-Flasche	11	PAUTZ (1984)[2)]	1	8	36	3
		25	FRANKE (1984)	31	4	58	4
		25	LUNDHOLM (1986)	30	7	57	3
Steril-milch	1,0-l-MW-Flasche	20	MIGROS (1979)[2)]	4	12	9	12
		20	LUNDHOLM (1985)	32	15	75	20
	1,0-l-EW-Flasche	1	MIGROS (1979)[2)]	4	88	4	41
		1	LUNDHOLM (1985)	985	106	790	194
Joghurt	0,18-l-Allweg-Glas	2	EMPA (1979)	-	74	-	29
	0,18-l-Einweg-Glas	1		-	139	-	54

1) aufgrund des Packstoffverbrauches ohne Luft- und Wasserbelastung durch Packmittelherstellung, Flaschenreinigung und Distribution
2) unvollständige Rest- und Schadstoffangaben

Tab. X: Vergleich der Luft- und Wasserbelastung durch Verwendung von Verbundkartonverpackungen für past. Trinkmilch und flüssige Milchprodukte bei Berechnung der kritisch werdenden Luft- und Wassermenge anhand der Autorenangaben und des Packstoffverbrauches nach den Packstofftabellen in den Schweizer "ÖKO-Daten" (9)

Füll-gut	Verpackungssystem	Zitat	krit. Luftmenge (Mio m^3/1000 l Füllgut)		krit. Wassermenge (m^3/1000 l Füllgut)	
			nach Original-daten	bei Berechnung nach ÖKO-Daten[1)]	nach Original-daten	bei Berechnung nach ÖKO-Daten[1)]
past. Trink-milch	1,0-l-Verbundkarton	MIGROS (1979)[2)]	5	39	53	-[3)]
		PAUTZ (1984)[2)]	25	-[3)]	89	-[3)]
		FRANKE (1984)	2	42	169	19
		LUNDHOLM (1986)	24[4)] 25[5)]	- 30[5)]	18[4)] -	24[4)] -
H-Milch	1,0-l-Verbundkarton (aluminiumkaschiert)	LUNDHOLM (1985)	22	49	25	250

1) aufgrund des Packstoffverbrauches ohne Luft- und Wasserbelastung durch Distribution
2) unvollständige Rest- und Schadstoffangaben
3) mangels Angaben über den Packstoffverbrauch nicht berechenbar
4) bei ausschließlichem Deponieren
5) bei ausschließlicher Verbrennung

Wie Tab. X zeigt, wird beim Verbundkarton im Gegensatz zu Hohlglasverpackungen bei Berechnung anhand der "ÖKO-Daten" fast durchwegs eine höhere Luft- und Wasserbelastung erhalten als bei direkter Berechnung aus den Schadstoffangaben der Autoren.

1.10.5. Schlußfolgerungen

Gegen die Anwendung "normierter" Tabellenwerte wie der "ÖKO-Daten" ist auch einzuwenden, daß es aufgrund hersteller- und verfahrensbedingter Unterschiede in der Packstoffproduktion grundsätzlich keine allgemeingültigen Umweltdaten für einen bestimmten Packstoff geben kann. Die Nivellierung belastungsarmer und belastungsintensiver Produktionsweisen auf einen "durchschnittlichen Stand der Technik" hat keinen praktischen Wert und entspräche nicht dem Zweck solcher Analysen. Verfahrensinnovationen zur Minderung der Umweltauswirkungen blieben bei dieser Betrachtungsweise unerkannt, solange sie nur von wenigen Herstellern genutzt werden.

Auf österreichische Verhältnisse anwendbare Datensätze wurden bisher nicht erstellt. Die Übertragbarkeit der Schweizer "ÖKO-Daten" ist mangels Offenlegung der Produktionsverfahren und des Standes der Technik, auf welchen sich diese Angaben beziehen, nicht beurteilbar.

2. Vergleich der Umweltauswirkungen von Einweg- und Mehrwegsystemen

2.1. Grundsätze (2)(9)(14)(15)(19)

Während sich die Umweltauswirkungen durch die Verwendung von Einweg-Verpackungen aus Art und Menge der verwendeten Packmittel sowie aus den Auswirkungen der Warendistribution und Entsorgung ergeben, muß bei Mehrweg-Gebinden zwischen

- *umlaufzahlabhängigen Belastungen* (durch Gebindeproduktion, Packmitteltransport bis zum Abfüller und Entsorgung)
- und *umlaufzahlunabhängigen Belastungen* (durch Gebinderückführung, -reinigung, -abfüllung, -verschluß, Distribution und nur einmal verwendbare Packhilfsmittel wie Verschlüsse, Etiketten und sonstige Ausstattungsmittel sowie Transportverpackungen)

unterschieden werden. Von der Umlaufzahl abhängige Belastungen reduzieren sich mit der Anzahl der Gebindeumläufe; von der Umlaufzahl unabhängige Belastungen fallen bei jedem Gebindeumlauf an. Deshalb können Einweg- und Mehrweg-Verpackungen nur unter Berücksichtigung der Zirkulationshäufigkeit letzterer verglichen werden, wofür eine exakte Ermittlung der Umlaufzahl Voraussetzung ist.

2.2. Die Umlaufzahl (17)(18)(20)

Die Umlaufzahl ist als durchschnittliche Zirkulationshäufigkeit aller in Verkehr gesetzten Mehrweggebinde einer bestimmten Gebindeart definiert. Ihre Größe wird vom Anteil der ausgeschiedenen Gebinde, aber auch vom Flaschenmengenfaktor und in der Anlaufphase eines neuen Mehrwegsystems ganz entschieden auch von der Anzahl der stattgefundenen Abfüllungen bestimmt.

Der Flaschenmengenfaktor definiert das Verhältnis (Vielfache) zwischen jener (existenten) Gebindemenge, welche sich in Zirkulation bzw. auf Zwischenlager befindet und damit den gesamten Gebindepool repräsentiert und der täglich im Durchschnitt abgefüllten Gebindemenge. Der Flaschenmengenfaktor bestimmt, wie rasch und wie sehr sich Veränderungen des Gebindeausstoßes bzw. der zirkulierenden Flaschenmenge (z.B. durch Veränderung der durchschnittlichen Umlauf*dauer*) auf die Umlaufzahl auswirken. Die gegenseitigen Einflußnahmen und funktionellen Zusammenhänge dieser Größen sind zur Zeit Gegenstand systemanalytischer Untersuchungen (20). Ihre nähere Erörterung würde den gegebenen Rahmen übersteigen. Hier sei lediglich vermerkt, daß die Berechnung dieser Kennziffern eine entsprechende Gebindekontrolle voraussetzt, die wegen ihres Arbeitsaufwandes von Abfüllbetrieben selten im erforderlichen Ausmaß durchgeführt wird. Übliche Schnellschätzungen der Umlaufhäufigkeit anhand des Gebindezukaufes oder des Gebindeabganges können zu Fehlresultaten führen, die bei rückläufiger Abfüllung zu hohe und bei steigender Abfüllung zu niedrige Umlaufzahlen vortäuschen.

Aus diesem Grunde sollten Vergleiche der Umweltauswirkungen von Einweg- und Mehrweg-Verpackungssystemen anhand der leichter erfaßbaren Rücklaufquote von Gebinden und nicht anhand der Umlaufzahl vorgenommen werden. Dies ist besonders bei Vergleichen des Abfallaufkommens zweckmäßig, da nicht alle aus der Zirkulation ausscheidenden Gebinde bzw. Gebindekomponenten abfallrelevant sind.

Ist die Umlaufzahl bzw. die Abgangsquote einer Gebindeart nicht bekannt, muß die Größe des jeweils betrachteten Parameters für alle in Frage kommenden Umlaufhäufigkeiten bzw. Abgangsquoten errechnet und mit dem jeweiligen Parameterwert der alternativen Einwegverpackung in Beziehung gesetzt werden. Auf diese Weise kann abgeschätzt werden, ob das betrachtete Mehrwegsystem schon nach wenigen Umläufen (bei niedrigen Rücklaufquoten) oder erst nach hoher Verwendungshäufigkeit (bei sehr hohen Rücklaufquoten) geringere Umweltbelastungen aufweist.

Da Umweltauswirkungen von Mehrweggebinden eine inverse Funktion[1)] der Umlaufzahl sind, wirken sich geringe Unterschiede der Umlaufzahl bei niedriger Umlaufhäufigkeit, wie Abb. 2 verdeutlicht, wesentlich stärker aus als größere Umlaufzahlunterschiede bei hoher Verwendungshäufigkeit. Auch wegen der begrenzten Genauigkeit kumulierter Umweltdaten, die innerhalb einer Bandbreite (Unsicherheitsbereich) von ca. 20 % gesehen werden müssen, wäre aufgrund der in Abbildung 2 dargestellten Modellfälle eine Verringerung der Umweltauswirkungen nur bei Substitution von Einweggebinde A durch das

1) 1/x-Funktion (der Unterschied zwischen 1/2 und 1/3 ist mit rd. 17 v. 100 erheblich größer als zwischen 1/20 und 1/30 mit rd. 2 v. 100).

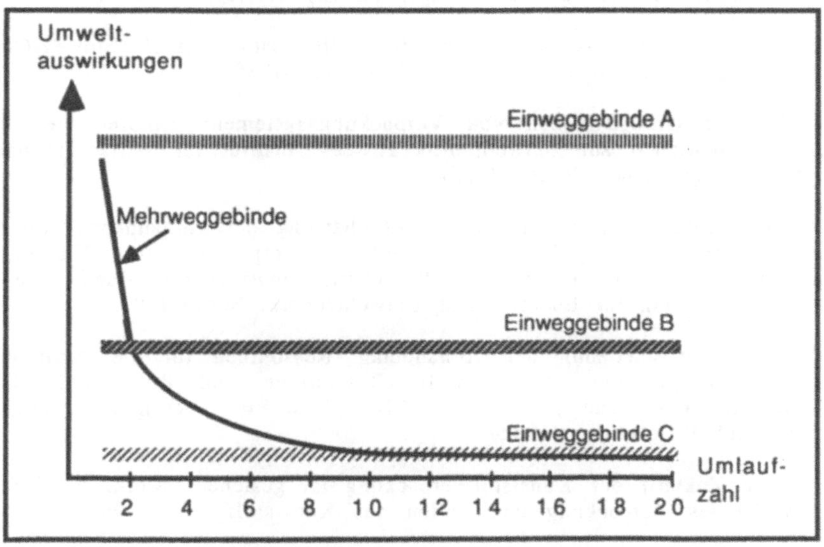

Abb. 2: Schematisches Beispiel für den Vergleich der Umweltauswirkungen von 3 Einweggebinden (A, B und C) mit einem Mehrweggebinde in Abhängigkeit von der Umlaufzahl

Mehrweggebinde als sicher anzunehmen. Bei Substitution von Einweggebinde B wäre eine Verringerung der Auswirkungen nur dann zu erwarten, wenn das Mehrweggebinde entsprechend viele Umläufe macht. Bei Substitution von Einweggebinde C wäre diese Erwartung sowohl fraglich als auch mengenmäßig bedeutungslos.

Aus diesem Grunde entbehren Feststellungen, daß ein bestimmtes Mehrweg-System nach 20 oder mehr Umläufen die Umwelt weniger belastet als ein alternatives Einweg-System, zumeist der praktischen Bedeutung, da aufgrund des asymptotischen Kurvenverlaufes bei hohen Umlaufhäufigkeiten allenfalls festzustellende zahlenmäßige Unterschiede geringer als die Ergebnisgenauigkeit sind.

3. Literatur

1. BOJKOW E.: Fakten zur Umweltdiskussion über die Müllbelastung durch Einweg-Verpackungen. Österr. Milchwirtschaft 39/7, 137 - 142 und 39/8, 153 - 162 (1984)

2. BOJKOW E. u. SCHLAIR H.: Zur Umweltdiskussion über Einweg-Getränkeverpackungen. Herausgeber: Verpackungslabor für Lebensmittel und Getränke. 2. verbesserte und erweiterte Auflage. Im Eigenverlag, Wien (1985)

3. BOJKOW E.: Zur Diskussion über die Müllbelastung durch Einweg-Getränkeverpackungen. Getränkeindustrie 5, 497 - 512 (1985)

4. ALBER S.: ÖKO-Bilanzen von Verpackungssystemen: Theoretische Grundlagen. Informationen zur Umweltpolitik Nr. 24. Institut für Wirtschaft und Umwelt. Im Eigenverlag, Wien (1985)

5. BECKER-PLATEN J. u. STEIN V.: Abschätzung der vorhandenen Rohstoffressourcen für die Herstellung von Hohlglas. Verpackung und Umwelt (Ressourcen und Recycling). Technik, Wirtschaft, Umweltschutz, Band 4, S 187 - 195, EF - Verlag für Energie- und Umwelttechnik, Berlin (1982)

6. LOTZE J.: Abschätzung der vorhandenen Ressourcen für die Aluminiumherstellung. Verpackung und Umwelt (Ressourcen und Recycling). Technik, Wirtschaft, Umweltschutz, Band 4, S 218 - 238, EF - Verlag für Energie- und Umwelttechnik, Berlin (1982)

7. NN: Die Zukunft der Kunststoffverpackung ist gesichert. Merkblatt des Industrieverbandes Verpackung und Folien aus Kunststoff e.V. (1980)

8. SWAN G.: Die aus der Gewinnung von Holz resultierenden Umweltauswirkungen. Verpackung und Umwelt (Ressourcen und Recycling). Technik, Wirtschaft, Umweltschutz, Band. 4, S 239 - 266, EF - Verlag für Energie- und Umwelttechnik, Berlin (1982)

9. BUNDESAMT FÜR UMWELTSCHUTZ: ÖKO-Bilanzen von Packstoffen; Umweltschutz Nr. 24. Im Eigenverlag, Bern (1984)

10. PAUTZ D. u. PIETRZENIUK H.: Abfall und Energie. Erich Schmidt-Verlag, Berlin (1984)

11. U.S. ENVIRONMENTAL PROTECTION AGENCY: "SAM 1A", a Rapid Screening Method for Environmental Assessment of Fossil Energy Process Effluents. US EPA-600/7 - 78 - 115, Washington, D.C. (1978)

12. BOUSTEAD I.: Comparing the Energy Requirements of Beverage Container Systems. In BRIDGEWATER A. u. LIDGREN K.: Energy in Packaging and Waste, S 61 - 86. Van Nostrand Reinhold (UK) Co. Ltd. (1983)

13. BOJKOW E.: Einweg- und Mehrwegverpackung in der Umweltdiskussion 2.Teil, dmz 107/4, 76 - 81 (1986)

14. FINK P.: Ecological Profile of Packages. In BRIDGEWATER A. u. LIDGREN K.: Energy in Packaging and Waste, S 9 - 26. Van Nostrand Reinhold (UK) Co. Ltd. (1983)

15. FRANKE M.: Abfallrelevanz und Einfluß unterschiedlicher Getränkeverpakkungssysteme auf die Abfallbehandlungsmethoden. Verpackung und Umwelt (Ressourcen und Recycling). Technik, Wirtschaft, Umweltschutz, Band 4, S 427 - 450, EF - Verlag für Energie- und Umwelttechnik, Berlin (1982)

16. VOGEL G.: Kriterien für die Entsorgung von Verpackungen. Vortrag, Symposium "Abfallminderung und Entsorgung in der Lebensmittelindustrie unter Berücksichtigung der Abfallproblematik", Salzburg (1986)

17. HOUGEN A. u. BOJKOW E.: Kontrolle und Registrierung des Flaschenmaterials im Molkereibetrieb. Österr. Milchwirtschaft 19/11, 189 - 193 (1964)

18. BOJKOW E.: Kontrolle und Registrierung des Flaschenmaterials im Brauereibetrieb. Mitteilungen der Versuchsanstalt für das Gärungsgewerbe 22/11, 155 - 163 (1968)

19. VERPACKUNGSLABOR FÜR LEBENSMITTEL UND GETRÄNKE: Systemanalytische Methode zum Vergleich des Abfallaufkommens durch Einweg- und Mehrweg-Verpackungen. 1. Teil: Ermittlung und Vergleich des Abfallaufkommens von Einweg- und Mehrweg-Verpackungen (Im Druck)

20. VERPACKUNGSLABOR FÜR LEBENSMITTEL UND GETRÄNKE: Systemanalytische Methode zum Vergleich des Abfallaufkommens durch Einweg- und Mehrweg-Verpackungen. 2. Teil: Ermittlung der Umlaufzahl von Mehrweg-Verpackungen (Im Druck)

21. ÖSTERR. INSTITUT FÜR VERPACKUNGSWESEN: Verpackungsanteil am österr. Hausmüll. Schriftenreihe Verpackungsforschung Heft 2. Im Eigenverlag, Wien (1974)

22. VERPACKUNGSLABOR FÜR LEBENSMITTEL UND GETRÄNKE: Marktorientierte Ermittlung des Hausmüllaufkommens durch Verpackungen. Interner Bericht SK 1528 (1985)

23. MAGISTRAT DER STADT WIEN: Mitteilung MA 48 (1984)

24. VOGEL G.: Abfallkonzept Graz 1983. Endbericht. Schriftenreihe des Institutes für Technologie und Warenwirtschaftslehre der Wirtschaftsuniversität Wien, Band 3 (1983)

25. ÖSTERR. ARBEITERKAMMERTAG: Entwurf Abfallvermeidungsgesetz. Anhang: Daten zur Abfallproblematik (1985)

26. ALBER S., BOJKOW E., HÜBL U., RIEDER Th., SCHARFF C. u. VOGEL G.: Hausmüllrelevante Verpackungsdaten für Österreich. Hrsg.: ARGE "Abfallrelevante Verpackungsdaten". Im Eigenverlag, Wien (1987)

27. TABASARAN O.: Recyclingmöglichkeiten für Kartonverpackungen für flüssige Nahrungsmittel. ARGE Ingenieursozietät Abfall. Im Eigenverlag, Stuttgart (1987)

28. BOJKOW E.: Kommentar und Sonderauswertungen zur Kurzfassung Alber - Bojkow - Hübl - Rieder - Scharff - Vogel: "Hausmüllrelevante Verpackungsdaten für Österreich". Verpackungslabor für Lebensmittel und Getränke. Im Eigenverlag, Wien (1987)

29. GOTTWALD E.: Vergleichende Untersuchung über die Umweltauswirkungen durch Verpackungssysteme für Bier und CO_2-freie Erfrischungsgetränke. Dissertation, Techn. Universität, Berlin (1986)

KAPITEL VI

Vergleiche alternativer Verpackungssysteme für flüssige Füllgüter

Inhaltsverzeichnis

Die von den Autorenangaben ausgehende Aufbereitung des gesamten, in diesem Kapitel dargestellten Datenmaterials über Verpackungen für past. Trinkmilch, Dauermilch- und flüssige Sauermilchprodukte ist in einem gesonderten Bericht zusammengefaßt, der vom

Verpackungslabor f. Lebensmittel u. Getränke
Universität für Bodenkultur
Gregor-Mendel-Sraße 33
A-1180 Wien
Tel. 0222/31 63 21

bezogen werden kann.

1. Einleitung

Eine systematische Erforschung der Umweltauswirkungen von Verpackungsmaßnahmen setzte erst im vergangenen Jahrzehnt auf breiterer Basis ein. Das Segment der Getränkeverpackungen sowie der Verpackung von Milch und flüssigen Milchprodukten war - angeregt durch die öffentliche Diskussion - am häufigsten Gegenstand einschlägiger Untersuchungen und Veröffentlichungen.

Nachdem in Kap. V die Parameter zur Beurteilung der Umweltauswirkungen von Verpackungen beschrieben wurden, werden in diesem Kapitel die Ergebnisse einschlägiger Studien über

- den Rohstoffverbrauch
- den Energieverbrauch
- die Luft- und Wasserbelastung
- sowie das Gewicht und Volumen fester Abfälle

alternativer Getränkeverpackungssysteme verglichen. Sofern diese in ihren technischen und wirtschaftlichen Eigenschaften wesentlich voneinander abweichen, wurden auch diese Kriterien in den Vergleich einbezogen.

Beim Vergleich solcher Systemanalysen muß zunächst auf deren Vollständigkeit und Kompatibilität sowie auf Einheitlichkeit der Bezugsgrößen geachtet werden. Diese Voraussetzungen waren nicht bei allen Studien, die sich auf die gleichen Packmittel bezogen, gegeben: Oft wurde von unterschiedlichen Packmittelgewichten, Umlaufzahlen, Packhilfsmitteln, Transportverpackungen (sofern überhaupt berücksichtigt) und Distributionsverhältnissen sowie von einem unterschiedlichen Stand der Energie- und Umwelttechnik in der Packstoff- und Packmittelherstellung bzw. -entsorgung ausgegangen.

In diesen Divergenzen ist auch die Ursache widersprüchlicher Expertenmeinungen, Fehlinterpretationen und unzulässiger Verallgemeinerungen von Einzelergebnissen zu suchen. In der öffentlichen Diskussion wird auch zu wenig beachtet, daß Einweg- und Mehrwegverpackungen in ihren Auswirkungen auf die Umwelt nicht pauschal, sondern nur differenziert miteinander verglichen werden können.

Vergleiche *gleichartiger* Packmittel wie z.B. von *Einweg-* und *Mehrweg-Glasflaschen* sind weitaus einfacher als Vergleiche alternativer, also *verschiedenartiger* Verpackungssysteme, wie z.B. von *Mehrweg-Glasflaschen* und *Verbundkartonverpackungen* oder *Kunststoffbechern*. Solche Vergleiche bedürfen eingehender Systemanalysen und setzen vergleichbare Randbedingungen sowie die vollständige Erfassung der Umweltauswirkungen voraus. Belastungswerte - auch wenn sie ohne Streugrenzen angegeben werden - dürfen bei Vergleichen nicht als absolut zutreffend, sondern nur innerhalb der Bandbreite der jeweiligen Datengenauigkeit gesehen werden.

Da Verpackungssysteme anhand mehrerer Umweltparameter verglichen werden und ein System nicht zwangsläufig in *allen* umweltrelevanten, technischen oder wirtschaftlichen Eigenschaften einheitlich besser abschneiden muß, bedürfte eine Gesamtbeurteilung der bewertenden Gewichtung, welche die jeweiligen Umfeldbedingungen zu berücksichtigen hätte.

Grundsätzliche Aussagen über die Vorteilhaftigkeit eines Verpakkungssystems gegenüber einem anderen können nur aus der Gesamtbetrachtung *aller* einschlägigen Parameter unter Beachtung der systemspezifischen, umweltrelevanten, technischen *und* wirtschaftlichen Möglichkeiten getroffen werden. Eine andere Frage ist dagegen die tatsächliche Nutzung dieser Möglichkeiten in der praktischen Anwendung.

2. Mehrweg-Glasflaschen und Verbundkartonverpackungen für past. Trinkmilch

2.1. Vergleich der Umweltauswirkungen

2.1.1. Übersicht

Über die Umweltauswirkungen durch Verwendung von 1,0-l-Mehrweg-Glasflaschen oder Verbundkartonverpackungen für past. Trinkmilch liegen 9 Vergleichsstudien vor (siehe Tab. I). Einige Autoren gingen von unterschiedlichen Verpackungskonzepten (bei Flaschengewichten, Verschlüssen und Umverpackungen) aus. Tab. II enthält für die wichtigsten, in diesen Vergleich einbezogenen Studien Angaben über den Packmittelverbrauch für Einzelhandels- und Transportverpackungen, soweit die zitierten Literaturstellen Angaben hierüber enthielten. In einigen Studien wurden (z.B. beim Energieverbrauch) auch andere Maßeinheiten verwendet. Um Vergleiche anstellen zu können, wurden die Daten in solchen Fällen auf einheitliche Packmittelgewichte und Maßeinheiten bezogen. Diese Umrechnungen sind dokumentiert und können Interessenten zur Verfügung gestellt werden[1)].

1) siehe Anmerkung am Ende des Inhaltsverzeichnisses zu diesem Kapitel

Tab. I: Übersicht über **Vergleiche der Umweltauswirkungen** von 1,0-l-Mehrweg-Glasflaschen und Verbundkartonverpackungen für past. Trinkmilch

	Autor Zitat Jahr	ÖIV (1) 1977	MIGROS * (9) 1979	NUNN (2) 1980	SUND-STRÖM * (3) 1981	PAUTZ * (4) 1982	PAUTZ (5) 1984	FRANKE (6) 1984	ÖKO-Daten (7) 1984	LUND-HOLM (8) 1986
erfaßte Parameter	Rohstoffverbrauch							+	±	+
	Wasserverbrauch							+	±	+
	Energieverbrauch	±	±	+	+	+	+	±	±	+
	Luftbelastung		±				±	+	(±)	+
	Wasserbelastung		±				±	+	±	+
	Abfall							+	(+)	+

+ weitgehend vollständige Erfassung der Belastungen
± unvollständige Erfassung der Belastungen
(+) (±) vollständige bzw. unvollständige Darstellung von Sonderfällen
* überholt

Tab. II: **Kurzbeschreibung** der in den angeführten Studien verglichenen **Verpackungssysteme** (1,0-l-Mehrweg-Glasflaschen und Verbundkartonverpackungen) für past. Trinkmilch

Autor	NUNN	PAUTZ	FRANKE	ÖKO	LUNDHOLM
Zitat	(2)	(5)	(6)	(7)	(8)
Jahr	1980	1984	1984	1984	1986
Verbraucherpackung					
MW-Glasflasche	550 g	370 g	370 g	400 g	480 g
Aluminium (Verschluß)	0,3 g	0,27 g	0,27 g	1,3 g	0,25 g
Polyäthylen (Dichtung)[1]	-	-	-	0,4 g	-
Etikett	-	-	-	1 g	-
Anteilige Transportverpackung (Hersteller)*	n.a.	n.a.	Trays geschr. palettiert	n.a.	Trays geschr. palettiert
Wellpappe			5,87 kg		5,83 kg
Polyäthylen			1,13 kg		1,13 kg
Anteilige Umverpackung (Distribution)**	n.a.	n.a.	Flaschenkasten	n.a.	Flaschenkasten
HD-PE			0,27 kg		0,32 kg
Verbraucherpackung Verbundkarton					
Karton	36 g	22,5 g	22,5 g	20 g	20 g
Polyäthylen	6 g	4,5 g	4,5 g	5 g	5 g
Anteilige Transportverpackung (Hersteller)*	Schachtel	n.a.	Rollen od. Schachteln***	n.a.	Rollen palettiert
Wellpappe	n.a.		0,38 kg		-
Papier	n.a.		-		0,146 kg
PE-Schrumpffolie	n.a.		0,04 kg		0,072 kg
Anteilige Umverpackung (Distribution)**	n.a.	n.a.	Fl.-Kasten Schrumpffolie	n.a.	Schrumpffolie
HD-PE			} 1,85 kg		-
PE-Schrumpffolie					1,007 kg

* Verbrauch für 1000 Verpackungen
** Verbrauch für 1000 l Füllgut
*** palettiert
n.a. nicht angegeben
1) wahrscheinlich aber PVC-Compound

Da sich die Mehrzahl der Studien nur auf einzelne Umweltparameter bezieht, liegen z.B. über den Energieverbrauch mehrere Untersuchungen, über das Abfallaufkommen hingegen nur wenige vor.

2.1.2. Wasser- und Rohstoffverbrauch

Nach den Angaben von FRANKE (6) und LUNDHOLM (8) ist der Wasserverbrauch bei Verwendung von 1,0-l-Mehrwegflaschen[1)], unter Berücksichtigung einer angemessenen Streubreite, gemäß Tab. III und Abb. 1 ab dem 6. Umlauf nicht mehr größer als bei Verwendung von Verbundkartonverpackungen. Nach mehr als 30 Umläufen wäre der Wasserverbrauch von Mehrwegflaschen nur unbedeutend geringer.

Wie in Kap. V erwähnt, führen Auflistungen des Rohstoffverbrauches zu umfangreichen Tabellen, deren Vergleich aufgrund ihrer unterschiedlichen qualitativen und quantitativen Zusammensetzung schwierig ist. Aus diesem Grunde unterbleibt hier deren Wiedergabe. Sie sind jedoch dokumentiert und können Interessenten zur Verfügung gestellt werden[2)]. Die Angabe der Menge *aller* verbrauchten Rohstoffe als Gesamt-Rohstoffverbrauch hat ohne Gewichtung nach umwelt- und ressourcenbezogenen Gesichtspunkten keine Aussagekraft. Es muß aber auch bedacht werden, daß für beide Systeme verschiedenartige Rohstoffe benötigt werden: Während für die Herstellung von Mehrwegflaschen hauptsächlich Sand, Kalkstein, Dolomit und Kochsalz verbraucht werden, Rohstoffe, für die in absehbarer Zeit keine Verknappung zu erwarten ist, werden für die Herstellung von Verbundkartonverpackungen vorwiegend Holz, ein regenerierbarer Rohstoff, und Erdöl bzw. Erdgas als begrenzt vorhandene Rohstoffe benötigt.

2.1.3. Energieverbrauch

Über den Energieverbrauch bei Verwendung von 1,0-l-Mehrwegflaschen oder 1,0-l-Verbundkartonverpackungen liegen 9 Veröffentlichungen (1)(2)(3)(4)(5)(6)(7)(8)(9) vor. Die Resultate für Mehrweg-Glasflaschen weisen zum Teil beachtliche Unterschiede auf. Dies ist auf

- erhebliche Abweichungen der Energieverbrauchsangaben für die Glasherstellung (siehe Abb. 2), unterschiedliche Flaschengewichte und Recyclingquoten, die den umlaufzahl*abhängigen* Energieverbrauch beeinflussen

1) für Rohstoffreinigung, Kühlung bei Glasherstellung und Flaschenreinigung
2) siehe Anmerkung am Ende des Inhaltsverzeichnisses zu diesem Kapitel

Tab. III u. Abb. 1: **Wasserverbrauch** (m^3/1000 l past. Trinkmilch) bei Verwendung[1)] von 1,0-l-Mehrweg-Glasflaschen und Verbundkartonverpackungen

Quelle	FRANKE (6)		LUNDHOLM (8)	
Umlaufzahl	Mehrwegflasche 370 g	Verbundkarton	Mehrwegflasche 480 g	Verbundkarton
1	-	1,82 m^3	7,22 m^3	2,31 m^3
10	-	-	1,78 m^3	-
20	-	-	1,47 m^3	-
25	2,27 m^3	-	1,42 m^3	-
30	-	-	1,37 m^3	-

1) Rohstoffgewinnung und -aufbereitung, Packmittelherstellung, Reinigung (nur bei Mehrwegflaschen), Abfüllung, Distribution und Entsorgung

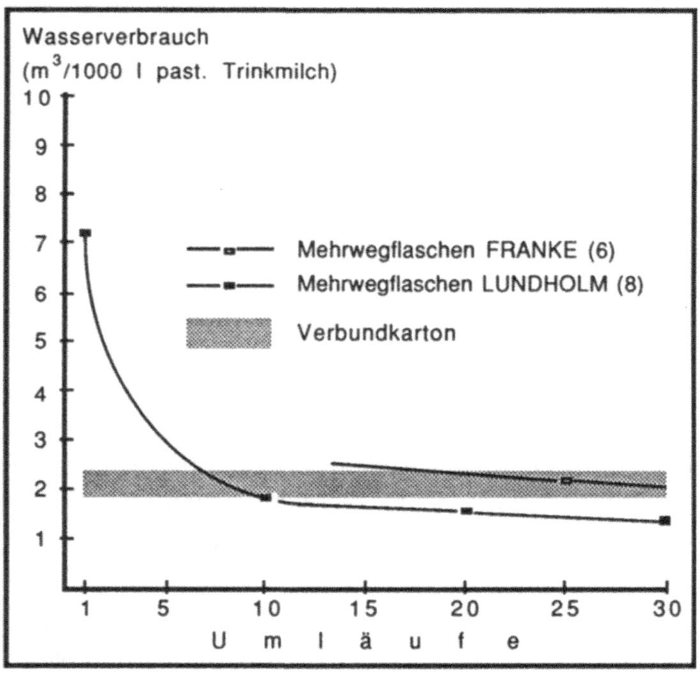

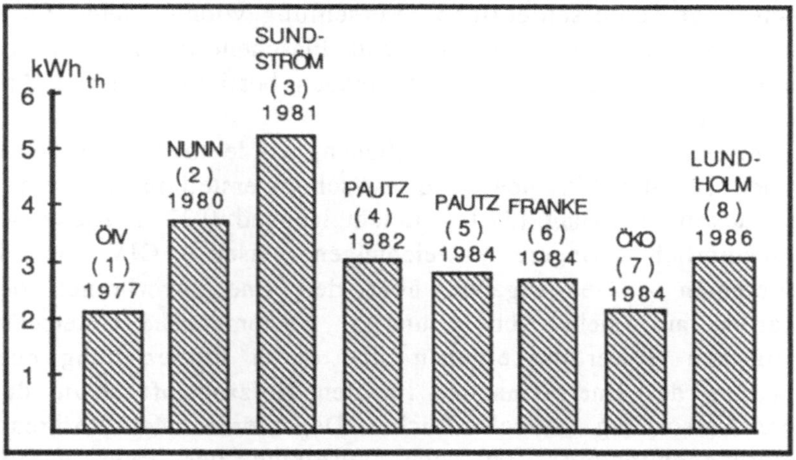

Abb. 2: Vergleich der Angaben über den **Energieverbrauch** für die **Herstellung** von 1 kg Glas

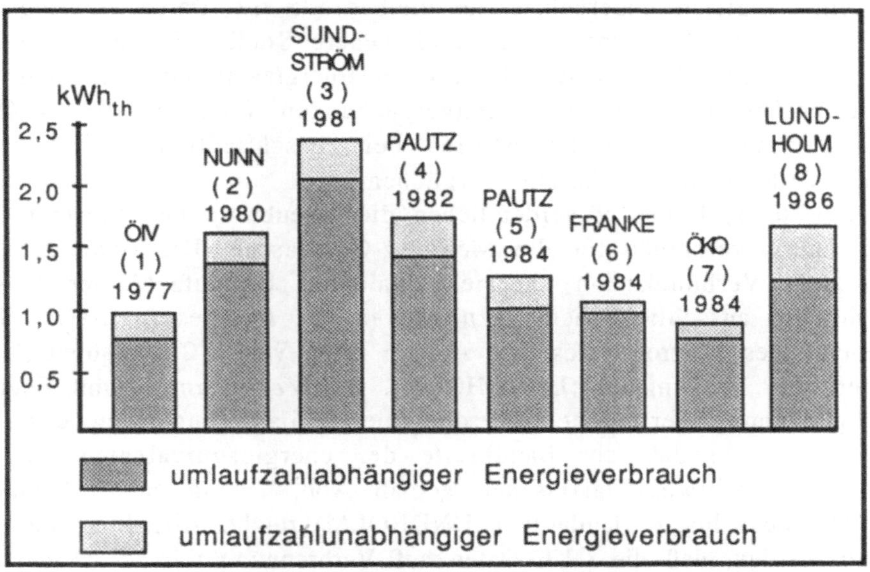

Abb. 3: Umlaufzahlabhängiger und umlaufzahlunabhängiger **Energieverbrauch** für die **Verwendung** einer 1,0-l-Mehrwegflasche (Leichtglas 370 g, Alukappe 0,27 g) für past. Trinkmilch (ein Umlauf)

- sowie auf unterschiedliche Verschlußgewichte und Energieverbrauchsangaben für Transporte und Flaschenreinigung, die den umlaufzahl*unabhängigen* Energieverbrauch bestimmen (siehe Abb. 3), zurückzuführen.

Um direkte Vergleiche zu ermöglichen, wurde in Abb. 3 der Energieverbrauch für die Flaschen- und Verschlußherstellung auf ein einheitliches Packmittelgewicht (370 g Leichtglas und 0,27 g Alukappe) bezogen. Wesentlich geringere Abweichungen weisen - ÖIV und FRANKE ausgenommen - die Angaben über den Energieverbrauch des Verbundkartons auf (siehe Abb. 4 und 5). Systematische Unterschiede der energetischen Bewertung ergeben sich durch Einbeziehung oder Ausklammerung des Energieinhaltes für den Holzrohstoff sowie durch die Art der Entsorgung (ausschließliches Deponieren oder Verbrennen mit Energierückgewinnung). Für den Vergleich des Energieverbrauches beider Verpackungssysteme in Abhängigkeit von der Umlaufzahl der Glasflasche, konnten daher nur die Angaben von NUNN (2), PAUTZ (5) und LUNDHOLM (8) sowie die in den ÖKO-Daten (7) aufscheinenden Berechnungen herangezogen werden. Alle anderen Studien müssen bei diesem Vergleich unberücksichtigt bleiben, da die Daten entweder unvollständig erfaßt wurden oder durch neuere Studien überholt waren.

In Tab. IV, V, VI und VII wird der Energieverbrauch für Mehrweg-Glasflaschen und Verbundkartonverpackungen *inklusive bzw. exklusive* Energieinhalt des Holzrohstoffes bei ausschließlichem Deponieren bzw. Verbrennen der Abfälle verglichen.

Abb. 6, 7, 8 und 9 verdeutlichen die Streubreite der Angaben über den Energieverbrauch für die Mehrweg-Glasflasche. Die Bandbreite der mit dem Verbundkarton energieäquivalenten Umlaufzahl der Flasche reicht bei ausschließlichem *Deponieren* des Abfalles *inklusive* Energieinhalt des Holzrohstoffes, wie Abb. 6 zeigt, von < 2 Umläufen (ÖKO-Daten) bis 15 Umläufe (LUNDHOLM). Bei *Verbrennung* mit Energierückgewinnung verschiebt sich die Energiebilanz zugunsten des Verbundkartons, sodaß die Bandbreite der energieäquivalenten Umlaufzahl von Mehrweg-Glasflaschen gemäß Abb. 7 von ca. 2 Umläufen (ÖKO-Daten) bis 27 Umläufe (LUNDHOLM) reicht. Allerdings muß bedacht werden, daß die ÖKO-Daten auf Verbrennung von 77 % der Abfälle und 23 % direktes Deponieren abgestellt sind.

Bei ausschließlichem *Deponieren* der Abfälle *ohne* Berücksichtigung der Holzenergie liegt gemäß Tab. VI die energieäquivalente Umlaufzahl nach NUNN bei ca. 4 Zirkulationen. Nach LUNDHOLM ist bei dieser Be-

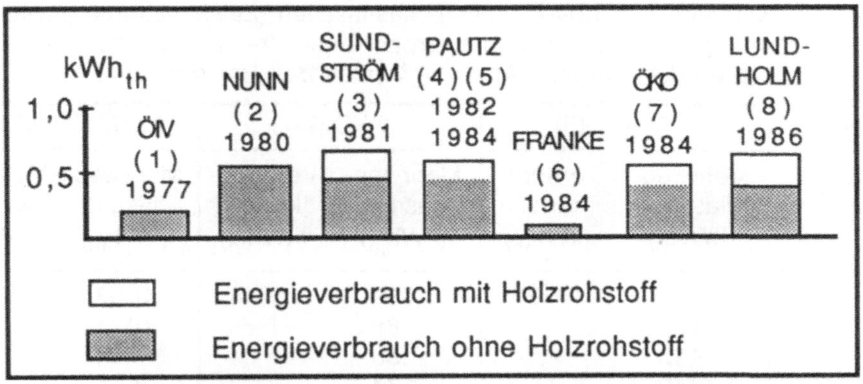

Abb. 4: **Energieverbrauch** (bei ausschließlichem **Deponieren** der Abfälle) für die Verwendung einer 1,0-l-Verbundkartonverpackung für past. Trinkmilch

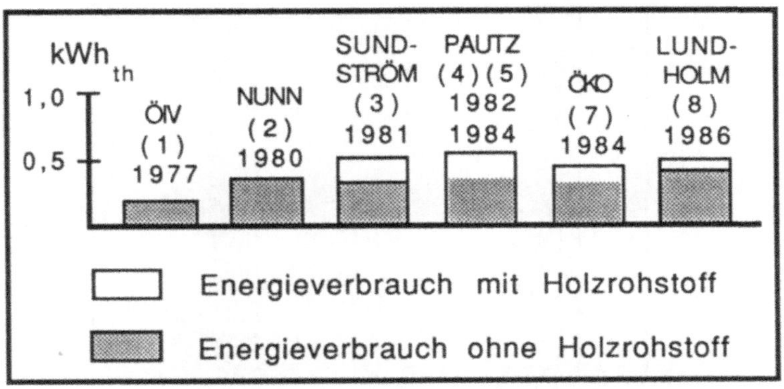

Abb. 5: **Energieverbrauch** (bei ausschließlicher **Verbrennung** der Abfälle mit Energierückgewinnung) für die Verwendung einer 1,0-l-Verbundkartonverpackung für past. Trinkmilch

Tab. IV u. Abb. 6: **Energieverbrauch** (kWh_{th}/1000 l past. Trinkmilch) bei Verwendung von 1,0-l-Mehrweg-Glasflaschen (Leichtglas 370 g, Alukappe 0,27 g) und Verbundkartonverpackungen (bei ausschließlichem **Deponieren** der Abfälle, ***inkl.*** *Energieinhalt des Holzrohstoffes)*

Quelle	PAUTZ (5)		ÖKO (7)		LUNDHOLM (8)	
Umlaufzahl	Mehrwegflasche (kWh_{th})	Verbundkarton (kWh_{th})	Mehrwegflasche (kWh_{th})	Verbundkarton (kWh_{th})	Mehrwegflasche (kWh_{th})	Verbundkarton (kWh_{th})
1	1265	591	880	544	1683	631
2	751	-	488	-	1071	-
5	443	-	253	-	704	-
10	340	-	174	-	581	-
15	306	-	148	-	541	-
20	288	-	135	-	520	-
25	278	-	127	-	508	-
30	271	-	122	-	500	-

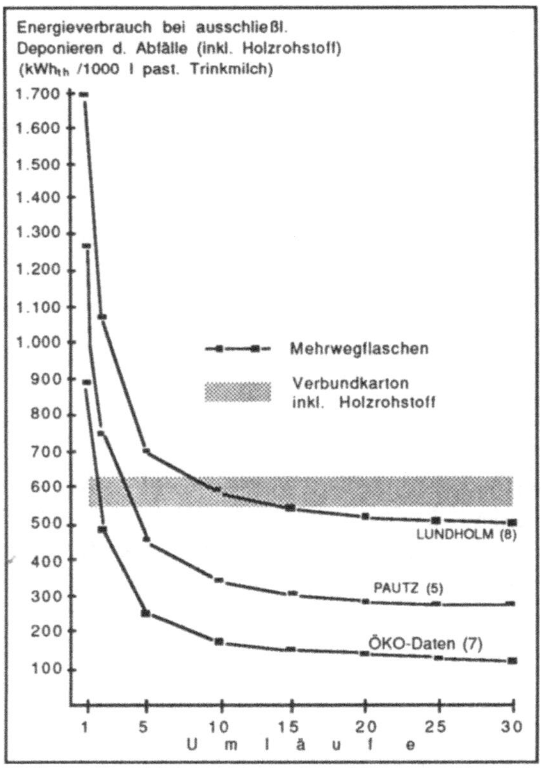

Tab. V u. Abb. 7: **Energieverbrauch** (kWh_{th}/1000 l past. Trinkmilch) bei Verwendung von 1,0-l-Mehrweg-Glasflaschen (Leichtglas 370 g, Alukappe 0,27 g) und Verbundkartonverpackungen (bei ausschließlicher **Verbrennung** der Abfälle mit Energierückgewinnung, ***inkl.*** *Energieinhalt des Holzrohstoffes)*

Quelle	PAUTZ (5)		ÖKO (7)		LUNDHOLM (8)	
Umlauf-zahl	Mehrweg-flasche (kWh_{th})	Verbund-karton (kWh_{th})	Mehrweg-flasche (kWh_{th})	Verbund-karton (kWh_{th})	Mehrweg-flasche (kWh_{th})	Verbund-karton (kWh_{th})
1	1265	577	880	491	1683	514
2	751	-	488	-	1071	-
5	443	-	253	-	704	-
10	340	-	174	-	581	-
15	306	-	148	-	541	-
20	288	-	135	-	520	-
25	278	-	127	-	508	-
30	271	-	122	-	500	-

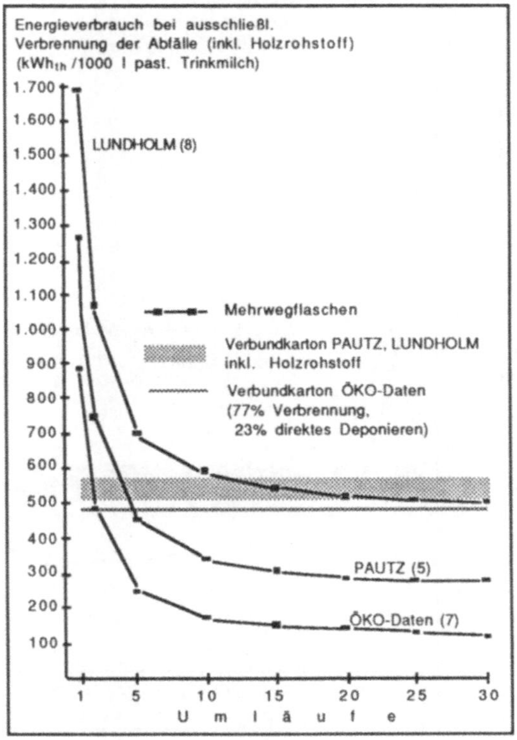

Tab. VI u. Abb. 8: **Energieverbrauch** (kWh_{th}/1000 l past. Trinkmilch) bei Verwendung von 1,0-l-Mehrweg-Glasflaschen (Leichtglas 370 g, Alukappe 0,27 g) und Verbundkartonverpackungen (bei ausschließlichem **Deponieren** der Abfälle, ***exkl.*** *Energieinhalt des Holzrohstoffes)*

Quelle	NUNN (2)		LUNDHOLM (8)	
Umlauf-zahl	Mehrweg-flasche (kWh_{th})	Verbund-karton (kWh_{th})	Mehrweg-flasche (kWh_{th})	Verbund-karton (kWh_{th})
1	1622	563	1638	478
2	928	-	1071	-
5	511	-	704	-
10	372	-	581	-
15	325	-	541	-
20	303	-	520	-
25	289	-	508	-
30	279	-	500	-

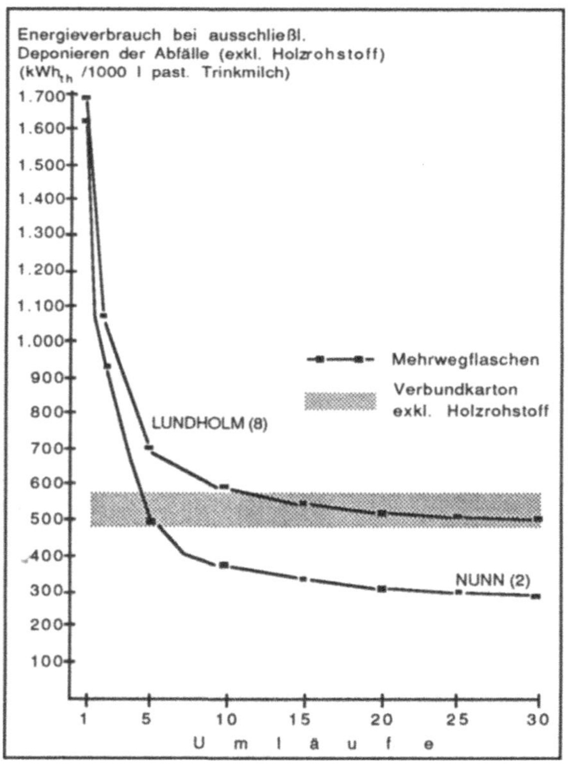

Tab. VII u. Abb. 9: **Energieverbrauch** (kWh_{th}/1000 l past. Trinkmilch) bei Verwendung von 1,0-l-Mehrweg-Glasflaschen (Leichtglas 370 g, Alukappe 0,27 g) und Verbundkartonverpackungen (bei ausschließlicher **Verbrennung** der Abfälle mit Energierückgewinnung, ***exkl.*** *Energieinhalt des Holzrohstoffes)*

Quelle	NUNN (2)		LUNDHOLM (8)	
Umlaufzahl	Mehrwegflasche (kWh_{th})	Verbundkarton (kWh_{th})	Mehrwegflasche (kWh_{th})	Verbundkarton (kWh_{th})
1	1622	376	1638	428
2	928	-	1071	-
5	511	-	704	-
10	372	-	581	-
15	325	-	541	-
20	303	-	520	-
25	289	-	508	-
30	279	-	500	-

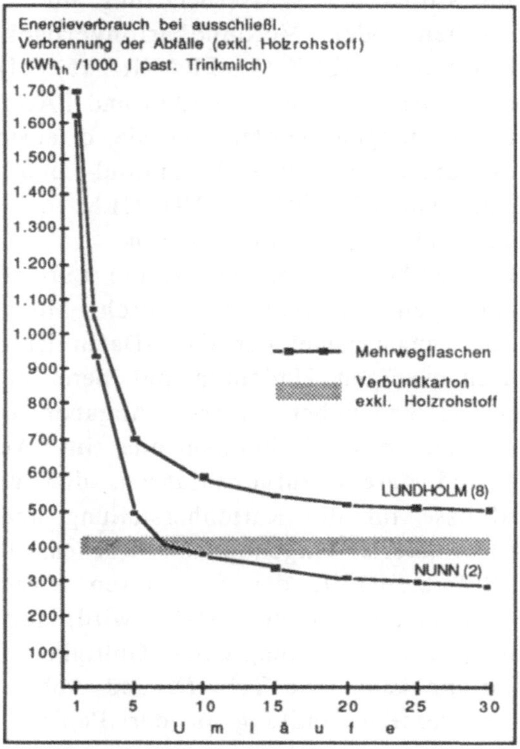

trachtungsweise die Verbundkartonverpackung generell energiegünstiger. Bei ausschließlichem *Verbrennen* mit Energierückgewinnung (Tab. VII) liegt die energieäquivalente Umlaufzahl nach NUNN bei 10 Umläufen, nach LUNDHOLM verbraucht die Mehrweg-Glasflasche selbst nach > 30 Umläufen mehr Energie als der Verbundkarton.

Aufgrund dieser Ergebnisse besteht - sehr niedrige oder sehr hohe Umlaufzahlen der Mehrwegflasche ausgenommen - kein signifikanter Unterschied im Energieverbrauch bei Verwendung von Mehrwegflaschen oder Einweg-Verbundkartonverpackungen für past. Trinkmilch. Allfällige Vorteile des einen oder anderen Systems ergeben sich eher aus der Art der Abfallbehandlung (Deponieren oder Verbrennen) bzw. aus dem Berechnungsmodus: Ob die im Holzrohstoff enthaltene Sonnenenergie (welche eine regenerierbare Energieform darstellt, deren Nutzung keine begrenzten Ressourcen verbraucht) in die Berechnungen einbezogen wurde oder ausgeklammert blieb.

2.1.4. Luft- und Wasserbelastung

Angaben über die Luft- und Wasserbelastung durch Verwendung von Mehrweg-Glasflaschen oder Verbundkartonverpackungen für past. Trinkmilch liegen nur von PAUTZ (5), FRANKE (6), LUNDHOLM (8) und MIGROS (9) vor. Die Angaben von MIGROS und PAUTZ konnten nicht in den Vergleich miteinbezogen werden, da sie offensichtlich unvollständig sind. Auf die unterschiedlichen Packmittel- und Verschlußgewichte in den Berechnungen von FRANKE, LUNDHOLM und im Fallbeispiel der ÖKO-Daten sei auch hier wieder hingewiesen.

Wie Tab. VIII und Abb. 10 zeigen, ist die Luftbelastung durch Verbundkartonverpackungen geringer als durch Mehrweg-Glasflaschen. Lediglich im Anwendungsbeispiel der ÖKO-Daten ist die Mehrweg-Glasflasche schon nach wenigen Umläufen mit dem Verbundkarton belastungsäquivalent. Die gegenüber anderen Angaben höheren Luft- und Wasserbelastungswerte des Verbundkartons im Anwendungsbeispiel der ÖKO-Daten sind darauf zurückzuführen, daß unzutreffenderweise Schweizer Verhältnisse für die Kartonherstellung und gebleichtes Sulfitpapier als Trägermaterial angenommen wurden. Der Packstoff besteht aber aus Sulfatzellstoff, der für diesen Zweck vorwiegend in skandinavischen Papierfabriken hergestellt wird, für welche die von LUNDHOLM angegebenen Belastungsdaten Gültigkeit haben.

Die Wasserbelastung kann, wie Tab. IX und Abb. 11 zeigen, je nach dem Stand der Abwasserbehandlung in der Papierproduktion geringer

Tab. VIII u. Abb. 10: **Luftbelastung** (kritisch werdende Luftmenge bei ausschließlichem **Deponieren** bzw. **Verbrennen** der Abfälle) durch Verwendung von 1,0-l-Mehrweg-Glasflaschen und Verbundkartonverpackungen für 1000 l past. Trinkmilch

Quelle	FRANKE (6)		ÖKO (7)		LUNDHOLM (8)	
Umlaufzahl	Mehrwegflasche (Mio m³)	Verbundkarton (Mio m³)	Mehrwegflasche (Mio m³)	Verbundkarton (Mio m³)	Mehrwegflasche (Mio m³)	Verbundkarton (Mio m³)
1	-	2,42	85,39	30,93	100,50	
10	-	-	11,59	-	34,84	
20	-	-	7,49	-	30,62	24,40[1)]
25	30,98	-	6,67	-	29,78	25,22[2)]
30	-	-	6,12	-	29,22	
40	-	-	5,44	-	28,52	

1) bei ausschließlichem Deponieren der Abfälle
2) bei ausschließlichem Verbrennen der Abfälle

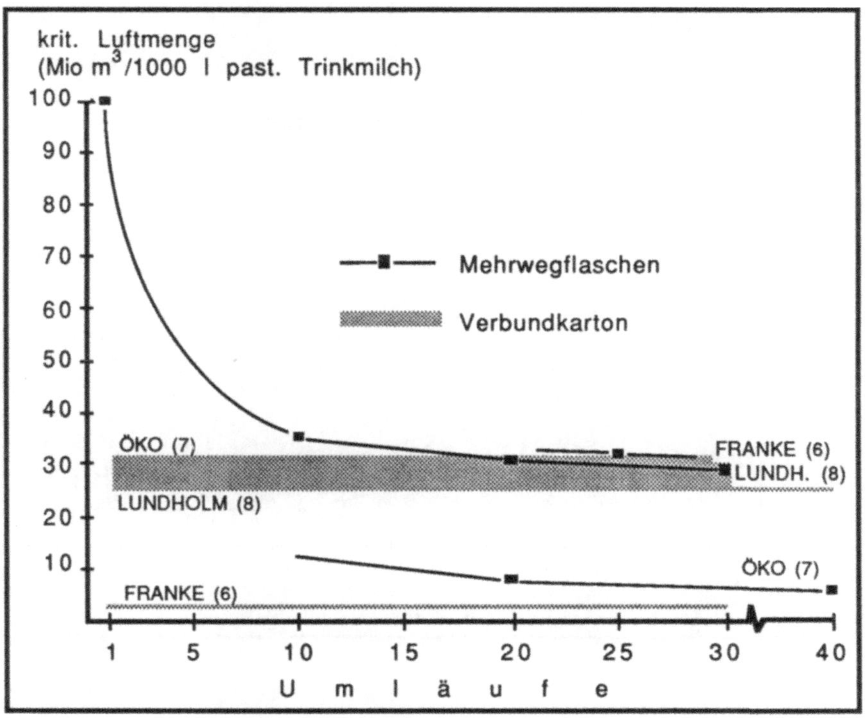

Tab. IX u. Abb. 11: **Wasserbelastung** (kritisch werdende Wassermenge) durch Verwendung von 1,0-l-Mehrweg-Glasflaschen und Verbundkartonverpackungen für 1000 l past. Trinkmilch

Quelle	FRANKE (6)		ÖKO (7)		LUNDHOLM (8)	
Umlaufzahl	Mehrwegflasche (m^3)	Verbundkarton (m^3)	Mehrwegflasche (m^3)	Verbundkarton (m^3)	Mehrwegflasche (m^3)	Verbundkarton (m^3)
1	-	169,47	62,65	153,9	1.083,95	18,31
10	-	-	34,21	-	119,30	-
20	-	-	32,63	-	65,80	-
25	58,47	-	32,31	-	55,10	-
30	-	-	32,10	-	47,95	-
40	-	-	31,84	-	39,05	-

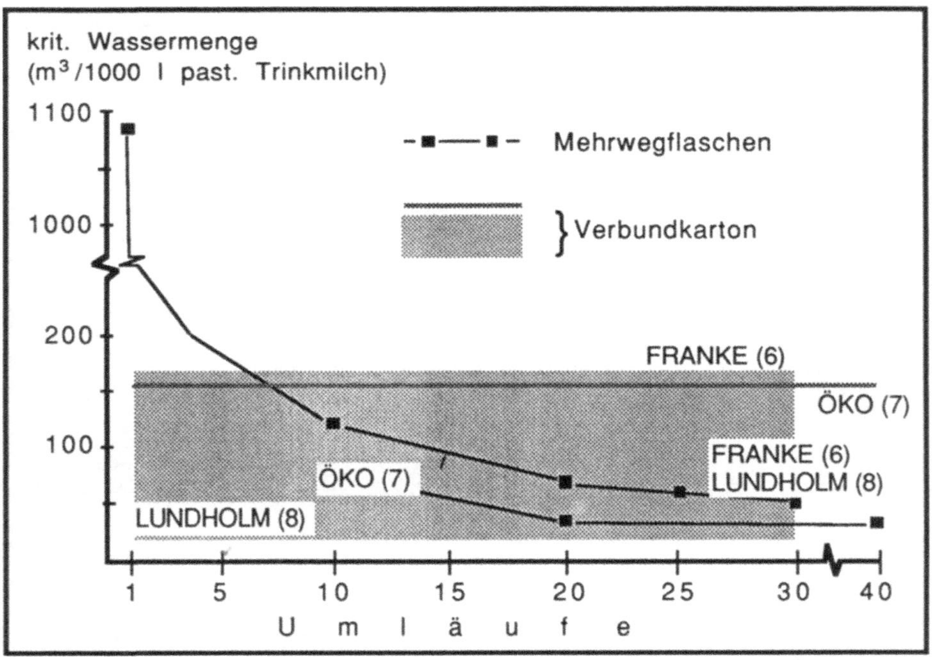

oder größer als bei Verwendung von Mehrweg-Glasflaschen (inkl. deren Reinigung) sein. Im ungünstigsten Fall ist sie ebenso groß wie bei Mehrweg-Glasflaschen, die 6 Umläufe machen. Bei einer dem Stand der Umwelttechnik entsprechenden Kartonherstellung in Duplex-Qualität (2/3 ungebleichte Faser) ist die Abwasserbelastung durch den Verbundkarton geringer als durch Mehrweg-Glasflaschen.

2.1.5. Abfallgewicht und -volumen

Über die Menge fester Abfälle, welche durch Verwendung von 1,0-l-Mehrweg-Glasflaschen oder Verbundkartonverpackungen entsteht, machten nur FRANKE (6) und LUNDHOLM (8) Angaben (siehe Tab. X), die sich durch Berücksichtigung (FRANKE) bzw. Außerachtlassung (LUNDHOLM) des Altglasrecyclings unterscheiden. Weiters ließ LUNDHOLM den Gewerbe- und Industriemüll unberücksichtigt, welcher durch die Rohstoffgewinnung und -aufbereitung sowie durch Transportverpackungen anfällt. Unter diesen Voraussetzungen läßt sich aus Abb. 12 für die abfalläquivalente Umlaufzahl der Mehrweg-Glasflasche eine Bandbreite von 16 bis 25 Umläufen ablesen.

Angaben zum Abfallaufkommen durch Mehrweg-Glasflaschen und Verbundkartonverpackungen *ohne* Berücksichtigung des auf den Vorstufen entstehenden Gewerbe- und Industriemülls enthalten die Datenblätter in Kapitel IV, Abschn. 6, welche die österreichischen Verhältnisse darstellen.

2.1.6. Arbeitsumwelt

Welche Auswirkungen die Verwendung von Mehrweg-Glasflaschen bzw. Verbundkartonverpackungen auf die Arbeitsumwelt der mit ihrer Produktion, Abfüllung, Distribution und Entsorgung Beschäftigten hat, wurde bisher noch nicht umfassend untersucht. Obwohl unzählige arbeitsmedizinische Untersuchungen vorgenommen wurden, liegt keine Gegenüberstellung der gesundheitlichen Belastung von Werktätigen in der Produktion, Abfüllung und Distribution von Hohlglas- und Verbundkartonverpackungen vor, welche

- die Bereiche Quarzsand- bzw. Holzgewinnung, ferner Soda- bzw. sonstige Hilfsstoffproduktion
- Hohlglas-, Papierherstellung bzw. Kunststoffproduktion
- die Arbeit an Flaschenfüllkolonnen bzw. Abfüllmaschinen für Verbundkartonverpackungen
- und die Arbeit im Transportwesen sowie im Handel

Tab. X u. Abb. 12: **Feste Abfälle** durch Verwendung von 1,0-l-Mehrweg-Glasflaschen und Verbundkartonverpackungen für 1000 l past. Trinkmilch

Quelle	FRANKE (6)		LUNDHOLM (8)	
Umlaufzahl	Mehrweg-[1] flasche (370 g)	Verbund-karton (27 g)	Mehrweg-[2] flasche (480 g)	Verbund-[3] karton (25 g)
1	-	21,2 kg	482,2 kg	24,4 kg
10	-	-	48,6 kg	-
20	-	-	24,5 kg	-
25	8,3 kg	-	19,7 kg	-
30	-	-	16,5 kg	-

1) Abgangsquote 4,0 % (1,9 % abfallrelevanter Abgang + 2,1 % recyclierter Abfüllbruch, inkl. Altglasrecycling) Altglasrecyclingquote 52 %
2) ohne Altglasrecycling, ferner ohne Abfälle aus der Rohstoffgewinnung und -aufbereitung, sowie Gewerbe- und Industriemüll (Transportverpackungen)
3) 90 % Recycling von Produktionsabfällen

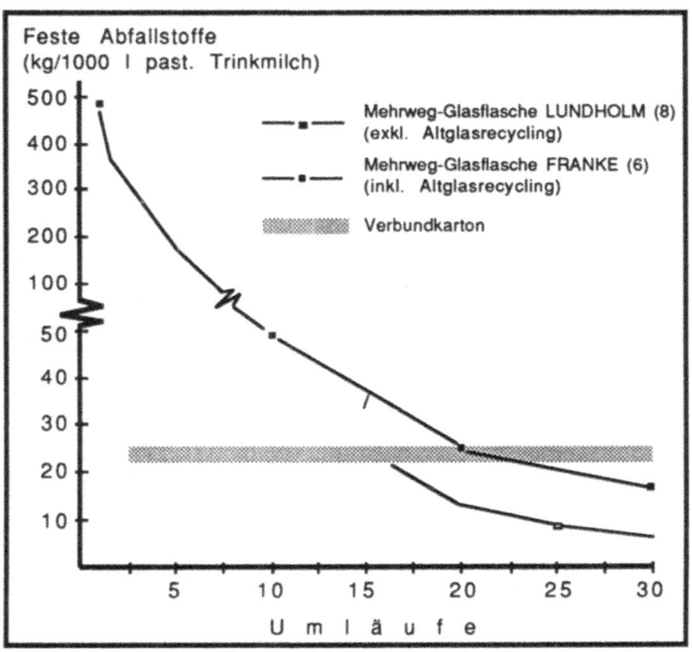

umfaßt. Es ist lediglich bekannt, daß Arbeitende an Flaschenfüllkolonnen ohne ausreichenden Gehörschutz stärkeren Gesundheitsrisken ausgesetzt sind als an Abfüllstraßen für Verbundkartonverpackungen. Dazu kommt auch die Verletzungsgefahr durch Glassplitter, mitunter mit Dauerfolgen, die bei der Verbundkartonabfüllung wegfällt.

Bei der Nachtzustellung von Milchprodukten sind Anrainer von Molkereien und Milchgeschäften durch das Verladen von Milchflaschen in weitaus stärkerem Ausmaß Lärmbelästigungen ausgesetzt als bei Zustellung in Verbundkartonverpackungen. Dies bestätigen häufige Beschwerden und Anzeigen (22) wegen Lärmbelästigung oder Nachtruhestörung, die nach Auflassen der Flaschendistribution schlagartig ausblieben.

Für die im Fuhrpark und Handel Beschäftigten brachte das geringere Gewicht der mit kartonverpackter Milch befüllten Transportkasten eine Arbeitserleichterung. Insbesondere überschritt das Gewicht der Transportkasten mit 1,0-l-Milchflaschen die heute für weibliche Handelsangestellte zulässige Grenze. Das geringere Gewicht des Verbundkartons, der Wegfall der Gebindereinigung und des Rücktransportes ist auch für Hausfrauen, die mehrere Personen zu versorgen haben, sowie für Ältere oder Gebrechliche eine spürbare Erleichterung.

Demgemäß weist der Verbundkarton im Bereich der Arbeitsumwelt einige Vorteile gegenüber der Mehrweg-Glasflasche auf.

2.2. Technischer Vergleich

2.2.1. Grundsätzliches

Mehrweg-Glasflaschen und Verbundkartonverpackungen wurden weltweit durch Jahrzehnte als Packmittel für past. Trinkmilch verwendet und dürfen daher grundsätzlich als hiefür geeignet angesehen werden. Dennoch bestehen in einzelnen, die Produktqualität oder die Distributions- und Gebrauchseigenschaften beeinflussenden Merkmalen Unterschiede, die in der Folge besprochen werden sollen.

2.2.2. Schutzeigenschaften (siehe auch Kap. II)

Die Verpackung von past. Trinkmilch soll

- der mikrobiologischen Empfindlichkeit des Füllgutes durch besondere Keimarmut der dem Füllgut zugewandten Packmitteloberfläche
- und der Lichtempfindlichkeit des Füllgutes durch möglichst geringe Lichtdurchlässigkeit

Tab. XI: Vergleich der wichtigsten, die **Qualitätseigenschaften** von past. Trinkmilch **beeinflussenden Merkmale** von Mehrweg-Glasflaschen und Verbundkartonverpackungen

Merkmal	MW-Glasflasche	Verbundkarton
Keimgehalt der dem Füllgut zugewandten Oberfläche	vom Verschmutzungsgrad der rückgelieferten Flaschen und der Effektivität der Reinigungsbehandlung abhängig	0 - 10/l Füllgut[1)]
Durchlässigkeit gegenüber schädigender Lichtenergie	~ 8 % [2)]	0 % [3)]

1) nach (24)
2) alte, standardisierte, österreichische Milchflasche (kohlegelb) nach (23)
3) Duplexkarton nach (23)

Rechnung tragen. Tab. XI zeigt, daß der Verbundkarton besseren Lichtschutz bietet und auch aus hygienischer Sicht fabrikneue Packmittel Vorteile gegenüber Retourgebinden haben. Dies drückt sich auch in kürzeren Haltbarkeitsangaben für past. Trinkmilch in Mehrwegflaschen (üblicherweise 4 - 6 Tage) gegenüber Verbundkartonverpackungen (meist 8 Tage) aus.

2.2.3. Distributionseigenschaften

Mehrweg-Glasflaschen unterscheiden sich in ihren Distributionseigenschaften vom Verbundkarton durch
- größere Stoßempfindlichkeit, die einen höheren Umverpackungsaufwand (z.B. Gefachekasten zur Reduzierung der Bruchgefahr) und vorsichtigeres Handling erfordern
- ihr hohes Taragewicht (siehe Tab. XII)
- den höheren Bedarf an Lager- und Transportraum (siehe Tab. XII)
- und den zusätzlichen Aufwand für die Leergebinde- und Pfandmanipulation, Leergebinderückholung und -lagerung.

2.2.4. Gebrauchseigenschaften und Verbraucherakzeptanz

In den Gebrauchseigenschaften weist die Glasflasche durch
- Griffstabilität (infolge ihrer Formfestigkeit)

VI/225

Tab. XII: **Vergleich** des **Transportgewicht**es und -**volumen**s von past. Trinkmilch in 1,0-l-Glasflaschen und Verbundkartonverpackungen

Packmittel		Transportverpackung				Transportgewicht			Transportvolumen	
System	Gewicht (kg)	System	Dimensionen LxBxH (mm)	Gewicht (kg)	Produktmenge (l)	Tara (kg)	Brutto abs. (kg)	Brutto spez. (kg/l)	abs (l)	spezifisch (l/l Füllgut)
Mehrwegflasche [1)]	0,60	KST-Kasten	473x390x292	2,27	12	9,47	21,47	1,79	53,87	4,49
Mehrwegflasche [2)]	0,42	KST-Kasten	400x300x285	1,82	12	6,86	18,86	1,57	34,20	2,85
Verbundkarton [3)]	0,0263	KST-Kasten	465x382x223	2,10	20	2,63	22,63	1,13	39,61	1,98
Verbundkarton	0,0263	Schrumpffolie	400x200x167	0,016	12	0,33	12,33	1,03	13,36	1,11

1) alte, standardisierte österr. Milchflasche, PILOT-Flaschenkasten

2) voraussichtl. neue österr. Milchflasche, modulgerechter Gefachekasten

3) Universal-Molkereikasten

- einfacheres Öffnen und Wiederverschließen (was aber vom verwendeten Verschlußsystem abhängt)

Vorteile auf. Die beim Verbundkarton selbstverständliche Flüssigkeitsdichtigkeit ist bei der Glasflasche vom Verschlußsystem abhängig und wird (z.B. von Aluminiumkappen) nicht immer zufriedenstellend erfüllt. Manche Konsumenten sehen auch darin einen Vorteil, daß Milch direkt aus der Flasche getrunken werden kann.

Während der Übergang von der Mehrweg-Glasflasche auf die Kartonverpackung seinerzeit vom Konsumenten akzeptiert wurde, setzte mit zunehmender Bewußtmachung von Umweltproblemen in einem Teil der Verbraucherschaft, der mit 13 - 14 % einzuschätzen ist (26), eine Aversion gegen Kartonverpackungen ein, deren Hintergründe in der Schlußbetrachtung zu Kapitel IV ausgeleuchtet wurden. Abgesehen von der subjektiven, objektiv nicht belegbaren Einschätzung der Mehrweg-Milchflasche als "umweltfreundlichere" und unproblematisch zu entsorgende Verpackung, wird die erstaunlich hohe Verbraucherakzeptanz - sie liegt einige Monate nach Wiedereinführung von Flaschenmilch in 4 österr. Versorgungsgebieten zwischen 20 und 45 % - auch mit "besserem Geschmack" des Füllgutes begründet.

Obwohl zahllose, in aller Welt durchgeführte Blindverkostungen[1)] ergaben, daß - einwandfreie, sensorische und hygienische Beschaffenheit der Packmittel vorausgesetzt - zwischen karton- und glasverpackter Milch kein signifikanter Geschmacksunterschied wahrnehmbar ist, können Konsumentenurteile dennoch anders ausfallen. Dieses Phänomen ist in der Sensorik bekannt: Die Geschmackswahrnehmung wird bei offener Verkostung nicht von den objektiven Produkteigenschaften, sondern vom vorgefaßten Urteil über das Produkt dominiert (27). Es ist daher verständlich, daß Konsumenten, die Verbundkartonverpackungen aus welchen Gründen auch immer ablehnen, aufgrund ihres Vorurteils Flaschenmilch als geschmacklich besser empfinden.

2.3. Wirtschaftlicher Vergleich

2.3.1. Übersicht

Die Verpackungskosten von past. Trinkmilch und deren Einfluß auf den Verbraucherpreis waren seit jeher Gegenstand zahlreicher betriebs-

1) Ein objektiver Vergleich der sensorischen Eigenschaften von Produkten ist nur bei "Blindverkostung" möglich, bei der die Identität der zu vergleichenden Proben dem Prüfer unbekannt ist. Bei "offener Verkostung" weiß der Prüfer über Art und Herkunft der Proben Bescheid.

wirtschaftlicher Untersuchungen und Forschungsarbeiten. Allein seit 1975 wurden in Europa 13 Vergleichsstudien über die Wirtschaftlichkeit von Einweg-Verpackungssystemen und Mehrweg-Glasflaschen für past. Trinkmilch im Auftrag öffentlicher oder privater Stellen vorgenommen (9)(12)(13)(14)(15)(16)(17)(18)(19)(20)(21)(25)(44). Daraus seien in der Folge jene Daten zusammenfassend wiedergegeben, die sich mit dem Vergleich der Systemkosten von Mehrweg-Glasflaschen und Verbundkartonverpackungen und deren Auswirkungen auf den Verbraucherpreis von past. Trinkmilch befassen.

2.3.2. Systemkosten

WIETBRAUK (19) analysierte 1982 anhand der Daten aus dem weithin bekannten Kölner Flaschenversuch die Systemkosten von 1,0-l-Verbundkartonverpackungen und Mehrweg-Glasflaschen und kam zu dem in Tab. XIII und Abb. 13 dargestellten Ergebnis: Bei der Mehrweg-Glasflasche haben die Personalkosten, beim Verbundkarton die Verpackungskosten den höchsten Anteil an den Systemkosten. Wesentlich höher als beim Verbundkarton ist auch der Anteil der Anlagenkosten für die Flaschenreinigung und -abfüllung. Die Systemkosten der Mehrwegflasche sind zwar umlaufzahlabhängig, verändern sich aber ab der 11. Zirkulation nur mehr unwesentlich und liegen um mindestens 6 Pf.- pro Einheit höher als beim Verbundkarton.

Nach STEGER (44) werden die höheren Packmittelkosten des Verbundkartons von DM -,08/Liter, durch die Mehrkosten des Mehrwegsystems von durchschnittlich DM -,23/Liter, welche der höhere Manipulationsaufwand im Handel verursacht, überkompensiert, woraus sich Mehrkosten von DM -,15/Liter für die Mehrwegflasche ergeben.

Zu ähnlichen Ergebnissen kamen auch die anderen in Tab. XIV zusammenfassend wiedergegebenen Studien. Die Systemkosten für die Mehrweg-Glasflasche sind höher als für den Verbundkarton, obwohl die Packmittelkosten bei diesem höher sind als bei der Mehrweg-Glasflasche. Dagegen sind die Kosten für Reinigung und Abfüllung von Mehrwegflaschen höher als für die Abfüllung von Verbundkartonverpackungen, deren Distributionskosten etwa halb so hoch sind wie für Mehrweg-Glasflaschen. Vier Untersuchungen befaßten sich auch mit dem Anteil der Entsorgungskosten, die für den Verbundkarton zwar deutlich höher sind als für Mehrweg-Glasflaschen, mit 1 - 3 % aber den geringsten Anteil an den Gesamtkosten haben. Die Mehrkosten für das Mehrweg-System wurden mit 8 - 262 % (im Mittel rd. 150 %) des Verbundkartons berechnet.

Tab. XIII: **Anteile der Kostenarten an den Systemkosten** des Verbundkartons und der Mehrweg-Glasflasche für 1,0-l-past. Trinkmilch nach WIETBRAUK u. LONGUET (18)

Packmittel / Kostenart	Verbundkarton	Mehrweg-Glasflasche
Personal	32 %	53 %
Verpackung	45 %	10 %
Energie	5 %	7 %
Anlagen u. Betriebsstoffe	18 %	30 %

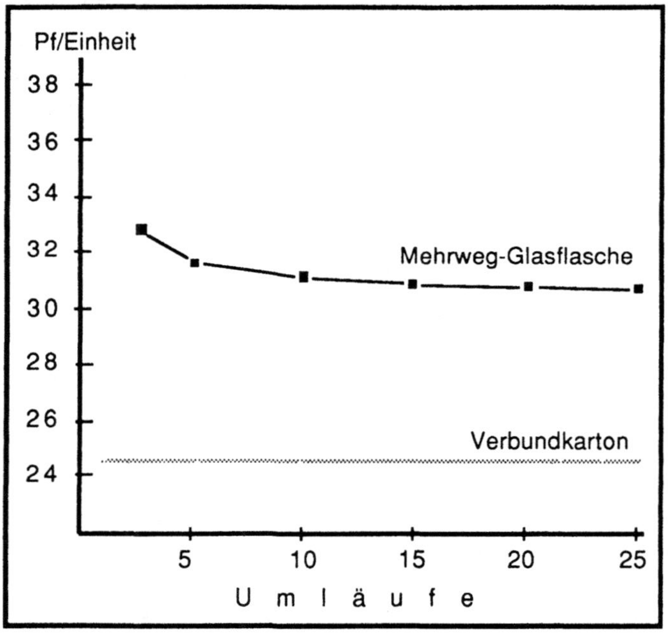

Abb. 13: **Systemkosten** der 1,0-l-Mehrweg-Glasflasche in Abhängigkeit von der Umlaufzahl und des Verbundkartons nach WIETBRAUK u. LONGUET (18)

2.3.3. Verbraucherpreise

Aufgrund einer eingehenden Untersuchung (25) stellte das Dänische Umweltministerium 1987 fest, daß die Verbraucherkosten für Milch

Tab. XIV: Vergleich der **Systemkosten** von 1,0-l-Verbundkartonverpackungen (Kostenindex=100) und Mehrweg-Glasflaschen für past. Trinkmilch

Quelle	Verpackungs-system	Umlauf-zahl	Kostenindex für				
			Pack-mittel	Abfül-lung	Distri-bution, Handel	Ent-sor-gung	Gesamt-kosten
SCANAD (12)	Verbundkart.	1	61	26	9	4	100[1)]
DK 1975	MW-Flasche	30	34	45	21	0,06	108[1)]
MIGROS (9)	Verbundkart.	1	50	34	16	-	100
CH 1979	MW-Flasche	35	33	49	45	-	127
DMF (14)	Verbundkart.	1	46		52	2	100
DK 1980	MW-Flasche	20	61		103	1	165
MICHELS. (15)	Verbundkart.	1	24	17	57	2	100
N 1980	MW-Flasche	30	14	31	103	0,3	148
	MW-Flasche	50	13	31	103	0,1	147
BERGER (16)	Verbundkart.	1	42	11	47	-	100
D 1981	MW-Flasche	20	11	26	98	-	135
PVZ (17)	Verbundkart.	1					100
NL 1981	MW-Flasche	40					131
WIETBR. (18)	Verbundkart.	1	58		42	-	100
DREWS (19)	MW-Flasche	8	61		83	-	144
D 1982/83	MW-Flasche	11	37		72	-	109
KARJAL. (20)	Verbundkart.	1	32	24	43	1	100
F 1985	MW-Flasche	20	61	75	125	1	262
MILJØMIN. (25)	Verbundkart.	1	43	6	51	-	100
DK 1987	MW-Flasche	10	29	14	126	-	169
	MW-Flasche	20	22	14	126	-	162
	MW-Flasche	40	19	14	126	-	159

1) auf Kostenbasis der in Dänemark jährlich verbrauchten Verpackungen

bei Übergang von Verbundkartonverpackungen auf Mehrwegflaschen um jährlich 445 Mio. dkr (d.s. 1,03 dkr/l Milch oder ca. öS 2,-) steigen würden. Unter Einbeziehung der Mehreinnahmen des Staates durch Steuern und andere Umschichtungen im Geldfluß wurde eine volkswirtschaftliche Mehrbelastung von jährlich 270 Mio. dkr errechnet. Die unverhältnismäßig hohen Investitionskosten im Molkereibereich für die Installierung des Mehrwegsystems waren ein weiteres gewichtiges Argument, weshalb das dänische Umweltministerium auf die zwangsweise Einführung von Mehrweg-Glasflaschen für past. Trinkmilch verzichtete, nachdem sich diese auch in der ökologischen Beurteilung nur in einigen Parametern als vorteilhaft, in anderen wieder als nachteilig erwiesen.

WIETBRAUK (21) führte in einem Überblick über die Wiedereinführung von Mehrweg-Glasflaschen für Milch in der BRD die in Tab. XV zusammengestellten Mehrpreise für Flaschenmilch an. Während past. Trinkmilch 1980 nur 8 Pfennig (~ öS 0,56) über dem Preis der kartonverpackten Milch lag, betrug der Mehrpreis für Flaschenmilch im Jahr 1987 bereits 29 - 40 Pfennig (~ öS 2,03 - 2,80).

In Österreich betrug der 1988 amtlich festgesetzte Preisaufschlag auf Milch in 1,0-l-Mehrweg-Glasflaschen gegenüber der Verbundkartonverpackung öS -,60. In der Einführungsphase wälzte der Handel diesen Aufschlag nicht auf den Verbraucher um und bot Flaschenmilch gleichpreisig, zum Teil auch billiger als im Verbundkarton an. Einige Monate danach wurde 1,0-l-Flaschenmilch in Handelsgeschäften bis zu öS 1,30 teurer angeboten.

2.4. Zusammenfassung

2.4.1. Umweltauswirkungen

Werden alle in den vorangegangenen Abschnitten besprochenen Vergleiche der Umweltauswirkungen durch Verwendung von 1,0-l-Mehrweg-Glasflaschen und Verbundkartonverpackungen für past. Trinkmilch zusammengefaßt, so ergeben sich die aus Tab. XVI ersichtlichen Bandbreiten für die belastungsäquivalente Umlaufzahl des Mehrweggebindes. Daraus läßt sich erkennen, daß im Bereich üblicher Umlaufhäufigkeiten kein grundsätzlicher Unterschied in den Umweltauswirkungen von Mehrweg-Glasflaschen und Verbundkartonverpackungen besteht. Zwar gibt es Parameter, wie den Rohstoff- und Energieverbrauch (bei ausschließlichem Deponieren der Abfälle und Einbeziehung

Tab. XV: **Mehrkosten** (Verbraucherpreise) von **past. Trinkmilch in Mehrweg-Glasflaschen** im Vergleich zu past. Trinkmilch (3,5 % Fett) im Verbundkarton in der BRD nach WIETBRAUK (21)

Zeitraum	Molkerei	Art d. Hohlglasverpackung	Mehrkosten gegenüber Verbundkarton	
			Pf/Liter	~öS/Liter[1)]
1980	Köln	1,0 l Pfandfl.	6	0,42
Okt. 1983	Andechs	1,0 l Rundeckfl.	8	0,56
1985	Bottrop	1,0 l Allwegfl.	13	0,91
Febr. 1986	Köln	1,0 l Pfandfl.	30 - 50	2,10 - 3,50
Sept. 1986	Duisburg	1,0 l Pfandfl.	29 - 39	2,03 - 2,73
Jan. 1987	Freiburg	1,0 l Pfandfl.	30 - 40	2,10 - 2,80
Jan. 1987	Stuttgart	1,0 l Pfandfl.	29 - 39	2,03 - 2,73
Jan. 1987	Berlin	1,0 l Pfandfl.	39	2,73
März 1987	Herford	1,0 l Pfandfl.	39	2,73

1) Umrechnungsschlüssel 7,0

Tab. XVI: Bandbreiten der **belastungsäquivalenten Umlaufzahl** von 1,0-l-Mehrweg-Glasflaschen im Vergleich zu den Umweltauswirkungen von Verbundkartonverpackungen für past. Trinkmilch

Parameter	Bandbreite der belastungsäquivalenten **Umlaufzahl** von 1,0-l-Mehrweg-Glasflaschen und Verbundkartonverpackungen
Wasserverbrauch	6 bis > 30
Energieverbrauch:	
bei Deponieren inkl. Holzenergie	2 bis 15
bei Verbrennung inkl. Holzenergie	2 bis 17
bei Deponieren exkl. Holzenergie	4 bis > 30
bei Verbrennung exkl. Holzenergie	10 bis > 30
Luftbelastung	1 bis > 40
Wasserbelastung	6 bis > 40
Feste Abfälle (Gewicht)	16 bis 25

der Holzenergie), in denen die Mehrweg-Glasflasche schon bei geringer Umlaufhäufigkeit im Vorteil ist. In anderen Bereichen, wie dem Wasser- oder dem Energieverbrauch (bei ausschließlicher Verbrennung der Abfälle), der Luft- oder Wasserbelastung und der gewichtsmäßigen Abfallbelastung muß die Mehrweg-Glasflasche hingegen hohe Umlaufzahlen erreichen, um diesbezügliche Systemvorteile des Verbundkartons zu kompensieren. Sonst aber wird jenes Verpackungssystem ökologisch günstiger sein, bei dem in allen Stufen, von der Rohmaterialgewinnung bis zur Entsorgung, jeweils die umweltschonenderen Verfahrens- und Systemmöglichkeiten realisiert wurden. Daß dies grundsätzlich bei beiden Verpackungssystemen möglich ist, verdeutlichen die Bandbreiten der ökologisch äquivalenten Umlaufzahlen.

Die Auswirkungen der Verwendung von Mehrweg-Glasflaschen und Verbundkartonverpackungen auf die Arbeitsumwelt und die damit verbundenen gesundheitlichen Belastungen wurden bisher noch nicht anhand exakter Daten verglichen. Was die Lärmbelästigung (Abfüllmaschinen, Distribution), Verletzungsgefahr (Glassplitter) sowie das Heben und Tragen schwerer Lasten (Vertriebs- und Handelspersonal, Hausfrauen, die Mehrpersonenhaushalte versorgen, sowie ältere und gebrechliche Personen) betrifft, bietet der Verbundkarton merkliche Vorteile.

2.4.2. Technische Eigenschaften

Obwohl die Mehrweg-Glasflasche so wie die Verbundkartonverpackung seit Jahrzehnten weltweit ihre Eignung als Packmittel für past. Trinkmilch unter Beweis gestellt haben, weist der Verbundkarton, wie Tabelle XVII zusammenfassend darstellt, in drei für die Füllgutqualität wichtigen Eigenschaften - Hygiene, Keimarmut und Lichtdichtigkeit - bemerkenswerte Vorteile auf.

In der Warendistribution ist der Verbundkarton infolge seiner hervorragenden logistischen Eigenschaften, des Wegfalles der Leergebindemanipulation und seiner geringeren mechanischen Empfindlichkeit eindeutig im Vorteil. Die vom Konsumenten geschätzten Gebrauchseigenschaften werden - flüssigkeitsdichte Flaschenverschlüsse und Wiederverschließbarkeit vorausgesetzt - bis auf das höhere Taragewicht, die Leergebindereinigung, Leergebinderückstellung und Pfandverrechnung von der Mehrwegflasche besser erfüllt. Auch können verschieden motivierte Vorurteile dazu beitragen, daß die Glasflasche von einem Teil der Verbraucher bevorzugt wird.

Tab. XVII: Vergleich der **technischen Eigenschaften** von 1,0-l-Mehrweg-Glasflaschen und Verbundkartonverpackungen für past. Trinkmilch

Merkmal	Beurteilung	
	MW-Glasflasche	Verbundkarton
Hygiene	++ 1)	+++
Keimarmut	++	+++
Lichtdurchlässigkeit	~8 %	0 %
Stoßempfindlichkeit	-	++
Taragewicht 2)3)	0,57 - 0,79 kg/l	0,03 - 0,13 kg/l
Lager- u. Transportraum 3)	2,85 - 4,44 m^3/1000 l	1,11 - 1,98 m^3/1000 l
Leergebindemanipulation	ja	keine
Pfandverrechnung	ja	keine
Reinigungsaufwand	hoch	keiner
Griffstabilität	+++	+
Flüssigkeitsdichtigkeit	+++ bis -- 4)	+++
Wiederverschließbarkeit	+++ bis -- 4)	-

1) nicht allein vom Abfüllbetrieb abhängig
2) inkl. Transportverpackung
3) von Art der Transportverpackung abhängig
4) vom Verschlußsystem abhängig

Beurteilung:
+++ sehr gut
++ gut
+ zufriedenstellend
- weniger zufriedenstell.
-- nicht zufriedenstellend

2.4.3. Wirtschaftlichkeit

Aufgrund der höheren Systemkosten von Mehrweg-Glasflaschen für past. Trinkmilch ist, wie alle bisher durchgeführten Kostenvergleiche zeigen, der Verbundkarton die kostengünstigere Verpackung. Gemäß Tab. XVIII sind die Systemkosten der Mehrweg-Glasflasche 8 - 65 % höher. Die praktischen Auswirkungen spiegeln sich in den höheren Verbraucherpreisen von past. Trinkmilch in Mehrweg-Glasflaschen wider, die in Österreich bis öS 1,30, in der BRD DM -,30 bis -,50 (rd. öS 2,- bis 2,80) über den Verbraucherpreisen von 1,0 l past. Trinkmilch im Verbundkarton liegen.

Tab. XVIII: Vergleich der **Systemkosten** von 1,0-l-Mehrweg-Glasflaschen und Verbundkartonverpackungen bei verschiedenen Umlaufzahlen

Quelle	Jahr	Land	Umlaufzahl	Kostenindex[1)] der Mehrweg-Glasflasche
(12)	1975	DK	30	108
(9)	1979	CH	35	127
(14)	1980	DK	20	165
(15)	1980	N	30, 50	148, 147
(16)	1980	D	10, 40	127, 119
(17)	1981	D	20	135
(18)	1981	NL	40	131
(19)	1982	D	8, 11	144, 109
(20)	1983	D	11	126
(25)	1987	DK	10, 20, 40	169, 162, 159

1) Kostenindex des Verbundkartons = 100

3. Einweg- und Mehrweg-Glasflaschen sowie aluminiumkaschierte Verbundkartonverpackungen für Dauermilchprodukte und Fruchtsäfte[1)]

3.1. Vergleich der Umweltauswirkungen

3.1.1. Übersicht

Über die Umweltauswirkungen durch Verwendung von 1,0-l-Einweg- bzw. Mehrweg-Glasflaschen und aluminiumkaschierten Verbundkartonverpackungen für Dauermilchprodukte und Fruchtsäfte liegen zwei umfassende Studie jüngeren Datums von LUNDHOLM (46) und GOTTWALD (43) vor. Im Jahr 1979 machte auch MIGROS (9) zu diesen Verpackungssystemen Angaben, die dem heutigen Wissensstand aber

1) aluminiumkaschierter Verbundkarton wird auch für die Abfüllung von Wein verwendet. Dieser Anwendungsbereich wird hier nicht behandelt.

nicht mehr entsprechen. In der Folge werden deshalb nur die Ergebnisse der beiden neueren Studien wiedergegeben. Tab. XIX enthält eine Kurzbeschreibung der verglichenen Verpackungssysteme. Die von MIGROS angegebenen Luft- und Wasserbelastungswerte können in Kap. V, Tab. III und IV nachgesehen werden.

3.1.2. Wasser- und Rohstoffverbrauch

Werden, wie in der Studie von LUNDHOLM (46), für die Herstellung von Sulfatzellstoff und -karton neueste Technologien angenommen und der Kühlwasserverbrauch für Heißabfüllung, Pasteurisation oder Sterilisation von Fruchtsäften in Glasflaschen berücksichtigt, so weist der aseptisch (ohne Nachkühlung) abgefüllte, aluminiumkaschierte Verbundkarton einen rd. 30 % geringeren Wasserbedarf als Mehrwegflaschen nach 20 Umläufen auf. Bei Verwendung leichtgewichtiger Einwegflaschen wäre der Wasserverbrauch dann etwa 3mal so hoch wie beim Verbundkarton (siehe Tab. XX und Abb. 14).

Die Auswirkungen herkömmlicher Technologien der Kartonherstellung sowie der Außerachtlassung der Flaschenkühlung auf den Wasserverbrauch zeigen die Angaben von GOTTWALD (43). Danach würden Einweg-Glasflaschen 12 % und Mehrweg-Glasflaschen (nach 20 Umläufen) ca. 80 % weniger Wasser verbrauchen als der Verbundkarton.

Zur Problematik von Vergleichen des Rohstoffverbrauches verschiedener Verpackungssysteme sei auf die Anmerkungen in Abschn. 2.1.2. dieses Kapitels verwiesen.

3.1.3. Energieverbrauch

Einweg-Leichtglasflaschen verbrauchen nach den Untersuchungen von LUNDHOLM (46) und GOTTWALD (43), deren Ergebnisse aus Tab. XXI, XXII, XXIII u. XXIV hervorgehen und in Abb. 15, 16, 17 u. 18 grafisch dargestellt sind, mehr Energie als Mehrweg-Glasflaschen und Verbundkartonverpackungen.

Werden Abfälle ausschließlich deponiert, dann liegt nach LUNDHOLM (46) die zum aluminiumkaschierten Verbundkarton energieäquivalente Umlaufzahl der Mehrweg-Glasflasche, unter Einbeziehung der Holzenergie, bei ca. 12 Umläufen. Wird der Energieinhalt des Holzrohstoffes nicht berücksichtigt, erweist sich die Verbundkartonverpackung energiegünstiger. Dies ist nach LUNDHOLM (46) auch bei ausschließlichem Verbrennen der Abfälle sowohl bei Berücksichtigung als auch bei Ausklammerung der Holzenergie der Fall.

Tab. XIX: **Kurzbeschreibung** der in den angeführten Studien verglichenen **Verpackungssysteme** (1,0-l-Mehrweg- und Einweg-Glasflaschen sowie aluminiumkaschierte Verbundkartonverpackungen) für Dauermilchprodukte und Fruchtsäfte

Autor Zitat Jahr	LUNDHOLM (46) 1985			GOTTWALD (43) 1986		
Verbraucherpackung	MW-Glasflasche	EW-Glasflasche	Verbundkarton	MW-Glasflasche	EW-Glasflasche	Verbundkarton
Glas	600 g	360 g	-	600 g	355 g	-
Karton	-	-	20,14 g	-	-	21,90 g
Polyäthylen	-	-	5,68 g	-	-	6,10 g
Aluminium	-	-	1,50 g	-	-	1,50 g
Verschluß	Schraubverschl.	Twist off	-	Schraubverschl.	Twist off	-
Weißblech	-	3,9 g	-	-	4,0 g	-
Aluminium	2,19 g	-	-	1,5 g	-	-
PVC-Compound	0,21 g	1,23 g	-	0,4 g	1,0 g	-
Etikett	1,6 g	2,3 g	-	0,5 g	0,5 g	-
Anteil. Transportverpackung	Trays geschrumpft palettiert	Trays geschrumpft palettiert	Rollen palettiert	Trays geschrumpft palettiert	Trays geschrumpft palettiert	Rollen od. Schachteln palettiert
(Hersteller)*						
Wellpappe	5,87 kg	5,87 kg	-	n.a.	n.a.	n.a.
Papier	-	-	0,075 kg	n.a.	n.a.	n.a.
PE-Schrumpffolie	1,13 kg	1,13 kg	0,072 kg	n.a.	n.a.	n.a.
Anteilige Umverpackung	Flaschenkasten	Schachtel geschr.	Schachtel	Flaschenkasten	Schachtel	Tray geschr.
(Distribution)**						
HD-PE	1,39 kg	-	-	0,78 kg	-	-
Wellpappe	-	9,27 kg	5,25 kg	-	47,5 kg	8,33 kg
Papier	-	-	-	-	-	-
PE-Schrumpffolie	-	2,95 kg	-	-	-	2,00 kg

* Verbrauch für 1000 Verpackungen
** Verbrauch für 1000 l Füllgut
n.a. nicht angegeben

GOTTWALD (43) gibt den Energieverbrauch für Mehrweg-Glasflaschen niedriger und für Verbundkartonverpackungen (bei einem Müllverbrennungsanteil von 77 %) höher als LUNDHOLM an, wodurch die Mehrwegflasche bereits ab dem 5. (inkl. Holzrohstoff) bzw. 7. Umlauf (ohne Holzrohstoff) weniger Energie verbrauchen würde.

Der Vergleich beider Studien zeigt, daß das Mehrweg-System nicht grundsätzlich energiegünstiger ist, sondern dessen Abschneiden im

Tab. XX u. Abb. 14: **Wasserverbrauch** (m^3/1000 l Füllgut) bei Verwendung von 1,0-l-Mehrweg- und Einweg-Glasflaschen sowie aluminiumkaschierten Verbundkartonverpackungen für Dauermilchprodukte und Fruchtsäfte

Quelle	LUNDHOLM (46)			GOTTWALD (43)		
Umlaufzahl	MW-Glasflasche	EW-Glasflasche	Verbundkarton alukaschiert	MW-Glasflasche	EW-Glasflasche	Verbundkarton alukaschiert
1	10,61 m^3	8,75 m^3	2,73 m^3	13,71 m^3	6,02 m^3	6,85 m^3
10	4,28 m^3	-	-	1,91 m^3	-	-
20	3,84 m^3	-	-	1,26 m^3	-	-
25	3,75 m^3	-	-	1,12 m^3	-	-

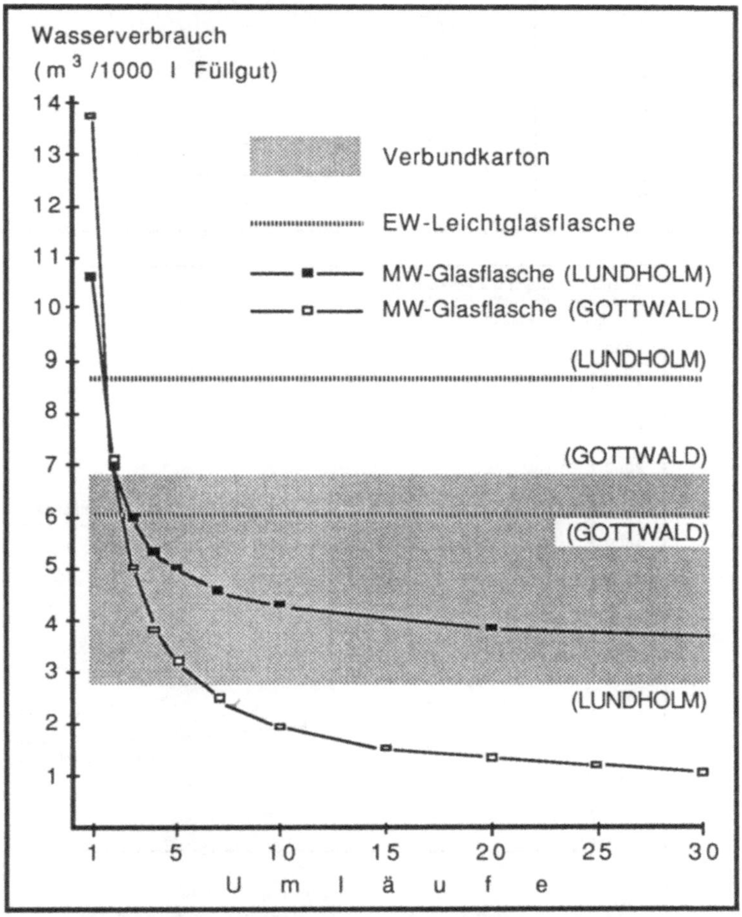

Tab. XXI u. Abb. 15: **Energieverbrauch** (kWh_{th}/1000 l Füllgut) bei Verwendung von 1,0-l-Einweg- und Mehrweg-Glasflaschen sowie aluminiumkaschierten Verbundkartonverpackungen (bei ausschließlichem **Deponieren** der Abfälle, ***inkl.*** *Energieinhalt des Holzrohstoffes*) für Dauermilchprodukte und Fruchtsäfte nach LUNDHOLM (46)

Quelle	LUNDHOLM (46)		
Umlaufzahl	Mehrweg-Glasflasche (kWh_{th})	Einweg-Leichtglas-flasche (kWh_{th})	Verbundkarton aluminium-kaschiert (kWh_{th})
1	2553	1684	674
2	1529	-	-
5	914	-	-
10	709	-	-
15	641	-	-
20	607	-	-
25	586	-	-
30	573	-	-

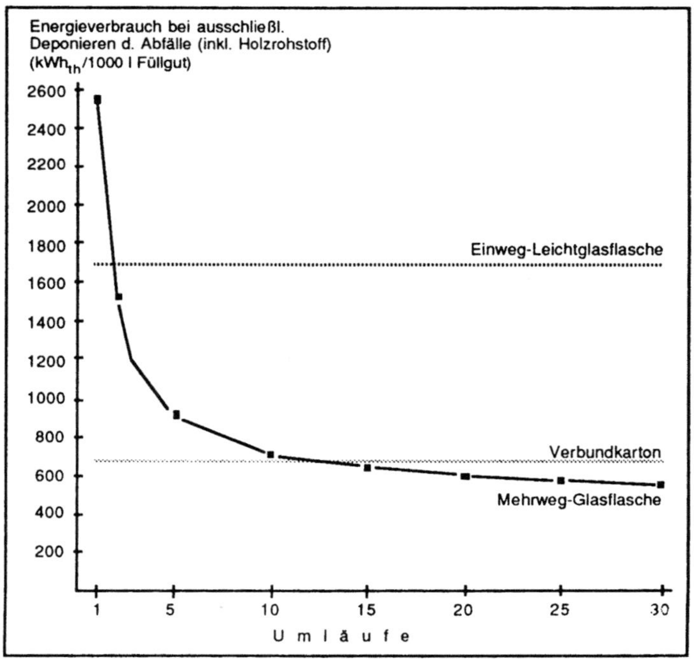

Tab. XXII u. Abb. 16: **Energieverbrauch** (kWh_{th}/1000 l Füllgut) bei Verwendung von 1,0-l-Einweg- und Mehrweg-Glasflaschen sowie aluminiumkaschierten Verbundkartonverpackungen (bei ausschließlicher bzw. teilweiser **Verbrennung** der Abfälle mit Energierückgewinnung, ***inkl.*** *Energieinhalt des Holzrohstoffes*) für Dauermilchprodukte und Fruchtsäfte

Quelle	LUNDHOLM (46)[1]			GOTTWALD (43)[2]		
Umlaufzahl	MW-Glasflasche (kWh_{th})	EW-Glasflasche (kWh_{th})	Verbundkarton alukaschiert (kWh_{th})	MW-Glasflasche (kWh_{th})	EW-Glasflasche (kWh_{th})	Verbundkarton alukaschiert (kWh_{th})
1	2545	1674	537	2198	1158	752
2	1524	-	-	1284	-	-
5	912	-	-	734	-	-
10	708	-	-	552	-	-
15	640	-	-	491	-	-
20	606	-	-	461	-	-
25	586	-	-	442	-	-
30	572	-	-	430	-	-

1) ausschließliche Verbrennung
10 % Altglasrecycling

2) Anteil der Müllverbrennung 77 %
43 % Altglasrecycling

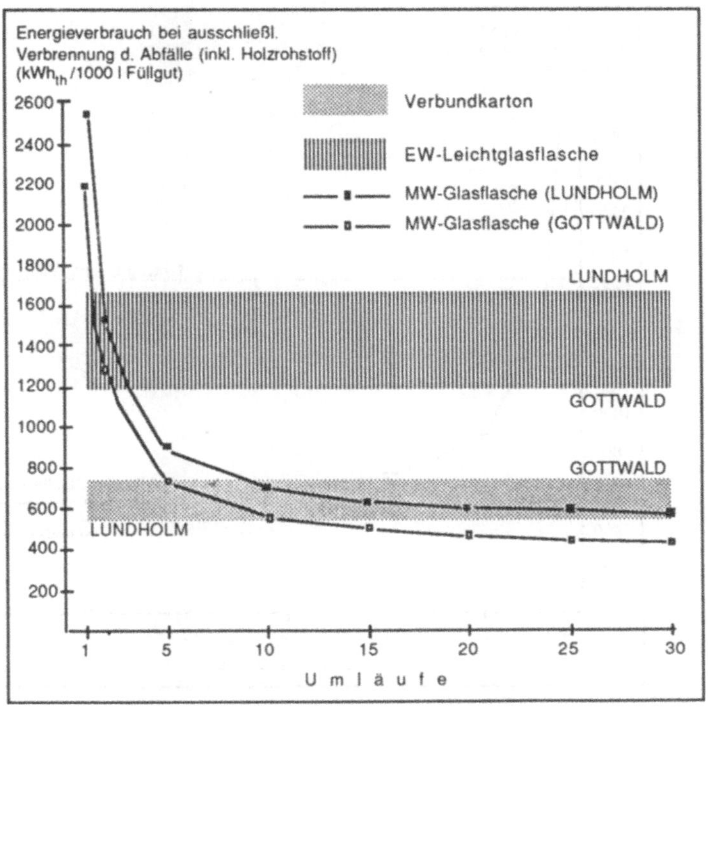

Tab. XXIII u. Abb. 17: **Energieverbrauch** (kWh_{th}/1000 l Füllgut) bei Verwendung von 1,0-l-Einweg- und Mehrweg-Glasflaschen sowie aluminiumkaschierten Verbundkartonverpackungen (bei ausschließlichem **Deponieren** der Abfälle mit Energierückgewinnung, ***exkl.*** *Energieinhalt des Holzrohstoffes*) für Dauermilchprodukte und Fruchtsäfte nach LUNDHOLM (46)

Quelle	LUNDHOLM (46)		
Umlaufzahl	Mehrweg-Glasflasche (kWh_{th})	Einweg-Leichtglasflasche (kWh_{th})	Verbundkarton aluminiumkaschiert (kWh_{th})
1	2489	1684	459
2	1488	-	-
5	887	-	-
10	687	-	-
15	620	-	-
20	587	-	-
25	567	-	-
30	553	-	-

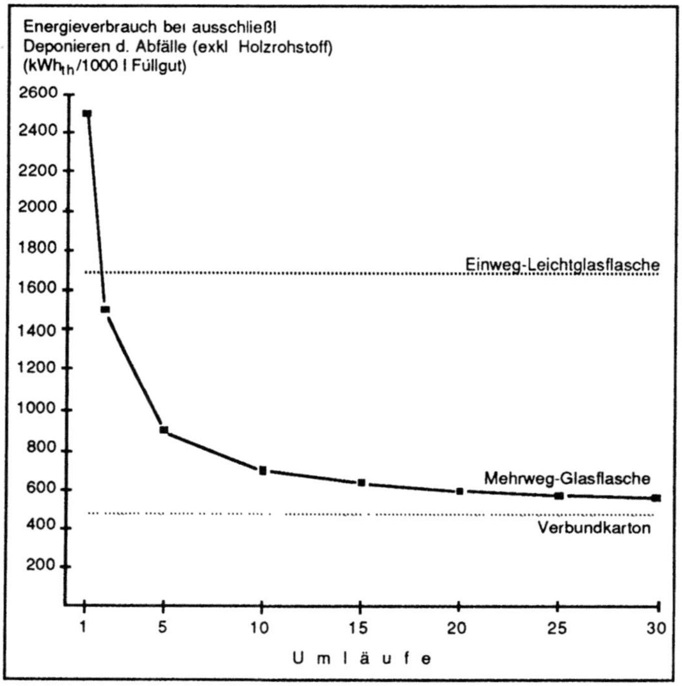

Tab. XXIV u. Abb. 18: **Energieverbrauch** (kWh_{th}/1000 l Füllgut) bei Verwendung von 1,0-l-Einweg- und Mehrweg-Glasflaschen sowie aluminiumkaschierten Verbundkartonverpackungen (bei ausschließlicher bzw. teilweiser **Verbrennung** der Abfälle mit Energierückgewinnung ***exkl.*** *Energieinhalt des Holzrohstoffes*) für Dauermilchprodukte und Fruchtsäfte

Quelle	LUNDHOLM (46)[1]			GOTTWALD (43)[2]		
Umlaufzahl	MW-Glasflasche (kWh_{th})	EW-Glasflasche (kWh_{th})	Verbundkarton alukaschiert (kWh_{th})	MW-Glasflasche (kWh_{th})	EW-Glasflasche (kWh_{th})	Verbundkarton alukaschiert (kWh_{th})
1	2500	1674	396	2198	1158	629
2	1493	-	-	1284	-	-
5	889	-	-	734	-	-
10	688	-	-	552	-	-
15	621	-	-	491	-	-
20	587	-	-	461	-	-
25	567	-	-	442	-	-
30	554	-	-	430	-	-

1) ausschließliche Verbrennung
10 % Altglasrecycling

2) Anteil der Müllverbrennung 77 %
43 % Altglasrecycling

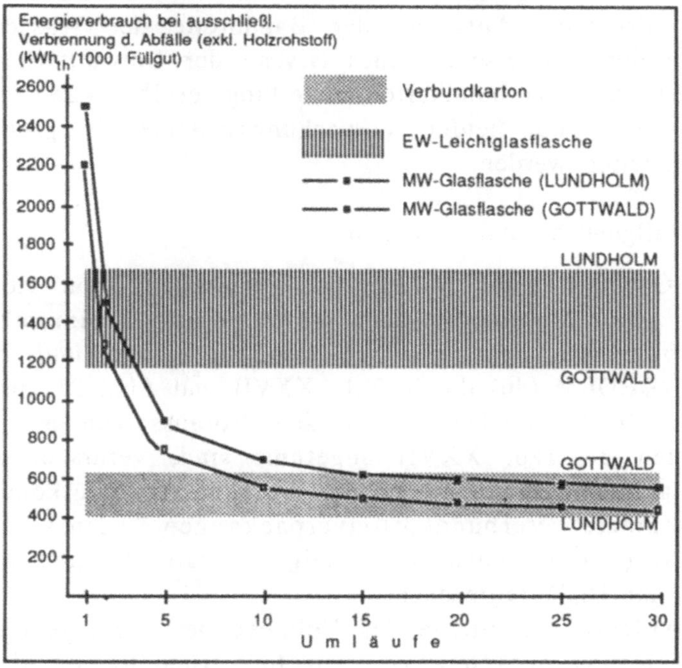

Verhältnis zum Verbundkarton vom jeweils berücksichtigten Stand der Herstellungstechnik und der energetischen Betrachtungsweise abhängt.

3.1.4. Luft- und Wasserbelastung

Wie aus Tab. XXV und Abb. 19 hervorgeht, verursacht die Einweg-Leichtglasflasche die höchste Luftbelastung. Nach LUNDHOLM (46) wäre die Luftbelastung bei Verwendung aluminiumkaschierter Verbundkartonverpackungen für Dauermilchprodukte oder Fruchtsäfte geringer als bei Mehrweg-Glasflaschen. GOTTWALD (43) kommt hingegen aufgrund seiner Berechnungen ab dem 5. Umlauf der Mehrwegflasche zu einer höheren Luftbelastung durch den Verbundkarton. Auch hier dürfte die Annahme eines unterschiedlichen Standes der Herstellungstechnik Hauptursache der Ergebnisabweichungen beider Autoren sein. Unter Berücksichtigung der solcherart gegebenen Bandbreite der Luftbelastung sind beide Systeme als gleichwertig einzustufen.

Tab. XXVI und Abb. 20 zeigen ähnlich geartete Beurteilungsunterschiede für die Wasserbelastung, die bereits zu einer divergierenden Einstufung der Einweg-Leichtglasflasche führen: Nach LUNDHOLM (46) würde die Einwegflasche eine wesentlich höhere Wasserbelastung verursachen als der Verbundkarton. GOTTWALD (43) kommt zu einem gegenteiligen Ergebnis. Aufgrund der Bandbreite der Wasserbelastung, welche sich durch unterschiedliches Niveau der Umwelttechnik bei der Glasflaschen- und Verbundkartonherstellung ergibt, kann aus diesen Daten für keines der beiden Verpackungssysteme ein grundsätzlicher Vorteil abgeleitet werden.

3.1.5. Abfallgewicht und -volumen

Über das Gewicht fester Abfälle bei Verwendung von 1,0-l-Einweg-Leichtglas- und Mehrwegflaschen sowie von aluminiumkaschierten Verbundkartonverpackungen für Dauermilchprodukte und Fruchtsäfte machte LUNDHOLM (46) die in Tab. XXVII und Abb. 21 zusammenfassend dargestellten Angaben. Unter den Voraussetzungen, welche in den Fußnoten zu Tab. XXVII angeführt sind, verursachen Einweg-Leichtglasflaschen gewichtsmäßig das höchste Abfallaufkommen. Aluminiumkaschierte Verbundkartonverpackungen verursachen nach LUNDHOLM (46) gewichtsmäßig weniger Abfall als Mehrweg-Glasflaschen die ≤ 20 Umläufe machen.

GOTTWALD (43) ermittelte das Volumen der abzulagernden Abfälle unter Einbeziehung des Gewerbe- und Industriemülls aus den Vorstu-

Tab. XXV u. Abb. 19: **Luftbelastung** (kritisch werdende Luftmenge in Mio m^3/1000 l Füllgut) bei Verwendung von 1,0-l-Mehrweg- und Einweg-Glasflaschen sowie aluminiumkaschierten Verbundkartonverpackungen für Dauermilchprodukte und Fruchtsäfte

Quelle	LUNDHOLM (46)			GOTTWALD (43)		
Umlaufzahl	MW-Glasflasche (Mio m^3)	EW-Glasflasche (Mio m^3)	Verbundkarton alukaschiert (Mio m^3)	MW-Glasflasche (Mio m^3)	EW-Glasflasche (Mio m^3)	Verbundkarton alukaschiert (Mio m^3)
1	149,54	95,37	21,82	195,38	100,40	51,92
2	87,71	-	-	105,39	-	-
5	50,61	-	-	51,39	-	-
10	38,24	-	-	33,39	-	-
15	34,12	-	-	27,39	-	-
20	32,06	-	-	24,39	-	-
25	30,82	-	-	22,59	-	-
30	30,00	-	-	21,39	-	-

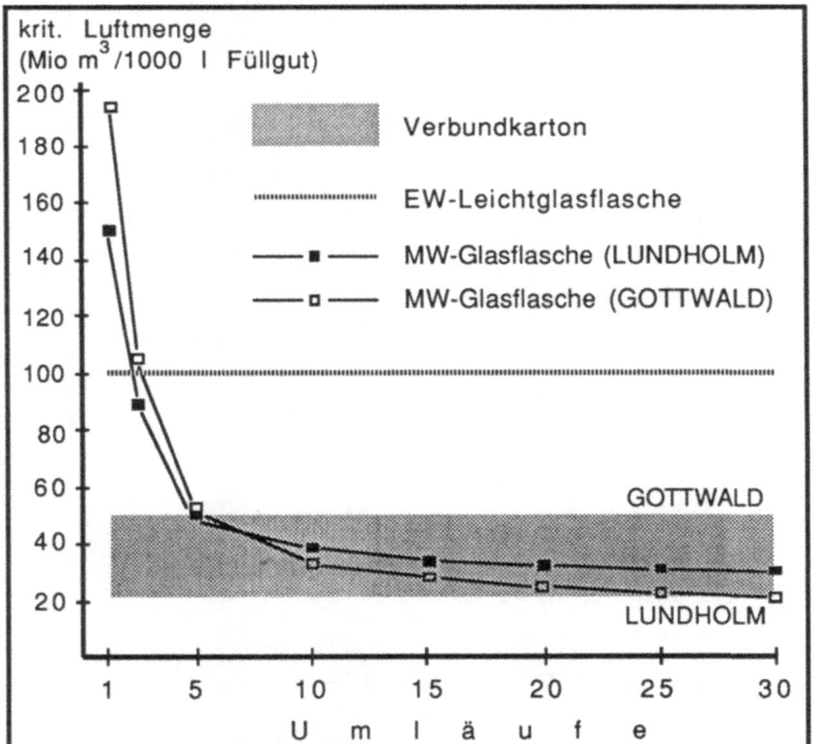

Tab. XXVI u. Abb. 20: **Wasserbelastung** (kritisch werdende Wassermenge in m^3/1000 l Füllgut) bei Verwendung von 1,0-l-Mehrweg- und Einweg-Glasflaschen sowie aluminiumkaschierten Verbundkartonverpackungen für Dauermilchprodukte und Fruchtsäfte

Quelle	LUNDHOLM (46)			GOTTWALD (43)		
Umlaufzahl	MW-Glasflasche (m^3)	EW-Glasflasche (m^3)	Verbundkarton alukaschiert (m^3)	MW-Glasflasche (m^3)	EW-Glasflasche (m^3)	Verbundkarton alukaschiert (m^3)
1	1297,20	790,24	24,56	79,11	91,94	313,23
2	653,70	-	-	43,65	-	-
5	267,60	-	-	22,37	-	-
10	138,90	-	-	15,28	-	-
15	96,00	-	-	12,92	-	-
20	74,55	-	-	11,74	-	-
25	61,68	-	-	11,03	-	-
30	53,10	-	-	10,55	-	-

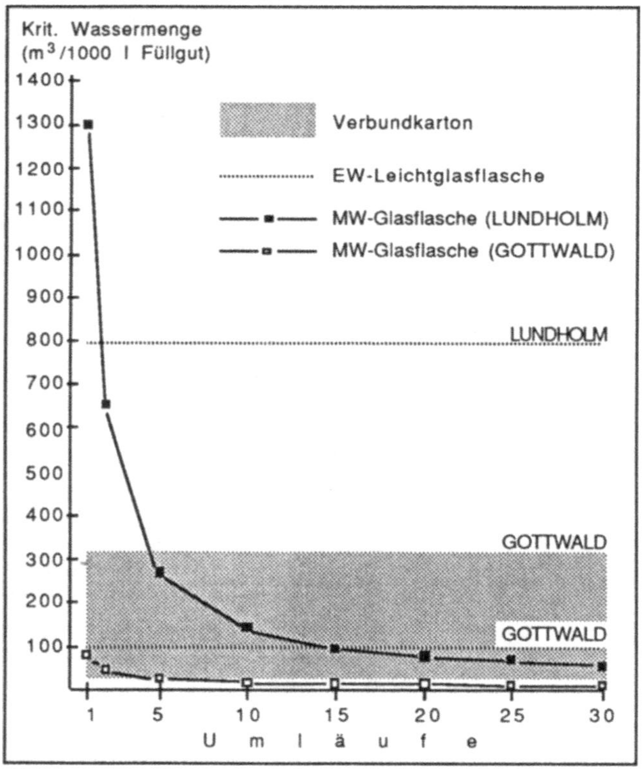

Tab. XXVII u. Abb. 21: **Feste Abfälle** (kg/1000 l Füllgut) bei ausschließlichem **Deponieren** derselben, durch Verwendung von 1,0-l-Mehrweg- und Einweg-Glasflaschen sowie aluminiumkaschierten Verbundkartonverpackungen für Dauermilchprodukte und Fruchtsäfte nach LUNDHOLM (46)

Quelle	LUNDHOLM (46)		
Umlaufzahl	Mehrweg-[1] Glasflasche (kg)	Einweg-[1] Leichtglasflasche (kg)	Verbundkarton aluminiumkaschiert[2] (kg)
1	549	356	33
2	279	-	-
5	117	-	-
10	63	-	-
15	45	-	-
20	36	-	-
25	31	-	-
30	27	-	-

1) ohne Gewerbe- und Industriemüll aus den Vorstufen; 10 % Altglasrecycling berücksichtigt

2) ohne Gewerbe- und Industriemüll aus den Vorstufen

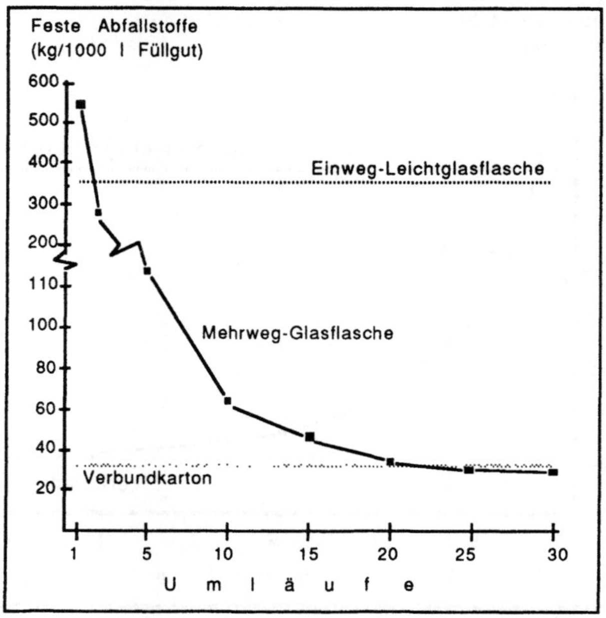

Tab. XXVIII u. Abb. 22: **Deponiebelastung** (dm^3/1000 l Füllgut) bei 77 % **Verbrennung** der Abfälle, durch Verwendung von 1,0-l-Mehrweg- und Einweg-Glasflaschen sowie aluminiumkaschierten Verbundkartonverpackungen für Dauermilchprodukte und Fruchtsäfte nach GOTTWALD (43)

Quelle	GOTTWALD (43)		
Umlaufzahl	Mehrweg-Glasflasche[1)] (dm^3)	Einweg-Leichtglasflasche[1)] (dm^3)	Verbundkarton aluminiumkaschiert (dm^3)
1	379	204	19
2	194	-	-
5	83	-	-
10	46	-	-
15	34	-	-
20	28	-	-
25	24	-	-
30	22	-	-

1) inkl. Gewerbe- und Industriemüll aus den Vorstufen; 43 % Altglasrecycling und 77 % Verbrennung berücksichtigt

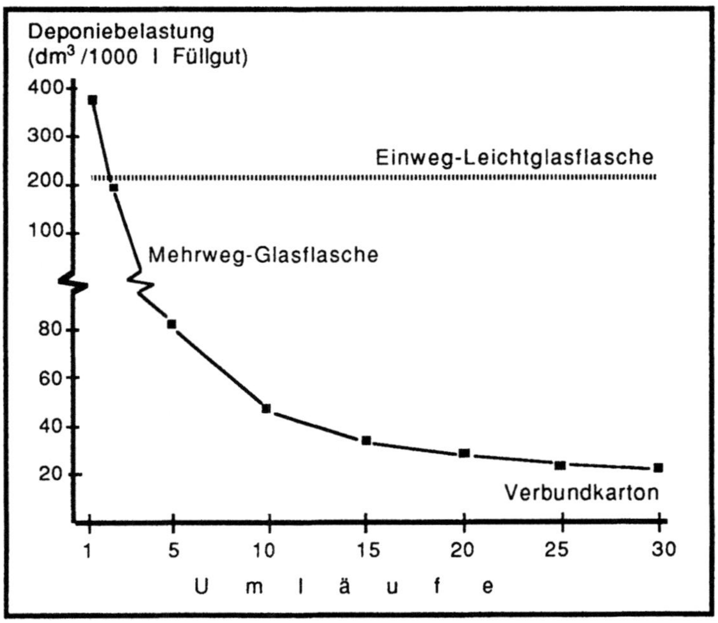

fen und kommt, unter den in der Fußnote zu Tab. XXVIII angeführten Voraussetzungen, zu einem ähnlichen Ergebnis wie LUNDHOLM, das aufgrund eines Verbrennungsanteils von 77 % für den Verbundkarton noch etwas günstiger ausfällt.

Eine Erhebung des Hausmüllaufkommens durch Verwendung von Einweg-Glasflaschen und aluminiumkaschierten Verbundkartonverpackungen für Dauermilchprodukte (11) ermöglichte unter Einbeziehung aktueller Randbedingungen (s. Fußnote zu Tab. XXIX) eine genaue Ermittlung des spezifischen Abfallaufkommens beider Verpackungsarten. Werden die unterschiedlichen Randbedingungen berücksichtigt, so erhärtet Tab. XXX einschlägige Angaben von LUNDHOLM und GOTTWALD: Einweg-Glasflaschen für Dauermilchprodukte beanspruchten (ohne Hinzurechnung des Gewerbe- und Industriemüllaufkommens aus den Vorstufen) rd. 170 dm^3 Deponievolumen/1000 l Füllgut, in aluminiumkaschierten Verbundkartonverpackungen nur 50 dm^3/1000 l Füllgut.

3.1.6. Arbeitsumwelt

Die Auswirkungen der Verwendung von Einweg-Leichtglasflaschen bzw. Mehrwegflaschen und aluminiumkaschierten Verbundkartonverpackungen für Dauermilchprodukte auf die Arbeitsumwelt sind praktisch die gleichen, die in Abschn. 2.1.6 beschrieben wurden. Zusätzlich wäre noch die geringfügige Arbeitserleichterung für das Transport- und Handelspersonal durch das etwas geringere Gewicht versandfertig verpackter Dauermilchprodukte und Fruchtsäfte in Einweg-Glasflaschen gegenüber Mehrwegflaschen zu erwähnen (siehe Tab. XXXII). Das geringste Packstückgewicht weisen Dauermilchprodukte und Fruchtsäfte in Verbundkartonverpackungen auf.

3.2. Technischer Vergleich

3.2.1. Grundsätzliches

Die Sterilisation von Milchprodukten sowie die Sterilisation, Pasteurisation bzw. Heißabfüllung von Fruchtsäften in Einweg- oder Mehrweg-Glasflaschen fanden ebenso wie die aseptische Abfüllung in aluminiumkaschierte Verbundkartonverpackungen weltweite Verbreitung als zuverlässige Verfahren für die Herstellung von Dauermilchprodukten und haltbaren Fruchtsaftgetränken.

Tab. XXIX: Vergleich der Abfüllung flüssiger Dauermilchprodukte in Einweg-Glasflaschen und aluminiumkaschierte Verbundkartonverpackungen und der sich daraus ergebenden **Hausmüllbelastung** (Österreich 1984)

Packmittel	Einweg-Glasflaschen[1]	Verbundkarton
Abfüllung	17,018 Mio l	20,400 Mio l
abgefüllte Einheiten	36,383 Mio Stk.	36,534 Mio Stk.
Hausmüllgewicht	5.549 t	814 t
Anteil am Hausmüllaufkommen (1,628 Mio t)	0,34 %	0,05 %
Hausmüllsammelvolumen	20.055 m^3	15.961 m^3
Anteil am Hausmüllsammelvolumen (15,37 Mio m^3)	0,13 %	0,10 %
Deponievolumen[2]	2.868 m^3	1.018 m^3
Anteil am Deponievolumen (2,2 Mio m^3)[2]	0,13 %	0,05 %

1) inkl. 34 % Altglasrecycling
2) Schätzung (bei 16 % Müllverbrennung)

Tab. XXX: **Spezifisches Abfallaufkommen** durch Einweg-Glasflaschen und aluminiumkaschierte Verbundkartonverpackungen für Dauermilchprodukte (Österreich 1984)

Parameter	Dimension	Glasflaschen[1]	Verbundkarton
spez. Hausmüllgewicht	kg/1000 l	326,1	39,9
spez. Hausmüllsammelvolumen	dm^3/1000 l	1178,5	782,4
spez. Deponievolumen[2]	dm^3/l1000 l	168,5	49,9

1) Einwegflaschen inkl. 34 % Altglasrecycling
2) Schätzung (bei 16 % Müllverbrennung)

Im Gegensatz zur aseptischen Abfüllung in Verbundkartonverpackungen werden Glasflaschen in der Regel heiß abgefüllt oder unsteril befüllt und anschließend pasteurisiert bzw. in kontinuierlichen oder Gegendruckautoklaven sterilisiert. Die aseptische Abfüllung in Glasflaschen konnte sich trotz wiederholter Versuche wegen der erheblich höheren Kosten und der geringeren Verfahrenszuverlässigkeit bisher nicht in größerem Umfang durchsetzen.

Beim Vergleich der Eignung von Glasflaschen und Verbundkartonverpackungen für Dauermilchprodukte muß beachtet werden, daß sich Haltbar- und Sterilmilchprodukte nicht nur durch die Art ihrer Haltbarmachung (Ultrahocherhitzung bzw. Sterilisation), sondern auch durch verschiedene Produkteigenschaften, wie

- Haltbarkeit (H-Produkte einige Monate, Sterilprodukte > 1 Jahr)
- und Ausmaß der Hitzedenaturierung (das auch sensorisch wahrnehmbar ist)

unterscheiden. Weiters stellen beide Haltbarmachungsverfahren unterschiedliche Anforderungen an die Packmittel, wodurch Glasflaschen nicht durch Verbundkartonverpackungen und umgekehrt ersetzt werden können.

3.2.2. Schutzeigenschaften

Wie schon in Kapitel II dargelegt, muß die Verpackung von Dauermilchprodukten und Fruchtsäften vor allem

- das Füllgut vor Reinfektionen schützen
- und ausreichende Barriereeigenschaften gegenüber Fremdgerüchen, Lichteinwirkung und Luftsauerstoff aufweisen.

Voraussetzung für eine ausreichende Haltbarkeit von Dauermilchprodukten und Fruchtsäften ist die Effektivität ihrer Entkeimung, die vom angewandten Erhitzungsverfahren und dem Ausgangskeimgehalt des Produktes abhängig ist. Beim Abfüllvorgang ist neben der Vermeidung von Reinfektionen auf ausreichende Keimarmut der verwendeten Packmittel zu achten. Diese wird bei erstmalig verwendeten Packmitteln wie Einweg-Glasflaschen, Verbundkartonverpackungen oder fabrikneuen Mehrweg-Glasflaschen von deren Keimgehalt im Anlieferungszustand, bei rückgelieferten Mehrwegflaschen von deren Verschmutzungsgrad und der Effektivität der Reinigungsbehandlung im Abfüllbetrieb beeinflußt.

Sowohl Glasflaschen als auch aluminiumkaschierte Verbundkartonverpackungen bieten durch keimdichten Verschluß ausreichenden

Schutz vor Reinfektionen und auch vor Fremdgeruch- und Luftsauerstoffzutritt. Die weitgehende Vermeidung oxydativer Veränderungen des Füllgutes hängt aber auch von den Lichtschutzeigenschaften des Packmittels und der verfügbaren Sauerstoffmenge in der Verpackung ab. In dieser Hinsicht bieten kopfraumfreie Verbundkartonverpackungen einen gewissen Vorteil, der sich u.a. in einem langsameren Vitaminabbau äußert (28). Darüberhinaus bietet der Verbundkarton besseren Lichtschutz als kohlegelb eingefärbte Glasflaschen (s. Tab. XXXI).

3.2.3. Distributionseigenschaften

Die wesentlichsten Unterschiede in den Distributionseigenschaften von Mehrweg-Glasflaschen und Verbundkartonverpackungen wurden bereits in Abschn. 2.2.3 dieses Kapitels besprochen. Wie Tab. XXXII zeigt,

Tab. XXXI: Vergleich der wichtigsten, die **Qualitätseigenschaften** von Dauermilchprodukten **beeinflussenden Merkmale** von 1,0-l-Einweg- und Mehrweg-Glasflaschen sowie von aluminiumkaschierten Verbundkartonverpackungen

Merkmal	EW-Glasflaschen	MW-Glasflaschen	Verbundkartonverpackungen alukaschiert
Keimfreiheit der dem Füllgut zugewandten Oberfläche	von Keimarmut im Anlieferungszustand und Effektivität des Entkeimungs- bzw. Erhitzungsverfahrens abhängig	vom Verschmutzungsgrad der rückgelieferten Flaschen, der Effektivität der Reinigungsbehandlung sowie des Erhitzungsverfahrens abhängig	von Keimarmut im Anlieferungszustand und Effektivität des Entkeimungsverfahrens abhängig
Durchlässigkeit gegenüber Gasen und Dämpfen (Luftsauerstoff und Fremdgeruch)	$<< 0{,}01\ cm^3/Tag \cdot bar$ 1)		
Durchlässigkeit gegenüber schädigender Lichtenergie 2)	Weißglas ~ 96 % Braunglas ~ 8 %		0 %

1) für diese Produktgruppe ausreichend
2) nach (23)

VI/251

Tab. XXXII: Vergleich des **Transportgewicht**es und -**volumens** von Dauermilchprodukten in 1,0-l-Einweg- bzw. Mehrweg-Glasflaschen und Verbundkartonverpackungen[1)]

Packmittel		Transportverpackung				Transportgewicht			Transportvolumen	
System	Gewicht (kg)	System	Dimensionen LxBxH (mm)	Gewicht (kg)	Produktmenge (l)	Tara (kg)	Brutto abs. (kg)	Brutto spez. (kg/l)	abs. (l)	spezifisch (l/l Füllgut)
Mehrwegflasche	0,60	KST-Kasten	400x300x295	1,82	12	9,02	21,02	1,75	35,40	2,95
Einwegflasche	0,36	Schrumpftray	300x200x260	0,076	6	2,24	8,24	1,37	15,60	2,60
Verbundkarton	0,0273	Wellpappetray	400x200x167	0,063	12	0,39	12,39	1,03	13,36	1,11

1) Die Daten wurden den Angaben von LUNDHOLM (46) entnommen. Lediglich die hier angegebenen Dimensionen der Transportverpackungen wurden sinngemäß ergänzt.

ist das Transportgewicht und Transportvolumen von Einweg-Glasflaschen zwar etwas geringer als von Mehrwegflaschen, aber noch immer bedeutend höher als von Verbundkartonverpackungen. So wie bei diesen fällt auch bei Einweg-Glasflaschen der zusätzliche Aufwand für Leergebindemanipulation, Leergebinderückholung und -lagerung weg.

3.3. Wirtschaftlicher Vergleich

3.3.1. Systemkosten der Verpackung von Dauermilchprodukten

Vergleiche der Systemkosten von Einweg- und Mehrweg-Glasflaschen sowie von aluminiumkaschierten Verbundkartonverpackungen, welche sich auf Abfüllung und Vertrieb von Dauermilchprodukten beziehen, wurden bisher nicht veröffentlicht. Da H-Milch und H-Milchprodukte nahezu ausschließlich in Verbundkartonverpackungen, Sterilmilch und Sterilprodukte hingegen in Glasflaschen oder anderen Packmitteln (z.B. Feinstblechdosen) abgefüllt werden und außerdem unterschiedliche Produkte in Hinblick auf Herstellungsaufwand, Haltbarkeit, Geschmack und Verwendung sind, kommt Vergleichen der Systemkosten von Verbundkarton- und Hohlglasverpackungen bei dieser Produktgruppe keine praktische Bedeutung zu.

Für die systembedingten Verpackungskosten von Dauermilchprodukten gelten im Prinzip die Ausführungen in Abschnitt 2.2. dieses Kapitels. Zu ergänzen wäre nur, daß Einweg-Glasflaschen höhere Packmittelkosten verursachen als Mehrweg-Glasflaschen (bei mindestens zweimaliger Verwendung), dafür aber infolge ihres etwas geringeren Taragewichtes und Transportvolumens (siehe Tab. XXXII) gewisse Einsparungen an Distributionskosten ermöglichen. Diese können wegen des zumeist weiteren Distributionsgebietes von Dauermilchprodukten bedeutsamer sein als bei Frischprodukten.

Infolge der höheren Gebindekosten, des höheren Taragewichtes und Transportraumbedarfes ist der Vertrieb von Sterilmilch und Sterilmilchprodukten in Einweg-Glasflaschen aufwendiger als von H-Milch- und H-Milchprodukten in aluminiumkaschierten Verbundkartonverpackungen. Diesem Nachteil steht wieder die längere Haltbarkeit glasverpackter Dauermilchprodukte gegenüber.

3.3.2. Systemkosten der Verpackung von Fruchtsaftgetränken

Im Auftrag des dänischen Umweltministeriums wurde die Wirtschaftlichkeit von Mehrweg-Glasflaschen und aluminiumkaschierten Ver-

Tab. XXXIII: Vergleich der **Systemkosten** von 1,0-l-aluminiumkaschierten Verbundkartonverpackungen (Kostenindex = 100) und Mehrweg-Glasflaschen für Fruchtsäfte nach (25)

Verpackungs-system	Umlauf-zahl	Kostenindex für				
		Pack-mittel	Abfül-lung	Distri-bution, Handel	Ent-sor-gung	Gesamt-kosten
Verbundkarton (aluminiumkaschiert)	1	42	5	53	-	100
Mehrwegflasche	10	20	7	127	-	154
	20	15	7	127	-	149
	40	13	7	127	-	147

bundkartonverpackungen für Fruchtsäfte verglichen. Das Ergebnis zeigte (siehe Tab. XXXIII), daß die Systemkosten bei Verwendung von Mehrweg-Glasflaschen für Abfüllung und Vertrieb von Fruchtsäften aufgrund der höheren Distributions- und Manipulationskosten im Handel um rd. 50 % höher sind.

3.3.3. Verbraucherpreise

In der gleichen Untersuchung (25) wurde festgestellt, daß die Verbraucherpreise für Fruchtsäfte bei Substitution von Verbundkartonverpakkungen durch Mehrweg-Glasflaschen um 0,95 - 1,65 dkr (ca. öS 1,90 - 3,30) steigen würden und den Fruchtsaftabfüllern Nettoinvestitionskosten von 178 Mio dkr. (ca. öS 356 Mio) entstehen.

3.4. Zusammenfassung

3.4.1. Umweltauswirkungen

Über die Umweltauswirkungen von Mehrweg- und Einweg-Leichtglasflaschen sowie aluminiumkaschierten Verbundkartonverpackungen für Dauermilchprodukte und Fruchtsäfte liegen 2 Veröffentlichungen (43) (46) vor. Werden alle in den vorangegangenen Abschnitten behandelten Parameter der Umweltauswirkungen durch Verwendung von 1,0-l-Mehrweg- und Einweg-Glasflaschen sowie aluminiumkaschierten Verbundkartonverpackungen für Dauermilchprodukte und Fruchtsäfte

Tab. XXXIV: Bandbreite der **belastungsäquivalenten Umlaufzahl** von 1,0-l-Mehrweg-Glasflaschen im Vergleich zu den Umweltauswirkungen von Einweg-Leichtglasflaschen und aluminiumkaschierten Verbundkartonverpackungen für Dauermilchprodukte oder Fruchtsäfte

Parameter	Bandbreite der belastungsäquivalenten **Umlaufzahl** von 1,0-l-Mehrweg-Glasflaschen mit	
	Einweg-Leichtglasflasche	Verbundkarton
Wasserverbrauch	< 1 bis < 3	2 bis > 30
Energieverbrauch:		
bei Deponieren inkl. Holzenergie	< 2	12
bei Verbrennung inkl. Holzenergie	< 2 bis < 3	5 bis > 30
bei Deponieren exkl. Holzenergie	< 2	> 30
bei Verbrennung exkl. Holzenergie	< 2 bis < 3	7 bis > 30
Luftbelastung	< 2 bis < 3	5 bis > 30
Wasserbelastung	< 1 bis < 2	1 bis > 30
Feste Abfälle	< 2	23 bis > 30

aufgelistet, so ergeben sich die aus Tab. XXXIV ersichtlichen belastungsäquivalenten Umlaufzahlen für das Mehrweggebinde.

Demnach erweist sich die Einweg-Leichtglasflasche in allen Umweltparametern ungünstiger als das Mehrweg-System und - möglicher Wasserverbrauch bzw. mögliche Wasserbelastung ausgenommen - auch ungünstiger als die Verbundkartonverpackung. Die Äquivalenz der Umweltauswirkungen der Mehrweg-Glasflasche mit dem aluminiumkaschierten Verbundkarton hat in Abhängigkeit vom jeweils betrachteten Stand der Herstellungstechnik und der einbezogenen Randbedingungen (energetische Betrachtungsweise, Recyclingquoten, Abfallbehandlung usw.) eine beachtliche Bandbreite, die von wenigen Umläufen bis zur einer Verwendungshäufigkeit reicht, welche von Mehrweg-Glasflaschen für Dauermilchprodukte und Fruchtsäfte wegen

- des überregionalen Vertriebes und der so gegebenen geringeren Rücklaufquote
- des relativ hohen Flaschenmengenfaktors infolge der langsameren Zirkulation (lange Lagerungszeiten)

- und der bei Heißabfüllung, Pasteurisation bzw. Sterilisation auftretenden hohen Temperatur- und Innendruckbelastung

kaum erbracht werden können. Umweltschonende Herstellung mit neuen Technologien und weitestgehende Verbrennung nicht verwertbarer Hausmüllfraktionen vorausgesetzt, ist der Verbundkarton der Mehrweg-Glasflasche in einigen Parametern (Energieverbrauch exkl. Holzrohstoff, Luftbelastung und abzulagernder Abfall) sogar überlegen, sonst aber in den Umweltauswirkungen als gleich einzustufen.

Die Auswirkungen der Verwendung von Einweg- und Mehrweg-Glasflaschen sowie von aluminiumkaschierten Verbundkartonverpackungen auf die Arbeitsumwelt und die damit verbundenen gesundheitlichen Belastungen wurden bisher noch nicht anhand exakter Daten verglichen. In bezug auf Lärmbelästigung (Abfüllmaschinen, Distribution), Verletzungsgefahr (Glassplitter) und das Heben schwerer Lasten (Vertriebs- und Handelspersonal, Hausfrauen, die Mehrpersonenhaushalte versorgen, sowie ältere und gebrechliche Personen) bietet der Verbundkarton erhebliche Vorteile. Einweg-Glasflaschen bringen gegenüber Mehrwegflaschen durch etwas geringeres Packstückgewicht der versandfertigen Einheiten geringe Arbeitserleichterungen für das Vertriebs- und Handelspersonal. Das geringste Packstückgewicht weisen versandfertig abgepackte H-Milch und Fruchtsäfte im Verbundkarton auf.

3.4.2. Technische Eigenschaften

Sowohl Einweg- und Mehrweg-Glasflaschen als auch aluminiumkaschierte Verbundkartonverpackungen haben sich am Markt als Packmittel für Dauermilchprodukte und Fruchtsäfte bewährt. Bei ihrem Vergleich muß allerdings bedacht werden, daß Sterilmilch und Sterilmilchprodukte bzw. H-Milch und H-Milchprodukte nicht nur in bezug auf Haltbarkeit und geschmackliche Qualität verschiedenartige Produkte sind, sondern auch infolge andersartiger Haltbarmachungs- und Abfüllverfahren kein Packmittel das andere ersetzen kann (ausgenommen Einweg- durch Mehrweg-Glasflaschen und umgekehrt).

Unabhängig davon sind, wie Tab. XXXV zusammenfassend zeigt, Einwegverpackungen für Haltbarprodukte die nicht sterilisiert werden, aus Gründen der Verfahrenssicherheit und vom hygienischen Standpunkt vorzuziehen. Einweggebinde sind durch den Wegfall der Leergebindemanipulation, der Pfandverrechnung sowie durch geringeres

Tab. XXXV: Vergleich der **technischen Eigenschaften** von 1,0-l-Einweg- und Mehrweg-Glasflaschen sowie von aluminiumkaschierten Verbundkartonverpackungen für Dauermilchprodukte

Merkmal	Beurteilung		
	MW-Glasflasche	EW-Glasflasche	Verbundkarton alukaschiert
Füllgut	Sterilmilch und Sterilmilchprodukte		H-Milch und H-Milchprodukte
Haltbarkeit	> 1 Jahr		einige Monate
Hygiene	++[1]	+++	+++
Keimfreiheit bzw. Keimarmut	siehe Tab. XXXI		
Gasdurchlässigkeit	<< 0,01 cm^3/Tag · bar[2]		
Lichtdurchlässigkeit	Weißglas ~ 96 % Braunglas ~ 8 %		0 %
Stoßempfindlichkeit	-		++
Taragewicht[3]	~ 0,75 kg/l	~ 0,37 kg/l	0,03 kg/l
Lager- u.Transportraum	~ 2,95 m^3/1000 l	~ 2,60 m^3/1000 l	~ 1,11,m^3/1000 l
Leergebindemanipulation	ja	keine	keine
Pfandverrechnung	ja	keine	keine
Reinigungsaufwand	hoch	gering	keiner
Griffstabilität	+++	+++	+
Keimdichtigkeit[4]	+++	+++	+++
Flüssigkeitsdichtigkeit[4]	+++	+++	+++
Wiederverschließbarkeit	+++ bis -[5]	+++ bis -[5]	-

1) nicht allein vom Abfüllbetrieb abhängig
2) für diese Produktgruppe ausreichend
3) inkl. Transportverpackung
4) für diese Produktgruppe können nur keim- und flüssigkeitsdichte Verschlüsse verwendet werden
5) vom Verschlußsystem abhängig

Beurteilung:
+++ sehr gut
++ gut
+ zufriedenstellend
- weniger zufriedenstellend
- - nicht zufriedenstellend

Gewicht und geringeren Transportraumbedarf distributionsfreundlicher. Sie erübrigen den hohen Reinigungsaufwand, auf den aus Gründen der Verfahrenssicherheit bei der Verwendung von Mehrwegflaschen für Dauermilchprodukte und Fruchtsäfte nicht verzichtet werden kann.

Während mit Ausnahme der absoluten Lichtdichtigkeit und der geringeren Stoßempfindlichkeit des Verbundkartons die Schutzeigenschaften aller 3 Packmittel als gleich gut und ausreichend einzustufen sind, erfüllen Glasflaschen einige vom Konsumenten geschätzte Gebrauchseigenschaften wie Griffstabilität und Wiederverschließbarkeit (entsprechende Flaschenverschlüsse vorausgesetzt) besser.

3.4.3. Wirtschaftlichkeit

Für Abfüllung und Vertrieb von *Dauermilchprodukten* wurden bisher keine Vergleiche der Wirtschaftlichkeit von Einweg- und Mehrweg-Glasflaschen mit aluminiumkaschierten Verbundkartonverpackungen veröffentlicht. Ein solcher Vergleich hätte auch in Hinblick auf die verschiedenartigen Herstellungsverfahren und Produkteigenschaften von Haltbar- und Sterilmilchprodukten keine praktische Bedeutung.

Einweg-Glasflaschen verursachen zwar höhere Packmittelkosten als Mehrweg-Glasflaschen, ermöglichen aber durch ihr geringeres Taragewicht und Transportvolumen gewisse Einsparungen an Distributionskosten, die wegen des zumeist weiteren Distributionsgebietes bei Dauermilchprodukten und Fruchtsäften bedeutsamer sein können als bei Frischprodukten. Mehrweg-Glasflaschen reduzieren durch mehrmalige Verwendung den Packmittelaufwand, kompensieren diesen aber in gewissem Ausmaß durch die Rücknahme- und Reinigungskosten. Welche der beiden Varianten für Dauermilchprodukte wirtschaftlicher ist, muß von Fall zu Fall geklärt werden.

Die Systemkosten von Mehrweg-Glasflaschen für Abfüllung und Vertrieb von *Fruchtsäften* liegen gem. Tab. XXXIII rd. 50 % über jenen des aluminiumkaschierten Verbundkartons, der auch kostengünstiger als die Einweg-Glasflasche ist. Nach einer dänischen Untersuchung würden bei Substitution des Verbundkartons durch Mehrweg-Glasflaschen die Verbraucherpreise von Fruchtsäften um dkr 0,95 bis 1,65 (d.s. ca. öS 1,90 bis 3,30) steigen und den Abfüllern Netto-Investitionskosten von 178 Mio dkr (ca. öS 356 Mio) erwachsen.

4. Mehrweg-, Allweg- und Einweg-Gläser sowie Kunststoffbecher für flüssige Sauermilchprodukte

4.1. Vergleich der Umweltauswirkungen

4.1.1. Übersicht

Über die Umweltauswirkungen durch Verwendung von 250-ml- oder 180-g-Mehrweg-, Allweg- und Einweg-Gläsern sowie Kunststoffbechern für flüssige Sauermilchprodukte liegt kein auf wissenschaftlicher Basis ausgeführter Vergleich *aller* Umweltparameter vor.

Die Eidgen. Materialprüfanstalt (EMPA) veröffentlichte 1979 lediglich einen Vergleich des Energieverbrauches und der Systemkosten bei Verwendung von 180-g-Einweg- und Allweg-Gläsern, Polystyrol- und Polypropylen-Kunststoffbechern sowie polyäthylenbeschichteten Papierbechern für Joghurt (29).

Auf Basis der Schweizer ÖKO-Daten (7) wurde 1985 von MIGROS (30) ein Vergleich des Energieverbrauches, der Luft- und Wasserbelastung sowie der Packmittelkosten von 180-g-Allweg-Gläsern (bei verschiedenen Recycling- und Rücklaufquoten), Polystyrol- und Kombinationsbechern (Polystyrol/Papier) vorgenommen und als Kurzbericht herausgegeben. Der lediglich in einem relativierten Säulendiagramm vorliegende Vergleich ist in Abb. 23 wiedergegeben und wird in den nächsten Abschnitten besprochen. Gegenüber der älteren Studie der EMPA (29) weisen die Packmittel erheblich geringere Gewichte auf (siehe Tabelle XXXVI), was den Fortschritt in der Hohlglas- und Kunststoffverarbeitung im Verlauf von nur 6 Jahren verdeutlicht, aber auch einen direkten Vergleich beider Studien erschwert.

4.1.2. Wasser- und Rohstoffverbrauch

Über den Wasser- und Rohstoffverbrauch durch Verwendung von Hohlglasverpackungen und Kunststoffbechern für den Vertrieb flüssiger Sauermilchprodukte liegen keine Daten vor. In Tab. XXXVII und XXXVIII wurde der Packmittelverbrauch für den Vertrieb von 1000 l Joghurt in 250-ml- und 180-g-Mehrweg- bzw. Allweg-Gläsern sowie Kunststoffbechern mit verschiedenen Transportverpackungen, wie sie derzeit in Österreich verwendet werden, angegeben. Der Vergleich der alten 250-ml-Flasche mit dem neuen, mit einem PE-Deckel verschlos-

Tab. XXXVI: **Packmittelgewichte** von **180-g**-Allweg-Gläsern, Polystyrol- und Polypropylen-Kunststoffbechern sowie Polystyrol/Papier-Kombinationsbechern für flüssige Sauermilchprodukte nach (29) (30)

Packmittel	Allweg-Glas		Kunststoffbecher			Polystyrol/Papier-Kombinationsbecher	
			Polystyrol		Polypropylen		
QUELLE	EMPA (29)	MIGROS (30)	EMPA (29)	MIGROS (30)	EMPA (29)	EMPA (29)	MIGROS (30)
Behältnis (g)	112	94	7,5	5,8	7,0	9,0[1]	-[5]
Etikett (g)	-	0,55	-	-	-	-	-
Verschluß (g)	0,6[2]	2,8[3]	0,83[4]	0,5[4]	0,8[4]	0,8[4]	-[5]
insgesamt	112,6	97,4	8,3	6,3	7,8	9,8	-[5]

1) 0,6 g PE + 8,4 g Papier
2) Aluminium-Kappe
3) Polyäthylen-Schnappdeckel
4) Aluminium-Abdeckband
5) nicht angegeben

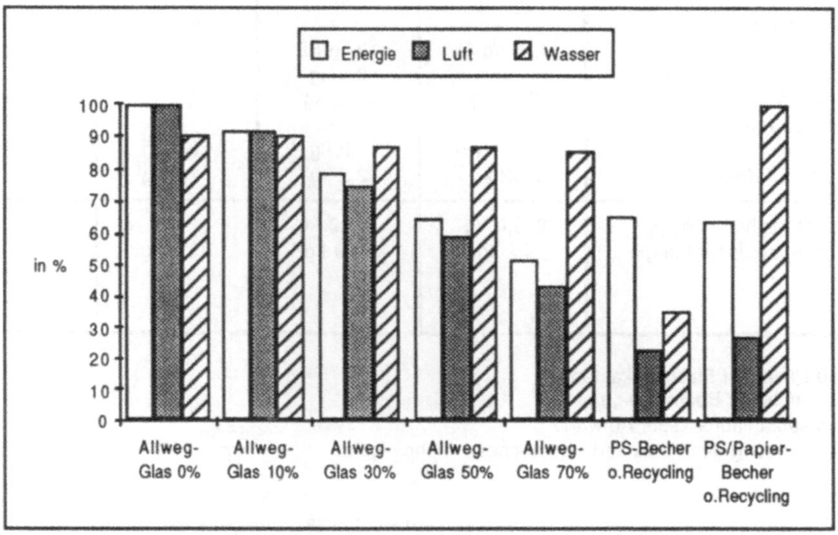

Abb. 23: Vergleich des **Energieverbrauch**es (bei ausschließlicher Verbrennung der Abfälle) sowie der **Luft- und Wasserbelastung** bei Verwendung von **180-g**-Allweg-Gläsern (Leichtglas 94 g, PE-Deckel 2,8 g bei verschiedenen Recyclingquoten), PS-Bechern und Polystyrol/Papier-Kombinationsbechern für Joghurt nach MIGROS (30)

Tab. XXXVII: **Packmittelverbrauch** für 1000 l flüssige Sauermilchprodukte bei Verwendung von **250-g**-Kunststoffbechern in verschiedenen Transportverpackungen bzw. von 250-ml-Mehrweg- und Allweg-Gläsern in Kunststoff-Flaschenkasten

	Einzelhandelspackung	MW-Flaschen	MW-Leichtfl.	Kunststoffbecher	
	Transportverpackung	Flaschenkasten	Flaschenkasten	Bechersteige	Vollpappetray
verwendete Packmittel	Gewicht	210 g Glas	180 g Glas	8,7 g PS	8,7 g PS
	Verschluß	0,32 g Al	3,0 g PE	0,6 g Al	0,6 g Al
	Etikett	-	0,1 g Papier	-	-
	<u>Transportverpackung (Hersteller)</u>				
	Stück/Transporteinheit	1800	1800	1200	1200
	Wellpappetrays	10 kg	10 kg	-	-
	Wellpappeschachtel	-	-	1,07 kg	1,07 kg
	Schrumpffolie	1,25 kg PE	1,25 kg PE	-	-
	Einschlagfolie	-	-	0,04 kg PE	0,04 kg PE
	<u>Transportverpackung (Distribution)</u>				
	Packungen/Abpackeinheit	24	24	20	20
	Kunststoffkasten	1,76 kg PE 1)	1,5 kg PE 1)	0,55 kg PE 2)	-
	Vollpappetray	-	-	-	0,18 kg
anteiliger Packmittelverbrauch 4)	Glas	840 kg 3)	720 kg 3)	-	-
	Polystyrol	-	-	34,8 kg	34,8 kg
	Verschlüsse	1,28 kg Al	12 kg PE	2,4 kg Al	2,4 kg Al
	Etiketten (Sulfitpap.)	-	0,4 kg	-	-
	Wellpappe	22,2 kg 3)	22,2 kg 3)	3,6 kg	3,6 kg
	Vollpappe	-	-	-	36,0 kg
	PE-Folie	2,8 kg 3)	2,8 kg 3)	0,1 kg	0,1 kg
	HD-PE (Kasten)	2,93 kg	2,5 kg	1,8 kg	-
	umlaufzahlabhängig	865,0 kg	745,0 kg	-	-
	umlaufzahlunabhängig	4,2 kg	14,9 kg	42,7 kg	76,9 kg

1) 100 Umläufe (Flaschenkasten)
2) 60 Umläufe (Bechersteige)
3) umlaufzahlabhängiger Aufwand
4) Berechnung des Packmittelverbrauches : Mehrwegglas : $\frac{865\ kg}{U} + 4{,}2\ kg$

MW-Leichtglasfl.: $\frac{745\ kg}{U} + 14{,}9\ kg$

Tab. XXXVIII: **Packmittelverbrauch** für 1000 l flüssige Sauermilchprodukte bei Verwendung von **180-g**-Kunststoffbechern in verschiedenen Transportverpackungen, bzw. von 180-g-Allweg-Gläsern in Kunststoff-Flaschenkasten

	Einzelhandelspackung	Allweg-Glas	Kunststoffbecher	
	Transportverpackung	Flaschenkasten	Bechersteige	Vollpappetray
verwendete Packmittel	Gewicht	100 g Glas	7,8 g PS	7,8 g PS
	Verschluß	0,5g Al	0,6 g Al	0,6 g Al
	Etikett	0,1 g Papier	-	-
	Transportverpackung (Hersteller)			
	Stück/Transporteinheit	4800	1200	1200
	Wellpappetrays	9,2 kg	-	-
	Wellpappeschachtel	-	1,07 kg	1,07 kg
	Schrumpffolie	1,25 kg PE	-	-
	Einschlagfolie	-	0,04 kg PE	0,04 kg PE
	Transportverpackung (Distribution)			
	Packungen/Abpackeinheit	20	20	20
	Kunststoffkasten	1,0 kg PE[1]	0,55 kg PE[2]	-
	Vollpappetray	-	-	0,18 kg
anteiliger Packmittelverbrauch[4]	Glas	555,6 kg[3]	-	-
	Polystyrol	-	43,3 kg	43,3 kg
	Verschlüsse	2,78 kg Al	3,33 kg Al	3,33 kg Al
	Etiketten (Sulfitpap.)	0,56 kg	-	-
	Wellpappe	10,65 kg[3]	4,95 kg	4,95 kg
	Vollpappe	-	-	50,0 kg
	PE-Folie	1,45 kg[3]	0,19 kg	0,19 kg
	HD-PE (Kasten)	2,78 kg	2,55 kg	-
	umlaufzahlabhängig	567,7 kg	-	-
	umlaufzahlunabhängig	6,1 kg	54,3 kg	101,8 kg

1) 100 Umläufe (Flaschenkasten)
2) 60 Umläufe (Bechersteige)
3) umlaufzahlabhängiger Aufwand
4) Berechnung des Packmittelverbrauches für das Allwegglas : $\frac{567{,}7\ \text{kg}}{U} + 6{,}1\ \text{kg}$

senen Leichtglas und dem 250-g-Kunststoffbecher in Abb. 24 zeigt, daß der gewichtsmäßige Gesamtverbrauch an Packmitteln bei Verwendung von Hohlglasverpackungen vom Glasgewicht dominiert wird. Bis zu 12 Umläufen ist die Verwendung eines Leichtglases materialsparender als die schwerere Mehrweg-Glasflasche. Macht das Leichtglas jedoch mehr als 12 Umläufe, dann wäre der Packmittelverbrauch infolge des (schwereren) PE-Kappenverschlusses höher als bei der schwereren, alten 250-ml-Flasche, die mit einer Aluminiumkappe verschlossen wird.

Kunststoffkasten als Transportverpackung für Kunststoffbecher verringern den Packmittelverbrauch auf das gleiche Gewicht wie die Verwendung schwerer Mehrweg-Glasflaschen, sofern diese 22 Umläufe machen. Für Leichtglasflaschen liegt dieser Äquivalenzpunkt bei 27 Zirkulationen. Bei Verwendung von Pappetrays ist der Packmittelverbrauch für die Becherpackung etwa um das 2-fache höher und entspricht damit jenem von Mehrweg-Glasflaschen mit ca. 12 Umläufen.

Abb. 25 vergleicht den gewichtsmäßigen Packmittelverbrauch von 180-g-Allweg-Gläsern und Kunststoffbechern: Dieser wäre für das Allwegsystem selbst nach 5 Umläufen höher als für Kunststoffbecher (inkl. aller Transportverpackungen). Die theoretischen Äquivalenzpunkte lägen bei Transport der Kunststoffbecher in Mehrweg-Bechersteigen bei 12, bei Transport in Vollpappetrays bei 6 Zirkulationen[1)].

4.1.3. Energieverbrauch

Nach EMPA (29) ist der Energieverbrauch bei Verwendung von 180-g-Allweg-Gläsern (sofern diese mindestens 2 Umläufe machen) gemäß Tabelle XXXIX und Abb. 26 rd. 30 % höher als bei Kunststoffbechern. Bei nur einmaliger Verwendung von Allweg-Gläsern ist der Energieverbrauch mehr als doppelt so hoch wie bei Verwendung von Kunststoffbechern, sofern der Vertrieb in Kunststofftransportkasten erfolgt und Schweizer Entsorgungsverhältnisse (77 % Müllverbrennung) angenommen werden.

Der von MIGROS (30) erstellte und in Abb 23 wiedergegebene Vergleich des Energieverbrauches von 180-g-Allweg-Gläsern und Kunststoff- sowie Papier- und PS/Papier-Kombinationsbechern zeigt, daß Allweg-Gläser erst ab Recyclingquoten > 50 % energiegünstiger sind.

---

1) Allweg-Gläser erreichen nach übereinstimmenden Berichten Schweizer und österreichischer Abfüllbetriebe im Durchschnitt 2,3 - 2,6 Umläufe

VI/263

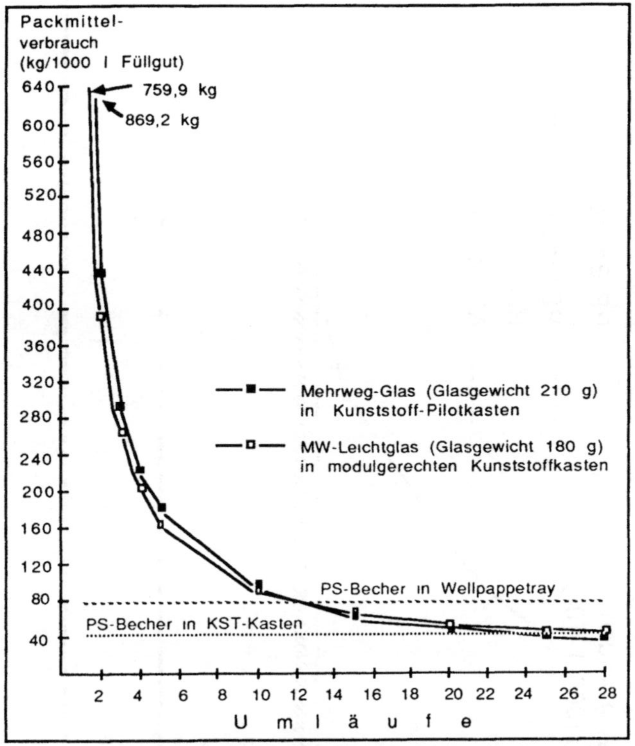

Abb. 24: **Packmittelverbrauch** für 1000 l flüssige Sauermilchprodukte bei Verwendung von **250-ml**-Mehrweg- und Mehrweg-Leichtglasflaschen (in Abhängigkeit von der Umlaufzahl) oder Kunststoffbechern mit verschiedenen Transportverpackungen

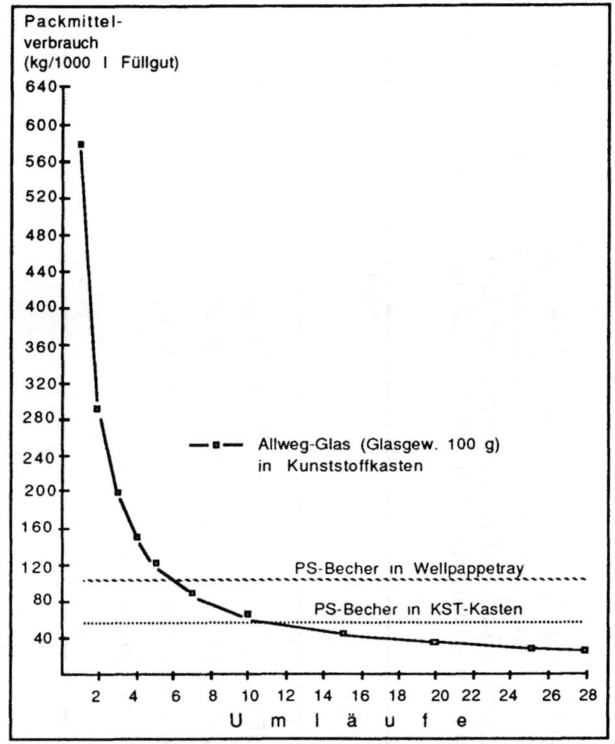

Abb. 25: **Packmittelverbrauch** für 1000 l flüssige Sauermilchprodukte bei Verwendung von **180-g**-Allweg-Gläsern (in Abhängigkeit von der Umlaufzahl) oder Kunststoffbechern mit verschiedenen Transportverpackungen

Tab. XXXIX u. Abb. 26 : **Energieverbrauch** (kWh_{th}/1000 l Füllgut) bei Verwendung von **180-g**-Allweg-Gläsern (Leichtglas 112 g, Alukappe 0,5 g) und Kunststoffbechern für flüssige Sauermilchprodukte (bei **Verbrennung** von 77 % der Abfälle) nach EMPA (29)

Verpackungs-system	Umlaufzahl 1	Umlaufzahl 2
Allweg-Glas	2.571 kWh_{th}	1.551 kWh_{th}
Polystyrol-Becher	1.086 - 1.182 kWh_{th}	-
Polypropylen-Becher	1.201 kWh_{th}	-
polyäthylenbeschichteter Papierbecher	1.283 kWh_{th}	-

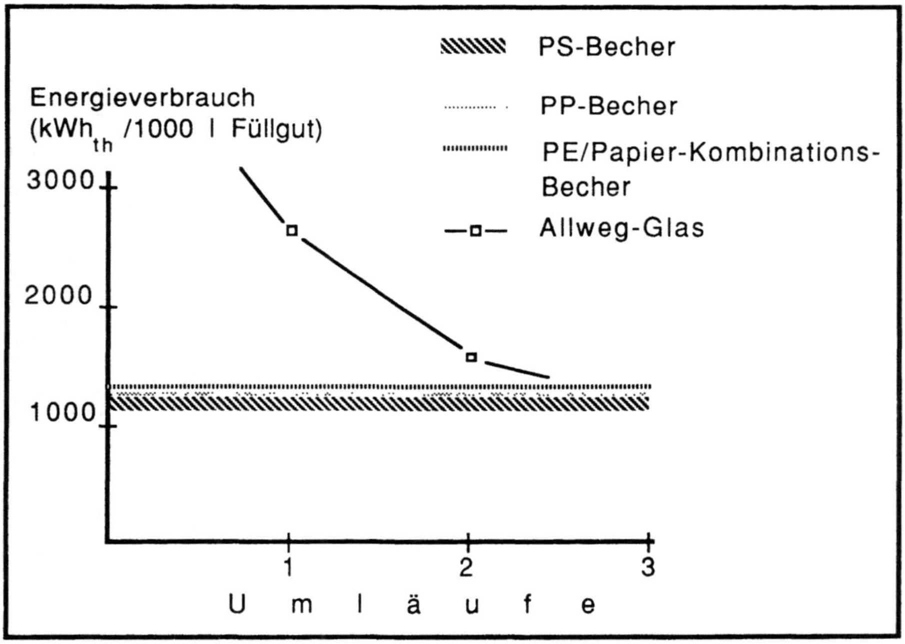

4.1.4. Luft- und Wasserbelastung

Über die Luft- und Wasserbelastung durch Verwendung von Mehrweg- bzw. Allweg-Gläsern oder Kunststoff- bzw. Polystyrol/Papier-Kombinationsbechern liegen mit Ausnahme der in Abb. 23 wiedergegebenen Grafik von MIGROS (30) für 180-g-Becher keine Angaben vor. Nach dieser Grafik ist die Luft- und Wasserbelastung durch Kunststoffbecher deutlich geringer als durch Allweg-Gläser, selbst wenn diese zu 70% recycliert werden. Der Polystyrol/Papier-Kombinationsbecher verursacht eine gleich große Wasserbelastung wie das Allweg-Glas ohne Altglasrecycling.

4.1.5. Abfallgewicht und -volumen

Über das Abfallaufkommen durch Verwendung von 250-ml- und 180-g-Hohlglasverpackungen sowie 250-g- und 180-g-Kunststoffbechern für flüssige Sauermilchprodukte wurden bisher keine Vergleiche veröffentlicht. Angaben über das Abfallaufkommen durch Kunststoffbecher für flüssige Sauermilchprodukte *ohne* Berücksichtigung des auf den Vorstufen entstehenden Gewerbe- und Industriemülls enthalten die Datenblätter in Kapitel IV, welche die österreichischen Verhältnisse darstellen.

4.1.6. Arbeitsumwelt

Die Auswirkungen der Verwendung von Hohlglasverpackungen und Kunststoffbechern auf die Arbeitsumwelt der mit ihrer Produktion, Abfüllung, Distribution und Entsorgung Beschäftigten wurde, so wie bei den zuvor besprochenen Packmitteln, bisher noch nicht umfassend untersucht und verglichen. Es sind aber im Grunde die gleichen Auswirkungen anzunehmen, die in Abschn. 2.1.6 dieses Kapitels angeführt wurden.

4.2. Technischer Vergleich

4.2.1. Grundsätzliches

Während Kunststoffbecher aus Polystyrol (in geringerem Maße auch aus Polypropylen) gleichzeitig mit der Markteinführung von Fruchtjoghurt, Milchdesserts und einschlägigen Spezialitäten rasch Verbreitung fanden, ging die Absatz von flüssigen Sauermilchprodukten in Glasflaschen stark zurück. Heute beschränkt sich der Einsatz von Glasflaschen für diese Produktgruppe in Mitteleuropa auf einzelne Markenartikel (meist mit längerer Haltbarkeit) und auf die Schweiz (31). Seit Sommer 1987 wird auch in Österreich von einigen Molkereien Joghurt in 180-g-Allweg-Gläser bzw. in 250-ml-Mehrweg-Glasflaschen abgefüllt.

In der Folge sollen jene Merkmalsunterschiede zwischen Kunststoffbechern und Hohlglasverpackungen, welche die Produktqualität, die Distributions- und Gebrauchseigenschaften beeinflussen, besprochen werden.

4.2.2. Schutzeigenschaften

Wie in Kap. II dargelegt wurde, muß die Verpackung von flüssigen Sauermilchprodukten (Sauermilch, Sauermilchzubereitungen, Buttermilch, Joghurt, Joghurtzubereitungen, Kefir, Kumys usw.)

- der mikrobiologischen Empfindlichkeit des Füllgutes durch Keimarmut und Freiheit der dem Füllgut zugewandten Oberfläche von Hefe- oder Schimmelkeimen bzw. -sporen sowie durch keimdichten Verschluß
- und der Lichtempfindlichkeit des Füllgutes durch möglichst geringe Lichtdurchlässigkeit

Rechnung tragen.

Produkte mit längerer Haltbarkeit sollen darüberhinaus vor Feuchtigkeitsverlust und Luftsauerstoffeinwirkung geschützt werden. CO_2-entwickelnde Füllgüter verlangen eine Möglichkeit für das Entweichen überschüssigen Gases. Für Joghurt ist ein formstabiles Packmittel zur Erhaltung der Gallerte vorteilhaft.

Tab. XL zeigt, daß die Schutzeigenschaften gegenüber flüssigen Sauermilchprodukten sowohl bei Hohlglasverpackungen als auch bei Kunststoffbechern in bezug auf

- die Keimarmut von der GMP[1)]
- den Lichtschutz von der Pigmentierung (Einfärbung) der Packmittel
- die Gas- und Wasserdampfdurchlässigkeit vom verwendeten Verschlußsystem, bei Kunststoffbechern auch vom Werkstoff

abhängig sind. Anforderungen an ausreichende Formstabilität werden nur von Glasflaschen und von Kunststoffbechern aus Polystyrol natur erfüllt. Letztere sind aber ziemlich sauerstoff- und lichtdurchlässig. Bei dieser Produktgruppe hängt die optimale Erfüllung der füllgutbezoge-

1) Good Manufacturing Practice

Tab. XL: Vergleich der wichtigsten, die **Qualitätseigenschaften** von flüssigen Sauermilchprodukten **beeinflussenden Merkmale** von Mehrweg-, Allweg- und Einweg-Gläsern sowie von Kunststoffbechern

Merkmal	Einweg-Gläser	Allweg- und Mehrweg-Gläser	Kunststoffbecher[1]		
			Polystyrol	Polypropylen	mit gasdichter Sperrschicht
Keimarmut[2], der dem Füllgut zugewandten Oberfläche	von Keimarmut im Anlieferungszustand ababhängig	weitgehend vom Verschmutzungsgrad der rückgelieferten Gläser und der Effektivität der Reinigungsbehandlung abhängig	von Keimarmut im Anlieferungszustand abhängig (1 - 21 Keime /100 ml Füllgut)[7]		
Durchlässigkeit gegenüber schädigender Lichtenergie[3]	Weißglas: ~ 96 % Braunglas: ~ 8 %		natur: 67 % bis 98 % pigmentiert: 0 % bis 41 %		
Wasserdampfdurchlässigkeit (g/Tag)	unbedeutend[4]		gering[8]	sehr gering[8]	unbedeutend
Sauerstoffdurchlässigkeit[5] (cm^3/Tag · bar)	unbedeutend[4]		hoch[8]	geringer[8]	sehr gering
Gasentweichmöglichkeit	vom Verschlußsystem abhängig		keine		
Formstabilität	gegeben		nicht gegeben[6]		

1) Heißsiegelverschluß mit Aluminium-Platine
2) inkl. Freiheit von Hefen und Schimmelkeimen sowie -sporen
3) nach (23) vom Ausmaß der Einfärbung bzw. Pigmentierung abhängig
4) vom Verschlußsystem abhängig
5) nach (32)
6) ausgenommen Polystyrol natur
7) nach (34)
8) Kunststoff/Papier-Kombinationsbecher weisen entsprechend der Dicke und Art des verwendeten Kunststoffes höhere Durchlässigkeitswerte auf

nen Anforderungen weniger von der Art des Packmittels (Glasflasche oder Kunststoffbecher) als von dessen ausführungsbedingten Schutzeigenschaften ab.

Flüssige Sauermilchprodukte werden auch bei Haltbarkeitsanforderungen, die über 5 Tage hinausgehen, oft *ohne* Schutzbegasung in O_2-*durchlässige* Polystyrolbecher mit Heißsiegelverschluß bzw. in (kohlegelbe) Gläser mit *nicht* gasdichten Verschlüssen abgefüllt. In der Hohlglasverpackung besteht die Gefahr von Mikroorganismenwachstum an der Oberfläche (insbesondere Hefen und Schimmel). In Polystyrolbechern kann es zu rascherem Abfall der sensorischen Qualität infolge abiotischer, durch Sauerstoffeinfluß hervorgerufener Aromaveränderungen sowie fallweise auch durch Nachsäurerung kommen (32) (33). Die weitgehende Vermeidung oxydativer Reaktionen hängt aber nicht nur von der Gasdichtigkeit der Verpackung, sondern auch von der verfügbaren Sauerstoffmenge im Füllgut und im Kopfraum derselben ab. In hygienischer und mikrobiologischer Hinsicht sind Einweg-Gläser und Kunststoffbecher gegenüber Allweg- und Mehrweg-Gläsern (ab deren zweiter Verwendung) wie jedes fabrikneue Packmittel vorteilhafter.

4.2.3. Distributionseigenschaften

Wie Tab. XLI zeigt, ist das Tara- und Transportgewicht flüssiger Sauermilchprodukte in Hohlglasverpackungen wesentlich höher, der Transportraum- und Lagerraumbedarf hingegen ziemlich gleich wie bei Kunststoffbechern. Nur in Pappetrays abgepackte Kunststoffbecher benötigen weniger Transport- und Lagerraum als die Hohlglasverpackung. Mehrweg- und Allweg-Gläser verursachen noch zusätzlichen Aufwand für Leergebindemanipulation, -rückholung und -lagerung.

4.2.4. Gebrauchseigenschaften und Verbraucherakzeptanz

Glasflaschen weisen im Gebrauch durch
- etwas bessere Griffstabilität (infolge ihrer Formfestigkeit)
- leichtere Öffnungsfähigkeit und Wiederverschließbarkeit (was aber vom verwendeten Verschlußsystem abhängig ist)

einige Vorteile auf. Die beim versiegelten Becher selbstverständliche Flüssigkeitsdichtigkeit ist bei Glasflaschen vom Verschlußsystem abhängig und (z.B. bei angepreßten Aluminiumkappen) nicht immer gegeben. Dagegen lassen sich Glasflaschen bei Verwendung entsprechender Verschlüsse wiederverschließen, was bei Kunststoffbechern, die üblicherweise mit Abdeckband versiegelt sind, nicht möglich ist.

VI/269

Tab. XLI: Vergleich des **Transportgewicht**es und -**volumen**s von flüssigen Sauermilchprodukten in 0,25-l- und 180-g-Mehrweg-, Allweg- und Einweg-Gläsern sowie 250-g- und 180-g-Kunststoffbechern

Packmittel		Transportverpackung				Transportgewicht			Transportvolumen	
System- und Nennfüllmenge	Gewicht (kg)	System	Dimensionen L x B x H (mm)	Gewicht (kg)	Produktmenge (l)	Tara (kg)	Brutto		abs.	spezifisch
							abs. (kg)	spez. (kg/l)	(l)	(l/l Füllgut)
250 ml Mehrwegflasche[1)]	0,210	KST-Kasten	470x385x235	1,76	6,0	6,80	12,80	2,13	42,5	7,09
250 ml Mehrwegflasche[2)]	0,180	KST-Kasten	400x300x161	1,50	6,0	5,89	11,89	1,98	19,3	3,22
250 g Kunststoffbecher[3)]	0,009	KST-Steige	400x330x116	1,10	5,0	1,28	6,28	1,26	15,3	3,06
250 g Kunststoffbecher[4)]	0,009	KST-Steige	400x330x112	0,57	5,0	0,75	5,75	1,15	14,8	2,96
250 g Kunststoffbecher	0,009	Vollpappetray	375x300x103	0,18	5,0	0,36	5,36	1,07	11,6	2,32
180 g Allweg-Glas[4)]	0,100	KST-Steige	400x300x112	0,57	3,6	2,57	6,17	1,71	14,8	4,11
180 g Kunststoffbecher[4)]	0,008	KST-Steige	400x330x112	0,57	3,6	0,73	4,33	1,20	14,8	4,11
180 g Kunststoffbecher	0,008	Vollpappetray	375x300x85	0,18	3,6	0,34	3,94	1,09	9,6	2,66

1) alte, standardisierte österr. Milchflasche, PILOT-Flaschenkasten
2) voraussichtliche neue österr. Milchflasche, modulgerechter Gefachekasten
3) Kunststoff-PILOT-Steige
4) Kunststoff-Bechersteige

Seit Jahren werden in der Schweiz ca. 15 % der Sauermilchspezialitäten in Allweg-Gläsern vermarktet. In Salzburg substituierte das 180-g-Allweg-Glas bereits kurz nach der Einführung 50 % der Joghurtabsatzes in Kunststoffbechern. Die Erhaltung der Verbraucherakzeptanz für glasverpackte Sauermilchspezialitäten bedarf in der Schweiz eines erheblichen Werbeaufwandes. Die erstaunlich hohe Substitutionsrate in Österreich ist u.a. auch auf massive Medienkampagnen gegen Kunststoffe und für "umweltfreundliche" Glasverpackungen zurückzuführen.

4.3. Wirtschaftlicher Vergleich

4.3.1. Übersicht

Bisher wurden nur zwei auf Schweizer Verhältnisse abgestellte Wirtschaftlichkeitsvergleiche von Hohlglas- und Kunststoffbecherverpackungen veröffentlicht, wovon sich einer mit den Systemkosten (29), der andere mit den Packmittelkosten (30) befaßt. Hier muß wieder in Erinnerung gebracht werden, daß beide Studien von unterschiedlichen Packmittelgewichten ausgehen, was sich natürlich auch auf die Kosten auswirkt.

4.3.2. Packmittelkosten

Nach MIGROS (30) sind die Packmittelkosten für *bedruckte* Polystyrol-Becher im Durchschnitt um 34 % höher als für *unbedruckte* Becher. Der Polystyrol/Papier-Kombinationsbecher ist um weitere 21 % und damit insgesamt um 55 % teurer. Wie Abb. 27 zeigt, sind die Packmittelkosten des Allweg-Glases von der Rücklaufquote abhängig, womit Kostengleichheit

- mit dem Polystyrol/Papier-Kombinationsbecher bei 72 % Rücklauf
- mit dem bedruckten Polystyrol-Becher bei 87 % Rücklauf

des Allweg-Glases gegeben ist. Gegenüber dem unbedruckten Polystyrol-Becher stellt sich das Allweg-Glas selbst bei 100 %igem Rücklauf (der aber praktisch nicht erreichbar ist) noch immer um 16 % teurer.

In diesem Vergleich wurden die Investitionskosten für die Flaschen-Füllkolonnen, die für 25 Mio Einheiten/Jahr mindestens 2 Mio sfr (d.s. ~17 Mio öS) betragen, nicht berücksichtigt, wodurch sich die Anlagenabschreibung von derzeit sfr 5,-/1000 Einheiten (bei Becherfüllmaschinen) auf sfr 8,-/1000 Einheiten - das ist um 60 % - erhöhen würde. Bei einer Rücklaufquote von 60 - 70 % belaufen sich die Mehrkosten für Allweg-Gläser auf 4,5 - 5,0 Rappen (d. s. öS -,38 bis -,43/Einheit).

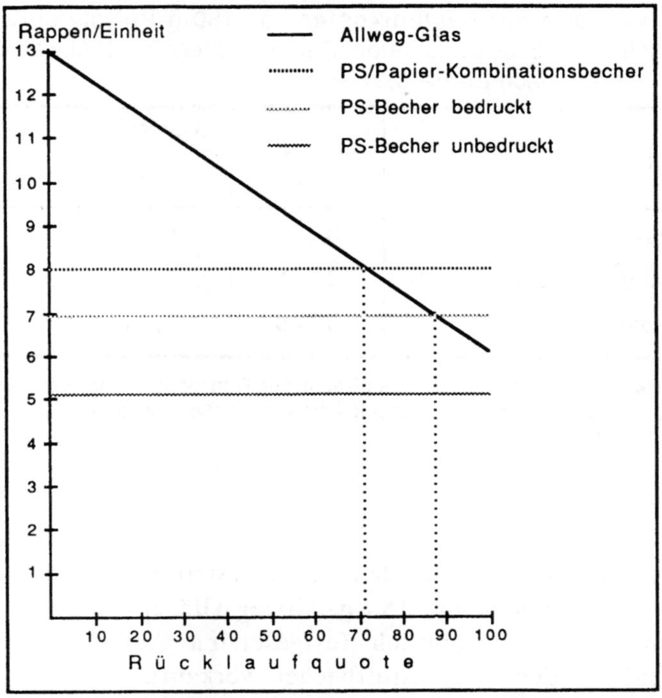

Abb. 27: **Packmittelkosten** von **180-g**-Allweg-Gläsern, bedruckten und unbedruckten Polystyrol-Kunststoffbechern sowie PS/Papier-Kombinationsbechern für flüssige Sauermilchprodukte in Abhängigkeit von der Rücklaufquote nach MIGROS (30)

4.3.3. Systemkosten

Nach EMPA (29) sind die Systemkosten für das Allweg-Glas auf Basis von 2 Umläufen rd. 28 % höher als für den polystyrol- und polyäthylenbeschichteten Papierbecher (siehe Tab. XLII).

4.3.4. Verbraucherpreise

Die Verbraucherpreise glas- und kunststoffbecherverpackter Sauermilchprodukte können nur an wenigen Beispielen verglichen werden, da beide Verpackungen häufig für unterschiedliche Produktqualitäten verwendet werden. In der Schweiz sind (Verkaufsaktionen ausgenommen) Sauermilchspezialitäten in 180-g-Allweg-Gläsern im Durchschnitt

Tab. XLII: Vergleich der **Systemkosten** von **180-g**-Polystyrol-Kunststoffbechern, PE-beschichteten Papierbechern und Allweg-Gläsern für Joghurt nach EMPA (29)

Packmittel	Systemkosten/Einheit[1)]		
	sfr	~ öS	Kostenindex
PS-Kunststoffbecher	0,101	0,859	100
Papierbecher (PE-beschichtet)	0,101	0,859	100
Allweg-Glas[2)]	0,129	1,097	128

1) Becher bzw. Gläser, Verschlüsse, Amortisation der Transportgebinde, Fabrikation, Abfüllung und Distribution bei Jahresabfüllung von 10 Mio Einheiten
2) Rücklaufquote 50 % (2 Umläufe)

um 15 Rappen (rd. öS 1,35) teurer. In Österreich werden Joghurt und Sauermilchspezialitäten in 180-g-Allweg-Gläsern und 250-ml-Mehrwegflaschen mit einem amtlich festgesetzten Aufschlag von 40 Groschen gegenüber dem Kunststoffbecher verkauft.

4.4. Zusammenfassung

4.4.1. Umweltauswirkungen

Über die Umweltbelastung durch Mehrweg-, Allweg- und Einweg-Gläser sowie durch Kunststoff- und Kunststoff/Papier-Kombinationsbecher liegen zwei Veröffentlichungen vor, die lediglich einzelne, zum Teil auch unterschiedliche Umweltparameter betrachten. Weiters sind diese Studien auf verschiedenartige Packmittelausführungen und -gewichte abgestellt, was den Vergleich erschwert. Werden die in den vorangegangenen Abschnitten angeführten Daten über die Umweltauswirkungen dieser Verpackungen für Joghurt oder flüssige Frischmilchprodukte zusammengefaßt, so ergibt sich folgendes Bild:

Wie Tab. XLIII zeigt, müßten altherkömmliche, schwere 250-ml-Mehrweg-Glasflaschen je nach Glasgewicht und Transportverpackung des Bechers mindestens 12 bis 27 Umläufe machen, um nicht mehr Gewicht an Packmittel zu verbrauchen. 250-g- bzw. 180-g-Allweg-Gläser müßten dazu > 6 - 12 mal zirkulieren, was in der Praxis jedoch nicht erreicht wird. Infolge des höheren Gewichtes des Kunststoffdeckels erweist sich das Mehrweg-Leichtglas nur bei < 12 Umläufen materialspa-

Tab. XLIII: **Packmittelverbrauchsäquivalente Umlaufzahl** von **250-ml-** und **180-g**-Mehrweg- und Mehrweg-Leichtglasflaschen und Allweg-Gläsern im Vergleich zu 250-g- und 180-g-Kunststoffbechern für flüssige Sauermilchprodukte in verschiedenen Transportverpackungen

Nennfüllmenge	Transportverpackung	packmittelverbrauchsäquivalente **Umlaufzahl**		
		Mehrwegflasche	Mehrweg-Leichtflasche	Allweg-Glas
250 g bzw. 250 ml	Kunststoffkasten	22	27	-
	Pappetray	12	12	-
180 g	Kunststoffkasten	-	-	(12)[1)]
	Pappetray	-	-	(6)[1)]

1) von Allweg-Gläsern werden nur 2 - 3 Umläufe erreicht

Tab.XLIV: Bandbreite der **belastungsäquivalenten Umlaufzahl** von **180-g**-Mehrweg- und Allweg-Gläsern im Vergleich zu den Umweltauswirkungen von Kunststoff- und Kunststoff/Papier-Kombinationsbechern für flüssige Sauermilchprodukte bei Distribution in Kunststoffkasten

Parameter	belastungsäquivalente **Umlaufzahl** von 180-g-Allweg-Gläsern gegenüber		
	PS-Becher	PP-Becher	Kunststoff/Papier-Kombinationsbecher
Energieverbrauch	2 bis 3	~ 3	~3
Luftbelastung	(5 bis 10)[1)]	-	(~5)[1)]
Wasserbelastung	(> 30)[1)]	-	< 1

1) von Allweg-Gläsern werden nur 2 - 3 Umläufe erreicht

render als das schwerere, alte Mehrweg-Glas mit Aluminiumkappe. Da aber Mehrweg-Leichtgläser nicht die Umlaufhäufigkeit herkömmlicher, schwerer Mehrwegflaschen erreichen, sind letztere auf lange Sicht betrachtet weniger materialaufwendig.

180-g-Allweg-Gläser müßten gemäß Tab. XLIV mehr als 2 Umläufe machen, um nicht mehr Energie zu verbrauchen als Kunststoffbecher bzw. Kunststoff/Papier-Kombinationsbecher.

Nach den Angaben von MIGROS (30), welche auf den ÖKO-Daten (7) basieren, fällt der Vergleich des Energieverbrauches bis zu einer Rücklaufquote des 180-g-Allweg-Glases von 50 % eindeutig zugunsten des 180-g-Polystyrol- bzw. Polypropylenbechers aus. Erst bei einer Rücklaufquote von 70 % wäre der Energieverbrauch durch 94 g schwere Allweg-Gläser geringer als durch Kunststoffbecher mit 5,8 g Gewicht. Luft- und Wasserbelastung sind durch das Allweg-Glas bei dieser Rücklaufquote noch immer deutlich höher. Der PS/Papier-Kombinationsbecher ist nur hinsichtlich des Energieverbrauches in unbedeutendem Ausmaß günstiger. Luft- und Wasserbelastung sind deutlich höher als beim Polystyrolbecher, letztere auch höher als beim Allweg-Glas. Gegenüber Allweg-Gläsern und PS/Papier-Kombinationsbechern weist der Polystyrolbecher aufgrund der vorliegenden Daten die geringsten Umweltauswirkungen auf.

Abschließend ist festzustellen, daß eine Verminderung der Umweltauswirkungen durch Mehrweg-Gläser und eine Besserstellung gegenüber dem Kunststoffbecher nicht durch extreme Gewichtsabsenkungen (welche die Bruchquote erhöhen), sondern nur durch hohe Umlaufzahlen erreichbar ist. Beim Allweg-Glas tragen hohe Rücklaufquoten und *keineswegs* Gewichtssreduzierungen zum Erreichen ebenso geringer Umweltauswirkungen wie bei Verwendung von Kunststoffbechern bei. Bei diesem Packmittel sind weitere Reduzierungen der Umweltauswirkungen nur mehr verfahrenstechnisch und - mit Rücksicht auf die Schutzeigenschaften gegenüber dem Füllgut - nicht mehr durch weitere Gewichtsabsenkungen möglich.

Die Auswirkungen der Verwendung von Glasflaschen, Kunststoff- und Kunststoff/Papier-Kombinationsbechern auf die Arbeitsumwelt und die damit verbundenen gesundheitlichen Belastungen wurden bisher noch nicht anhand exakter Daten verglichen. In bezug auf Lärmbelästigung (Abfüllmaschinen, Distribution), Verletzungsgefahr (Glassplitter) sowie das Heben und Tragen schwerer Lasten (Vertriebs- und Handelspersonal, Hausfrauen, die Mehrpersonenhaushalte versorgen sowie alte und gebrechliche Personen) bieten Kunststoff- und Kunststoff/Papier-Kombinationsbecher erhebliche Vorteile. Zwar bringen Leichtglas-Flaschen durch etwas geringeres Packstückgewicht der Transporteinheiten geringe Arbeitserleichterungen gegenüber herkömmlichen Mehrwegflaschen, das geringste Packstückgewicht weisen aber in Pappetrays abgepackte Kunststoffbecher auf.

4.4.2. Technische Eigenschaften

Für den Vertrieb von Sauermilchprodukten haben sich sowohl Hohlglasverpackungen als auch Becher aus verschiedenen Kunststoffen bzw. Kombinationsmaterialien seit langem bewährt. Wie Tab. XLV zusammenfassend darstellt, sind Einweg-Glasflaschen oder Kunststoffbecher vom hygienischen Standpunkt vorzuziehen und durch den Wegfall der Leergebindemanipulation, der Pfandverrechnung sowie durch geringeres Gewicht und - bei Verwendung entsprechender Transportverpackungen - auch durch etwas geringeren Transportraumbedarf distributionsfreundlicher. Weiters erübrigen sie den für Mehrweggebinde erforderlichen Reinigungsaufwand.

Da die Schutzeigenschaften gegenüber flüssigen Sauermilchprodukten von der
- Keimarmut bzw. Freiheit von Hefe- und Schimmelpilzsporen
- Lichtdichtigkeit
- sowie von der Gas- und Wasserdampfdichtigkeit

des Packmittels abhängen, was
- bei Flaschen entsprechende Hygienemaßnahmen, Einfärbung und Verschlußausführung,
- bei Kunststoffbechern entsprechende Pigmentierung sowie die Verwendung ausreichend gas- und wasserdampfdichter Werkstoffe

voraussetzt, ist eine zweckentsprechende Verpackungsausführung und weniger die Art des verwendeten Packmittels für die Qualitätserhaltung des Füllgutes entscheidend. Zur besseren Erhaltung der Gallerte (z.B. von Joghurt) und für stark CO_2-entwickelnde Sauermilchprodukte (z.B. Kefir) erweisen sich Glasgefäße infolge ihrer Formstabilität und wegen der Verwendbarkeit von Verschlüssen mit Gasentweichmöglichkeit als vorteilhafter.

4.4.3. Wirtschaftlichkeit

Aufgrund der höheren Systemkosten von Allweg-Gläsern für flüssige Sauermilchprodukte ist, wie eine Studie der EMPA-St. Gallen (29) er-

Tab. XLV: Vergleich der **technischen Eigenschaften** von 250-ml-Mehrweg-, Mehrweg-Leicht- und Allweg-Gläsern sowie von Polystyrol-, Polypropylen- und Kunststoff/Papier-Kombinationsbechern für flüssige Sauermilchprodukte

Merkmal	Beurteilung					
	MW-Glas	MW-Leicht-Glas	Allweg-Glas	Kunststoffbecher[1]		
				Polystyrol	Polypropylen	mit gasdichter Sperrschicht
Hygiene	++[2]	++[2][3]	++[2][3]	+++	+++	+++
Keimfreiheit bzw. Keimarmut	siehe Tab. XL					
Lichtdurchlässigkeit[4]	8 % - 96 %			0 %- 98 %		
Wasserdampfdurchlässigkeit[7]	< 0,001 g/Tag[5]			< 0,1g/Tag	< 0,01g/Tag	< 0,001g/Tag
O_2-Durchlässigkeit[7]	< 0,001 cm^3/Tag · bar[5]			6,7[6]	1,5[6]	< 0,01[6]
Gasentweichmöglichkeit	vom Verschlußsystem abhängig			keine		
Formstabilität[11]	gegeben			nicht gegeben[12]		
Stoßempfindlichkeit	+	-	-	-[8]		
Taragewicht[9]	2,13 kg/l	1,98 kg/l	~1,7 kg/l	1,07 - 1,26 kg/l[10]		
Lager- und Transportraum	7,1 m^3 / 1000 l	3,2 m^3/ 1000 l	3,2 m^3/ 1000 l	2,3 - 3,1 m^3/1000 l[10]		
Leergebindemanipulation	ja	ja	ja	keine		
Pfandverrechnung	ja	ja	keine	keine		
Reinigungsaufwand	hoch			keiner		
Griffstabilität	+++			+		
Flüssigkeitsdichtigkeit	+++ bis - -[5]			+++		
Wiederverschließbarkeit	+++ bis - -[5]			- -		

Fußnoten siehe nächste Seite

gab, der Kunststoff- oder Kunststoff/Papier-Kombinationsbecher die kostengünstigere Verpackung. Die Systemkosten liegen beim Allweg-Glas um 28 % höher.

Allein die Rücknahme-, Reinigungs- und Ausstattungskosten für das Allweg-Glas sind nach MIGROS (30) höher als die Packmittelkosten für den unbedruckten Polystyrol-Becher. Um Kostengleichheit mit dem etwas höheren Packmittelaufwand für bedruckte Polystyrolbecher zu erzielen, müßten Allweg-Gläser eine Rücklaufquote von ca. 88 % erreichen. Gegenüber dem teureren Polystyrol/Papier-Kombinationsbecher stellt sich Kostengleichheit des Packmittelaufwandes bereits bei einer Rücklaufquote der Allweg-Gläser von 71 % ein. Sofern gleichartige Produktqualitäten in Allweg-Gläsern und Kunststoffbechern in den Handel kommen, sind die Verbraucherpreise glasverpackter Sauermilchspezialitäten höher als bei Produkten, die in Kunststoffbecher abgefüllt werden.

Fußnoten zu Tab. XLV:

1) Heißsiegelverschluß mit Aluminiumplatine
2) nicht allein vom Abfüllbetrieb abhängig
3) infolge der geringen mechanischen Festigkeit erhöhte Gefahr durch Glassplitter
4) von Einfärbung bzw. Pigmentierung abhängig
5) vom Verschlußsystem abhängig
6) cm^3/Tag · bar
7) Kunststoff/Papier-Kombinationsbecher weisen entsprechend der Dicke und Art der verwendeten Kunststoffschichte höhere Durchlässigkeitswerte als die hier angegebenen auf
8) hohe Empfindlichkeit gegen seitliche Stöße (Aufplatzen der Versiegelung)
9) inkl. Transportverpackung
10) von Art der Transportverpackung abhängig
11) zum Schutz der Gallerte (z.B. stichfestes Joghurt)
12) ausgenommen Becher aus Polystyrol natur

Beurteilung

+++	sehr gut
++	gut
+	zufriedenstellend
-	weniger zufriedenstellend
--	nicht zufriedenstellend

5. Einweg-Glasflaschen und Kombidosen für Fruchtsaftgetränke

5.1. Übersicht

Über die Umweltauswirkungen durch Verwendung von 0,7-l-Einweg-Leichtglasflaschen (420 g) mit Twist-off-Verschluß und 1,0-l- sowie 0,7-l-Einweg-Kombidosen (System "Hypa-S"), bestehend aus einem quadratischen Kartonhülsen-Rumpf und einem Aluminium-Kunststoff-Formteil als Boden und Deckel mit aufgesiegelter Öffnungslasche und Polyäthylen-Wiederverschluß, liegt eine Veröffentlichung jüngeren Datums von FRANKE (35) vor, die sich auf eine unveröffentlichte Studie von THOMÉ-KOZMIENSKY und GOTTWALD (36) stützt. Darin werden alle wichtigen Umweltdaten für zwei 0,7-l-Kombidosentypen, die sich im Materialaufwand unterscheiden, sowie für einen 1,0-l-Kombidosentyp angegeben.

Als Umverpackung für Kombidosen wurden Wellpappetrays mit Deckel à 12 Einheiten (in PE-Folie geschrumpft) angenommen und für Glasflaschen, Wellpappe-Schachteln à 6 Einheiten. Nähere Angaben über den Packmittelverbrauch können der Originalarbeit (35) entnommen werden. Ein Vergleich mit Mehrweg-Glasflaschen sowie ein wirtschaftlicher Vergleich beider Systeme wurde nicht angestellt.

5.2. Vergleich der Umweltauswirkungen

5.2.1. Wasser- und Rohstoffverbrauch

Eine genaue Aufstellung des Rohstoffverbrauches für Kombidosen und Glasflaschen enthält die Originalarbeit (35). Hier sei lediglich der Gesamtverbrauch an Primär- und Sekundär-Rohstoffen (Altglas, Eigenscherben, Eisenschrott und Altpapier) sowie der Wasserverbrauch in Tab. XLVI wiedergegeben und in den Abb. 28 bzw. 29 verglichen.

Während für Kombidosen die wichtigsten Rohstoffe Holz und Altpapier (für die Papier- und Wellpappeherstellung), Erdöl und Erdgas (für die PE-Beschichtung) sowie Bauxit (für Aluminium-Kaschierung und Formteile) sind, werden für die Herstellung der Glasverpackung vor allem Quarzsand, Kalkstein, Feldspat und Soda, für den Verschluß Eisenerz und PVC-Compound und für die Umverpackung Holz verbraucht.

Tab. XLVI: Primär- und Sekundär-**Rohstoffbedarf** (kg/1000 l Füllgut) sowie **Wasserverbrauch** (m^3/1000 l Füllgut) bei Verwendung von 0,7-l-Einweg-Glasflaschen bzw. 1,0-l- und 0,7-l-Kombidosen für Fruchtsaftgetränke nach FRANKE (35)

Quelle	FRANKE (35)			
Verpackungssystem	Kombidose			Glasflasche
	1,0 l 28 g	0,7 l 24 g	0,7 l 22 g	0,7 l 420 g
Primärrohstoffe	69,91 kg	93,24 kg	77,67 kg	404,62 kg
Sekundärrohstoffe[1)]	26,44 kg	33,87 kg	33,87 kg	335,52 kg
Gesamt-Rohstoffverbrauch	96,35 kg	127,11 kg	111,54 kg	740,14 kg
Wasserverbrauch	5,21 m^3	5,78 m^3	5,50 m^3	9,85 m^3

1) wiederaufbereitete Altstoffe

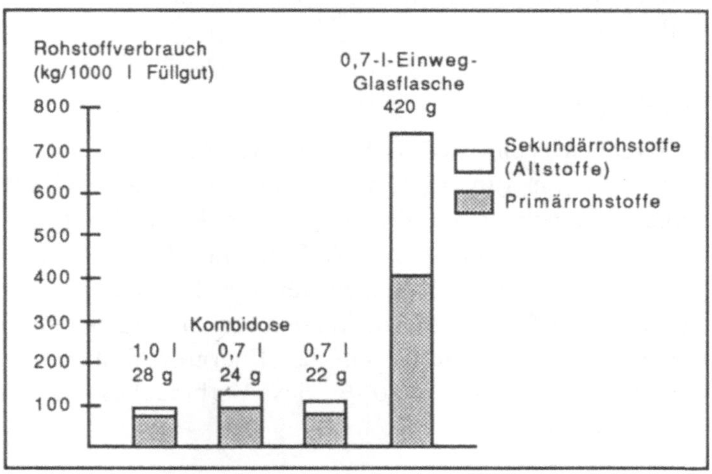

Abb. 28: Primär- und Sekundär-**Rohstoffbedarf** (kg/1000 l Füllgut) bei Verwendung von 0,7-l-Einweg-Glasflaschen bzw. 1,0-l- und 0,7-l-Kombidosen für Fruchtsaftgetränke nach FRANKE (35)

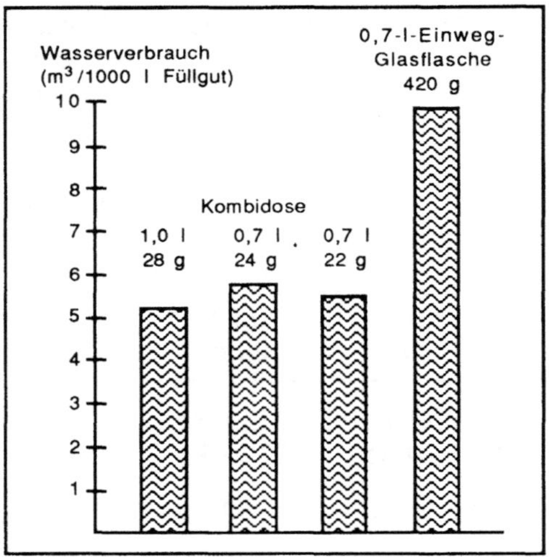

Abb. 29: **Wasserverbrauch** (m^3/1000 l Füllgut) bei Verwendung von 0,7-l-Einweg-Glasflaschen bzw. 1,0-l- und 0,7-l-Kombidosen für Fruchtsaftgetränke nach FRANKE (35)

Der Rohstoffverbrauch für die 0,7-l-Einweg-Glasverpackung ist rd. 6mal und der Wasserverbrauch rd. 1,7mal höher als für Kombidosen gleichen Inhaltes.

5.2.2. Energieverbrauch

Nach den Angaben von FRANKE (35) verbraucht der Vertrieb von Fruchtsaftgetränken in Einweg-Glasflaschen, wie Tab. XLVII und Abbild. 30 zeigen, doppelt soviel Energie wie in Kombidosen gleicher Füllmenge (bei 34 % Verbrennung der Abfälle und Einbeziehung des Energieinhaltes im Holzrohstoff). Kommen für die Kartonherstellung auf Basis von Sulfatzellstoff neueste, in Skandinavien angewandte Technologien zum Einsatz, so reduziert sich der Energieverbrauch bei Verwendung von Kombidosen auf rd. 40 % des Verbrauches bei Verwendung von Leichtglasflaschen.

5.2.3. Luft- und Wasserbelastung

Wie aus Tab. XLVIII und Abb. 31 hervorgeht, ist die Luftbelastung unter den zugrundegelegten Annahmen für die Entsorgung (34 % Müll-

Tab. XLVII u. Abb. 30 : **Energieverbrauch** (kWh_{th}/1000 l Füllgut) bei Verwendung von 0,7-l-Einweg-Glasflaschen bzw. 1,0-l- und 0,7-l-Kombidosen für Fruchtsaftgetränke (bei **34 % Verbrennung** der Abfälle mit Energierückgewinnung, ***inkl.*** *Energieinhalt des Holzrohstoffes*) nach FRANKE (35)

Quelle	FRANKE (35)			
Verpackungssystem	Kombidose			Glasflasche
	1,0 l 28 g (kWh_{th})	0,7 l 24 g (kWh_{th})	0,7 l 22 g (kWh_{th})	0,7 l 420 g (kWh_{th})
Energieverbrauch	723	1094	869	2098
	577[1)]	935[1)]	719[1)]	-

1) bei Anwendung neuester Technologien auf Basis von Sulfatzellstoff

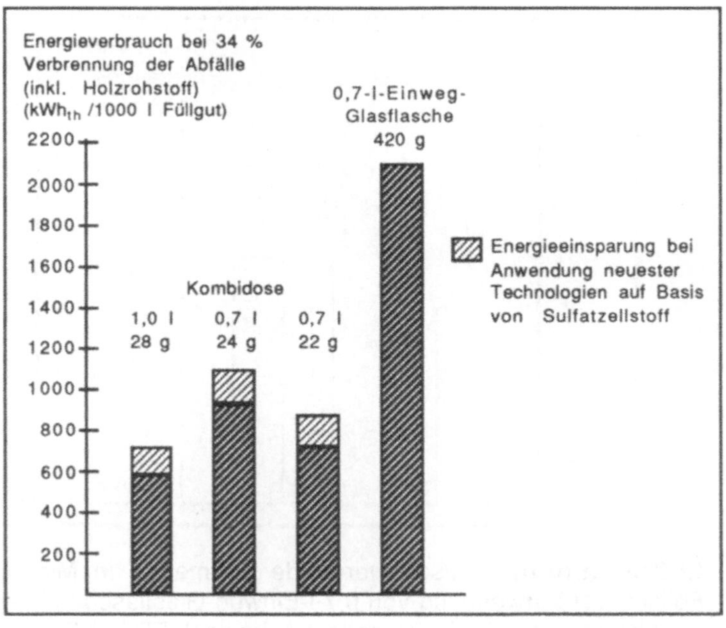

Tab. XLVIII: **Luftbelastung** (kritisch werdende Luftmenge in Mio m^3 je 1000 l Füllgut) und **Wasserbelastung** (kritisch werdende Wassermenge in m^3/1000 l Füllgut) bei Verwendung von 0,7-l-Einweg-Glasflaschen bzw. 1,0-l- und 0,7-l- Kombidosen für Fruchtsaftgetränke nach FRANKE (35)

Quelle	FRANKE (35)			
Verpackungs-system	Kombidose			Glasflasche
	1,0 l 28 g	0,7 l 24 g	0,7 l 22 g	0,7 l 420 g
krit. Luftmenge (Mio m^3/1000 l Füllgut)	79,54	102,73	97,08	155,14
krit.Wassermenge (m^3/1000 l Füllgut)	315,02	402,16	332,27	110,48

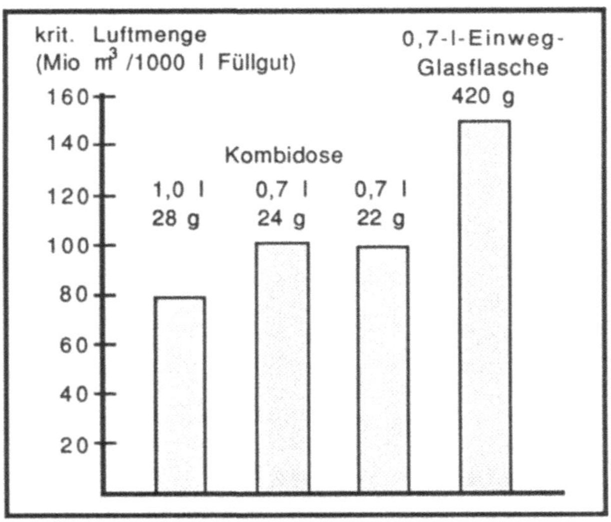

Abb. 31: **Luftbelastung** (kritisch werdende Luftmenge in Mio m^3 je 1000 l Füllgut) bei Verwendung von 0,7-l-Einweg-Glasflaschen bzw. 1,0-l- und 0,7-l-Kombidosen für Fruchtsaftgetränke nach FRANKE (35)

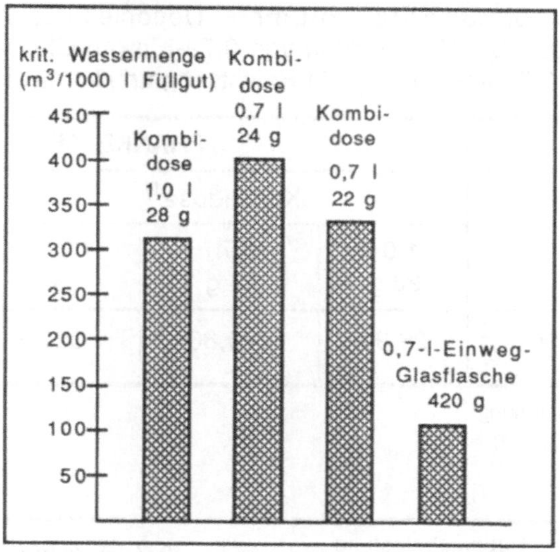

Abb. 32: **Wasserbelastung** (kritisch werdende Wassermenge in m^3 je 1000 l Füllgut) bei Verwendung von 0,7-l-Einweg-Glasflaschen bzw. 1,0-l- und 0,7-l- Kombidosen für Fruchtsaftgetränke nach FRANKE (35)

verbrennung) bei Verwendung von Kombidosen um 36 % geringer als bei Einweg-Leichtglasflaschen gleicher Füllmenge. Die Wasserbelastung erweist sich hingegen bei Verwendung von Kombidosen rd. 3mal so hoch wie bei Verwendung von Einweg-Leichtglasflaschen (siehe Abbildung 32).

5.2.4. Abfallvolumen (Deponiebelastung)

Das Abfallvolumen wurde von FRANKE (35) als Verbrauch an Deponieraum ausgedrückt. Bei Verwendung von Einweg-Leichtglasflaschen ist, wie Tab. XLIX und Abb. 33 zeigen, die Deponiebelastung fast 10 mal so groß wie bei Verwendung von Kombidosen, wenn eine Altglas-Recyclingquote von rd. 43 % und ein Müllverbrennungsanteil von 34 % berücksichtigt werden. Bei diesem Verbrennungsanteil müßte die Altglas-Recyclingquote ca. 90 % betragen, damit Einweg-Leichtglasflaschen nicht mehr Deponievolumen als Kombidosen verbrauchen.

Tab. XLIX und Abb. 33: **Abfallvolumen** (Deponiebelastung in dm^3/1000 l Füllgut) bei Verwendung von 0,7-l-Einweg-Glasflaschen bzw. 1,0-l- und 0,7-l-Kombidosen für Fruchtsaftgetränke nach FRANKE (35)

Quelle	FRANKE (35)			
Verpackungs-system	Kombidose[1)]			Glasflasche[2)]
	1,0 l 28 g	0,7 l 24 g	0,7 l 22 g	0,7 l 420 g
Deponiebelastung (dm^3/1000 l Füllgut)	26,94	40,80	32,33	323,64

1) bei 34 % Müllverbrennung
2) bei 45 % Altglasrecycling

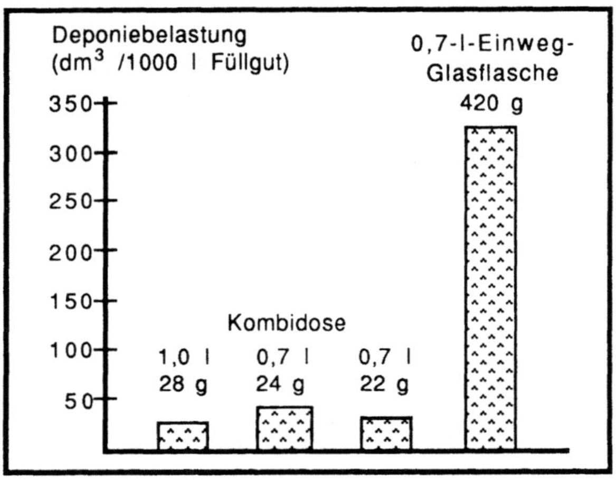

5.2.5. Arbeitsumwelt

Über die Auswirkungen von Kombidosen und Einweg-Leichtglasflaschen auf die Arbeitsumwelt liegen keine Untersuchungen vor. Sie entsprechen aber weitgehend den Ausführungen über Verbundkartonverpackungen in Abschn. 2.1.6. dieses Kapitels.

5.3. Technischer Vergleich

Kombidosen weisen im Prinzip ähnliche technische Eigenschaften wie Verbundkartonverpackungen auf, deren Schutzeigenschaften für Fruchtsäfte in Abschn. 3.2.2. dieses Kapitels beschrieben wurden. Fruchtsaftgetränke werden daher auch in Kombidosen aseptisch, in Glasflaschen hingegen heiß oder unsteril mit anschließender Pasteurisierung oder Hitzesterilisation abgefüllt.

Die spezifischen Empfindlichkeiten von Fruchtsaftgetränken gegenüber Mikroorganismen, Licht- und Luftsauerstoffeinfluß sind in Kap. II, Abschn. 4.1.1. beschrieben.

Kombidosen bieten so wie aluminiumkaschierte Verbundkartonverpackungen absoluten Lichtschutz. Glasflaschen weisen je nach Farbe und Farbintensität immer einen mehr oder minder starken Lichtdurchtritt auf, dessen Auswirkungen auf die Füllgutqualität bei Fruchtsäften vom verfügbaren Sauerstoff in der Packung abhängt und produktspezifisch ist. Allerdings sind die Kenntnisse über die Auswirkungen dieser Faktoren auf die Saftqualität vieler Fruchtarten gering.

Die Sauerstoffdurchlässigkeit von Kombidosen ist nach (45) geringer als von Glasflaschen, die mit Naturkork verschlossen sind, und gleich gering wie von Glasflaschen mit Kronenkork-, Aluminiumschraub- und Vakuumverschluß mit PVC-Compound (Dichtungsmasse).

Durch die logistisch vorteilhafte Quaderform, das geringere Taragewicht und die geringere Stoßempfindlichkeit haben Kombidosen günstigere Distributionseigenschaften als Einweg-Glasflaschen.

Die Gebrauchseigenschaften von Glasflaschen entsprechen bis auf das höhere Gewicht und die etwas bessere Griffstabilität jenen von Kombidosen.

5.4. Zusammenfassung

Werden alle untersuchten Umweltauswirkungen durch Verwendung von 0,7-l-Einweg-Leichtglasflaschen und Kombidosen für Fruchtsaftgetränke zusammengefaßt, so erweist sich die Kombidose in allen Parametern, mit Ausnahme der Wasserbelastung, eindeutig als günstiger. Durch absolute Lichtdichtigkeit, geringeres Transportgewicht und -volumen sowie durch geringere Stoßempfindlichkeit verfügen Kombidosen über bessere Schutz-, Distributions- und Gebrauchseigenschaften als Einweg-Glasflaschen. Ein Vergleich der Wirtschaftlichkeit beider Verpackungsarten liegt nicht vor.

6. Einweg- und Mehrweg-Glasflaschen, Kunststoff-flaschen, Weißblech- und Aluminiumdosen für stille und kohlensäurehältige Erfrischungsgetränke

6.1. Übersicht

Über die Umweltauswirkungen durch Verwendung von Einweg- und Mehrweg-Glasflaschen, Kunststoffflaschen, Weißblech- und Aluminiumdosen für stille und kohlensäurehältige Erfrischungsgetränke liegen 5 Studien vor (37)(38)(39)(40)(41), die, wie Tab. L zeigt, nur einzelne dieser Packmittel vergleichen und meist auch von unterschiedlichen Füllmengen, Packmittelgewichten, Umverpackungen, Systemannahmen und Randbedingungen ausgehen. Oft fehlen auch solche Angaben in den Veröffentlichungen, weshalb eine übersichtliche Darstellung derselben unterbleiben muß.

Tab. L: Übersicht über **Vergleiche der Umweltauswirkungen** von Einweg- und Mehrweg-Glasflaschen, Kunststoffflaschen, Weißblech- und Aluminiumdosen für stille und kohlensäurehältige Getränke

Autor Zitat Jahr	SPRENG (37) 1982	BRUYNSEELS (38) 1983	BOUSTEAD (39) 1983	BOUSTEAD (40) 1984	MÜLLER (41) 1985
1,5-l-MW-Glasflasche		+			
1,0-l-MW-Glasflasche		+			+
1,0-l-EW-Glasflasche		+	+	+	
0,5-l-EW-Glasflasche			+		
0,25-l-EW-Glasflasche	+		+		
2,0-l-PET-EW-Flasche			+		+
1,5-l-PET-EW-Flasche		+	+	+	
1,0-l-PET-EW-Flasche			+		
0,5-l-PET-EW-Flasche			+		
0,25-l-PET-EW-Flasche			+		
1,5-l-PVC-EW-Flasche		+			
PVC-EW-Flasche*)	+				
Weißblechdose*)	+				
Al-Getränkedose*)	+				

*) die Nennfüllmenge wurde in der Veröffentlichung nicht angegeben

Tab. LI: Übersicht über **untersuchte Parameter** in Vergleichen der Umweltauswirkungen und Wirtschaftlichkeit von Einweg- und Mehrweg-Glasflaschen, Kunststoffflaschen, Weißblech- und Aluminiumdosen für stille und kohlensäurehältige Erfrischungsgetränke.

	Autor	SPRENG	BRUYNSEELS	BOUSTEAD	BOUSTEAD	MÜLLER
	Zitat	(37)	(38)	(39)	(40)	(41)
	Jahr	1982	1983	1983	1984	1985
untersuchte Parameter	Rohstoffverbrauch					
	Wasserverbrauch		±			
	Energieverbrauch	+	+	+	+	+
	Lufbelastung		±			(±)
	Wasserbelastung					(±)
	Abfall					+
	Wirtschaftlichkeit		+			

\+ weitgehend vollständige Erfassung der Belastungen
± unvollständige Erfassung der Belastungen
(±) Angabe der Gesamtbelastung in kg (kritisch werdende Luft- und Wassermengen nicht berechenbar)

Die Vergleiche beziehen sich, wie Tab. LI zeigt, vorwiegend auf den Energieverbrauch. Die Angaben über den Wasserverbrauch (38) sind offensichtlich unvollständig. Auch berücksichtigen die Angaben über die Luftbelastung (38) nur einige Schadstoffe wie CO, C_nH_x und NO_x oder es wird nur das Gesamtgewicht aller an Luft und Wasser abgegebenen Schadstoffe in kg angegeben (41), so daß eine Berechnung der kritisch werdenden Luft- und Wassermengen nicht möglich ist. Aus diesen Gründen müssen die Vergleiche auf den Energieverbrauch, das Abfallvolumen und die Wirtschaftlichkeit beschränkt bleiben.

6.2. Vergleich der Umweltauswirkungen

6.2.1. Energieverbrauch

Beim Vergleich der Angaben über den Energieverbrauch für gleichartige Packmittel (s. Tab. LII) fallen die zum Teil beträchtlichen Unterschiede *zwischen* den einzelnen Studien auf, welche Unterschiede zwischen verschiedenartigen Packmitteln *innerhalb* der einzelnen Studien mitunter um ein Mehrfaches übertreffen. Dies schließt einen kreuzweisen Vergleich der Daten verschiedener Verpackungssysteme *und* Stu-

Tab. LII: **Energieverbrauch** (kWh/1000 l Füllgut) bei Verwendung verschiedener Einweg- und Mehrwegverpackungen für stille und kohlensäurehältige Erfrischungsgetränke

Verpackung (Autor / Zitat)	[Umlaufzahl] Recycling- od. Rücklaufquote	SPRENG (37) (kWh)	BRUYNSEELS (38) (kWh)	BOUSTEAD (39) (kWh)	BOUSTEAD (40) (kWh)	MÜLLER (41) (kWh)
1,5-l-MW-Glasflasche	[12]		666			
	[22]		529			
1,0-l-MW-Glasflasche	[3,3] 70 %					1.861
	[5] 80 %					1.396
	[10] 90 %					1.047
	[22]		357			
1,0-l-EW-Glasflasche	[1]		1.913	6.411	6.303	
0,5-l-EW-Glasflasche	[1]				7.917	
0,25-l-EW-Glasflasche	[1]				11.000	
EW-Glasflasche*)	[1]	2.780				
2,0-l-PET-EW-Flasche	[1]				3.956	
	[1] 70 %					1.047
	[1] 80 %					989
	[1] 90 %					930
1,5-l-PET-EW-Flasche	[1]		2.081	4.689	4.653	
1,0-l-PET-EW-Flasche	[1]				5.664	
0,5-l-PET-EW-Flasche	[1]				8.594	
0,25-l-PET-EW-Flasche	[1]				13.578	
1,5-l-PVC-EW-Flasche	[1]		1.098			
PVC-EW-Flasche*)	[1]	1.810				
Weißblechdose*)	[1]	2.080				
Al-Getränkedose*)	[1] 0 %	3.340				
	[1] 50 %	2.430				
	[1] 75 %	1.920				

*) die Nennfüllmenge wurde in der Veröffentlichung nicht angegeben

dien aus. Vergleiche können deshalb nur *innerhalb* der einzelnen Studien vorgenommen werden. Weiters fehlen oft Hinweise über die Form der Energieverbrauchsangabe (z.B. therm. Energieäquivalent usw.).

Nach den Untersuchungen von SPRENG (37), deren Ergebnisse in Abb. 34 grafisch dargestellt sind, weisen Kunststoffflaschen aus PVC (für stille Getränke) den geringsten Energieverbrauch auf. Weißblechdosen verbrauchen weniger Energie als Einweg-Glasflaschen und Aluminium-Getränkedosen, sofern diese nicht recycliert werden. Nach diesen Angaben wäre der Energieverbrauch von Aluminium-Getränkedosen bei einer Recyclingquote von 50 % bereits geringer als von Einweg-Glasflaschen und bei 75 % Recycling auch geringer als von Weißblech-Getränkedosen. Die Füllmengen der verglichenen Gebinde gehen aus der Veröffentlichung nicht hervor. Wahrscheinlich handelt es sich um Gebinde zwischen 0,25 und 0,33 l Nenninhalt.

Auch die Untersuchungen von BRUYNSEELS (38) ergaben, daß PVC-Flaschen weniger Energie verbrauchen als Einweg-Glasflaschen. Diese verbrauchen wieder weniger Energie als Einwegflaschen aus PET. Mehrweg-Glasflaschen für stille und kohlensäurehältige Getränke weisen nach BRUYNSEELS den geringsten Energieverbrauch auf (siehe Abb. 35).

BOUSTEAD (39)(40) verglich den Energieverbrauch von Einweg-Glasflaschen und PET-Flaschen mit verschiedenen Nennfüllmengen. Gegenüber anderen Studien fallen die um den Faktor 2,2 bis 3,3 höheren Verbrauchswerte auf. Nach diesen Untersuchungen (s. Abb. 36) wären Einweg-*Glas*flaschen bis zu einem Füllvolumen von 0,75 l energetisch günstiger, bei größerem Füllvolumen hingegen PET-Flaschen.

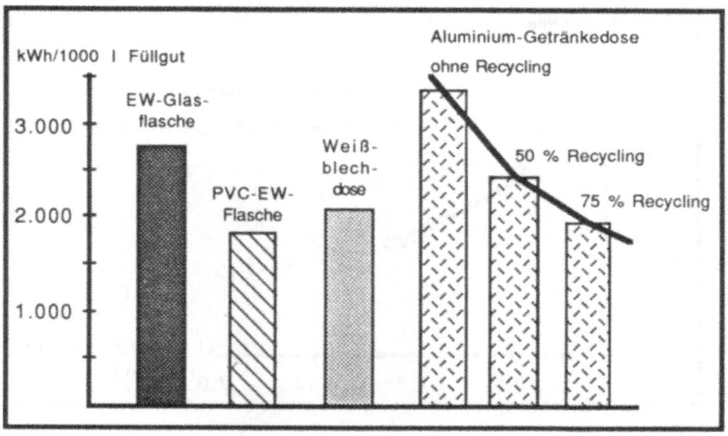

Abb. 34: **Energieverbrauch** (kWh/1000 l Füllgut) bei Verwendung von Einweg-Glasflaschen, Kunststoffflaschen aus PVC, Weißblech- und Aluminium-Getränkedosen (bei verschiedenen Recyclingquoten) für stille und kohlensäurehältige Getränke nach SPRENG (37)

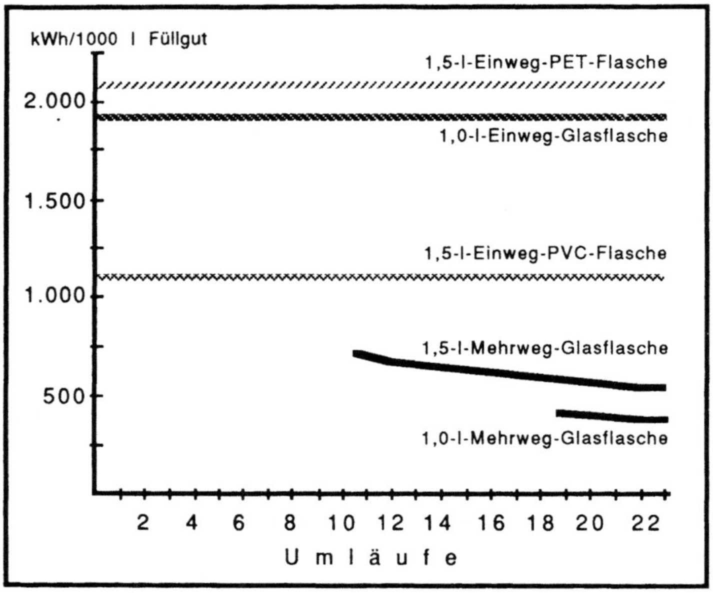

Abb. 35: **Energieverbrauch** (kWh/1000 l Füllgut) bei Verwendung von Kunststoffflaschen aus PVC und PET sowie Einweg- und Mehrweg-Glasflaschen für stille und kohlensäurehältige Getränke nach BRUYNSEELS (38)

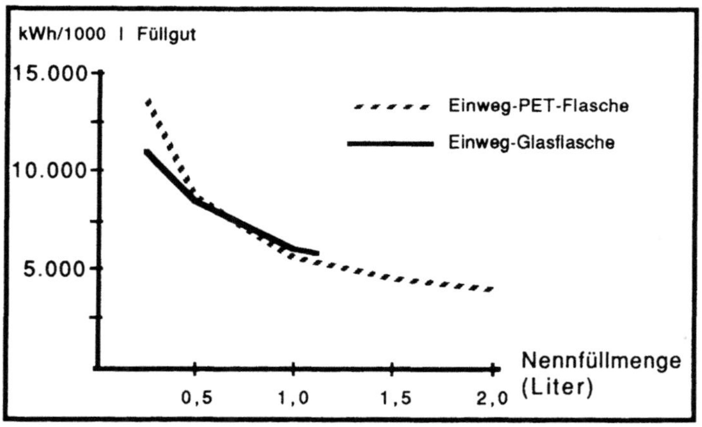

Abb. 36: Vergleich des **Energieverbrauch**es (kWh/1000 l Füllgut) von Einweg-Glasflaschen und PET-Flaschen verschiedener Nenninhalte für kohlensäurehältige Getränke nach BOUSTEAD (39)(40)

MÜLLER (41) berichtete über einen Vergleich des Energieaufwandes von 1,0-l-Mehrweg-Glasflaschen (930 g Glasgewicht, Aluminium-Schraubverschluß, Vertrieb in Kunststoff-Pfandkasten à 12 Flaschen) und 2,0-l-PET-Flaschen (52,5 g PET + Bodentasse 14 g PET, PP-Schraubverschluß, Vertrieb in Kunststoff-Pfandkasten à 8 Flaschen) in Abhängigkeit von deren Rücklauf- bzw. Recyclingquote. Der Vergleich stützt sich auf eine Untersuchung der Franklin Ass. Ltd., USA, über Verpackungen für Getränke mit hohem Kohlensäuregehalt.

Nach diesen Angaben wäre der Vertrieb kohlensäurehältiger Erfrischungsgetränke in 1,0-l-Mehrweg-Glasflaschen dann grundsätzlich energiegünstiger, wenn diese > 20 Umläufe machen (was einer Rücklaufquote von > 95 % entspricht). So muß die PET-Flasche bei einer Rücklaufquote der Mehrweg-Glasflasche von z.B. 90 % (10 Umläufe) eine Recyclingquote von mindestens 73 % aufweisen, um nicht mehr Energie zu verbrauchen (s. Abb. 37). Macht die Mehrwegflasche jedoch < 5 Umläufe (was einer Rücklaufquote von < 80 % entspricht), verbraucht die PET-Flasche, auch wenn sie nicht recycliert wird, weniger Energie. Als Abfallbehandlung wurde ausschließliches Deponieren ohne Altglasrecycling angenommen.

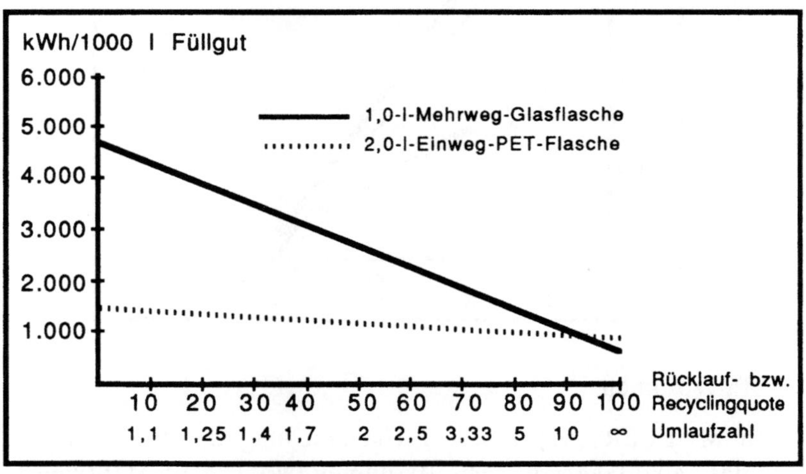

Abb. 37: Vergleich des **Energieverbrauches** (kWh/1000 l Füllgut) von 1,0-l-Mehrweg-Glasflaschen und 2,0-l-PET-Flaschen für stille und kohlensäurehältige Erfrischungsgetränke, in Abhängigkeit von der Rücklaufquote (bzw. Umlaufzahl) der Mehrweg-Gebinde und der Recyclingquote der Einweg-Gebinde nach MÜLLER (41)

Tab. LIII und Abb. 38: **Abfallvolumen** (dm^3/1000 l Füllgut) durch 1,0-l-Mehrweg-Glasflaschen und 2,0-l-PET-Flaschen für stille und kohlensäurehältige Erfrischungsgetränke in Abhängigkeit von der Rücklaufquote (bzw. Umlaufzahl) der Mehrweg-Gebinde und der Recyclingquote der Einweg-Gebinde nach MÜLLER (41)

Rücklauf-quote (%)	Um-lauf-zahl	Produktions-abfall		Haus-müll		Gesamt-abfall	
		1,0-l-MW-Glasfl. (dm^3)	2,0-l-PET-Flasche (dm^3)	1,0-l-MW-Glasfl. (dm^3)	2,0-l-PET-Flasche (dm^3)	1,0-l-MW-Glasfl. (dm^3)	2,0-l-PET-Flasche (dm^3)
70	3,33	56	18	392	180	448	198
80	5	43	19	264	123	307	142
90	10	29	19	137	65	166	84
100	∞	16	21	9	7	25	28

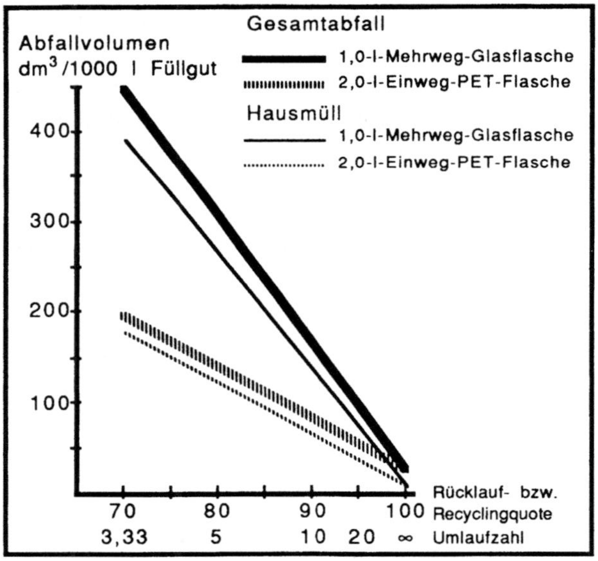

6.2.2. Abfallvolumen

In der von MÜLLER (41) zitierten Untersuchung der Franklin Ass. wurde auch das abzulagernde Abfallvolumen von 1,0-l-Mehrweg-Glasflaschen und 2,0-l-PET-Flaschen bei ausschließlichem Deponieren und verschiedenen Rücklauf- bzw. Recyclingquoten verglichen (siehe Tab. LIII und Abb. 38). Nach dieser Darstellung verbraucht die 2,0-l-PET-Flasche etwa nur halb soviel Deponievolumen (Industrie-, Gewerbe-

und Hausmüll) wie 1,0-l-Mehrweg-Glasflaschen für die gleiche Menge Füllgut, gleiche Rücklauf- bzw. Recyclingquoten vorausgesetzt. Bei einer Rücklaufquote der Mehrweg-Glasflasche von 90 % (10 Umläufe) muß die PET-Flasche eine Recyclingquote von mindestens 76 % aufweisen, um nicht mehr Gesamtabfallvolumen zu verursachen. Bei einer Rücklaufquote der Mehrwegflasche von < 60 % (< 2,5 Umläufe) verbraucht die PET-Flasche auch ohne Recycling weniger Deponievolumen.

6.3. Technischer Vergleich

6.3.1. Vorbemerkungen

Glasflaschen und Weißblechdosen waren durch Jahrzehnte die meistverwendeten Packmittel für stille und kohlensäurehältige Getränke. Fortschritte im Abstrecken von Aluminiumband ermöglichten die materialsparende und rationelle Herstellung von Aluminium-Getränkedosen, die nun am Verpackungsmarkt mit den Weißblechdosen konkurrieren. PVC-Flaschen haben vor allem in den west- und südeuropäischen Staaten für die Abfüllung stiller Wässer und weniger sauerstoffempfindlicher Fruchtsäfte verbreitet Anwendung gefunden. Von USA ausgehend macht die PET-Flasche durch ihr geringes Gewicht und ihre Eignung für die Abfüllung von Nennfüllmengen > 1,0 l der traditionellen Glasflasche am Markt für kohlensäurehältige Getränke zunehmend Konkurrenz.

6.3.2. Schutzeigenschaften

Wie in Kap. II dargelegt wurde, müssen Verpackungen für stille und kohlensäurehältige Erfrischungsgetränke je nach der spezifischen Empfindlichkeit des Füllgutes mehr oder minder hohe Anforderungen an Keimarmut, Sauerstoff-, Licht- und Aromadichtigkeit erfüllen. Behältnisse für kohlensäurehältige Getränke müssen darüberhinaus ausreichende Innendruckdichtigkeit und -festigkeit ausfweisen.

Während die Keimarmut der dem Füllgut zugewandten Oberfläche bei Mehrweg-Glasflaschen vom Verschmutzungsgrad der Retourgebinde und der Effektivität der Reinigungsbehandlung abhängt, ist sie bei allen Einweg-Gebinden vom Anlieferungszustand abhängig, der wesentlich von den hygienischen Bedingungen bei der Packmittelherstellung und einer vor Kontamination schützenden Transportverpackung bestimmt wird.

Glasflaschen und Metalldosen weisen (entsprechende Verschlußdichtigkeit vorausgesetzt) hervorragende Barriereeigenschaften gegenüber Sauerstoff, Kohlensäure und Aromastoffen auf, wodurch sauerstoffempfindliche und kohlensäurehältige Getränke länger als in Kunststoffflaschen gelagert werden können. Absolute Lichtdichtigkeit ist nur bei Weißblech- und Aluminiumdosen gegeben. Bei Glas und Kunststoffflaschen hängt die Durchlässigkeit gegenüber schädigenden Lichtstrahlen von der Art und Intensität ihrer Einfärbung ab.

Die Mindestanforderungen an die Innendruckfestigkeit und -dichtigkeit von Gebinden für kohlensäurehältige Erfrischungsgetränke können durch den erwärmungsbedingten Innendruckanstieg am Verteilungsweg bis > 12 bar reichen. Ausreichende Gasdichtigkeit hängt bei allen Gebinden von der Langzeitdichtigkeit der Verschlüsse, bei Kunststoffflaschen zusätzlich auch noch von der ausreichenden Gasdichtigkeit des verwendeten Werkstoffes ab. Darüberhinaus ist dessen Fließverhalten für die Formbeständigkeit von Kunststoffflaschen unter Innendruckbeanspruchung ausschlaggebend, weshalb sich nicht alle ausreichend gasdichten Kunststoffe auch für die Abfüllung kohlensäurehältiger Getränke eignen. Gewisse nachteilige technische Eigenschaften weisen

- Metalldosen durch ihre Korrosionsneigung und daraus resultierenden Lochfraß, welcher durch ausreichend niedrige Sauerstoffkonzentration im Kopfraum unterbunden werden kann
- Kunststoffflaschen durch ihre - wenn auch geringe - Gasdurchlässigkeit, woraus kürzere Haltbarkeitszeiten für das Füllgut resultieren
- und Glasflaschen durch ihr Sprödbruchverhalten, wodurch unter Innendruckbeanspruchung die Gefahr des selten auftretenden, aber mitunter Unfälle auslösenden spontanen Berstbruches besteht, welche sich durch den Trend zu immer geringeren Wandstärken und die abnutzungsbedingte Festigkeitsverringerung bei hoher Umlaufhäufigkeit von Mehrweg-Glasflaschen erhöht hat.

6.3.3. Distributionseigenschaften

Kunststoffflaschen und Metalldosen unterscheiden sich in ihren Distributionseigenschaften von Glasflaschen durch

- ihre geringere Stoßempfindlichkeit (Metalldosen können allerdings verbeulen, was durch den Innendruck von kohlensäurehältigem Füllgut verringert wird)
- ihr geringeres Taragewicht
- und den bei Dosen geringeren Bedarf an Lager- und Transportraum.

Bei Mehrweg-Glasflaschen kommt der zusätzliche Aufwand für Leergebindemanipulation, Leergebinderückholung und -lagerung hinzu.

6.3.4. Gebrauchseigenschaften und Verbraucherakzeptanz

Zunächst ist festzuhalten, daß Getränkedosen und Einweg-Glasflaschen mit Füllmengen $\leq$ 0,35 l ursprünglich ein anderes Marktsegment ansprechen sollten als Glas- und Kunststoffflaschen $\geq$ 1,0 l Inhalt. Allerdings erfreuen sich kleinere Füllmengen als verbrauchsgerechte Portionen nicht nur beim Unterwegsverzehr, sondern auch im Haushalt großer Beliebtheit, weil sie insbesondere bei kohlensäurehältigen Getränken das allmähliche Schalwerden des Inhaltes einmal geöffneter größerer Gebinde vermeiden. Bei der Versorgung von Haushalten mit größerem Verbrauch wirkt sich das Taragewicht von Glasgebinden bereits merklich aus, woraus sich die Bevorzugung der wesentlich leichteren Kunststoffflasche mit größeren Füllmengen erklärt. STEGER (44) führt die rückläufige Akzeptanz von Mehrweg-Glasflaschen für Erfrischungsgetränke nicht nur auf die in Kap. IV Abschn. 3.5.3 behandelte Spannenpolitik des Handels, sondern auch auf das Anbot in Kunststoffkasten zu 12 und mehr Einheiten zurück, die unpraktisch und für den Heimtransport ohne Kraftfahrzeug zu schwer sind. Dagegen werden Gebinde mit geringerer Füllmenge in leicht transportierbaren Multipacks zu 2 bis 6 Einheiten angeboten. In Österreich kommt Mineralwasser auch in 6er-Kunststoffkasten auf den Markt, obwohl der Glasflasche aufgrund gesetzlicher Regelungen hier keine Konkurrenz durch den Kunststoff droht.

Sieht man vom wesentlich geringeren Gewicht und größeren Tragekomfort von Kunststoffflaschen, ferner der Bruchgefahr bzw. Berstbruchgefahr von Glasflaschen mit kohlensäurehältigen Getränken ab, weisen beide Verpackungsarten ähnliche Gebrauchseigenschaften auf. Nachteilig bei geringerem Verbrauch (Kleinhaushalte) sind hingegen die meist > 1,0 l liegenden Füllmengen von PET-Flaschen.

Die Getränkedose hat in Europa weniger Tradition als die Getränkeflasche. Sie spricht vornehmlich jüngere Verbraucherschichten an, die mit Ring-Pull-Verschlüssen anscheinend besser umzugehen wissen und die das Trinken aus der Dose weniger stört als ältere Personen. Für die Mitnahme an den Arbeitsplatz, bei Freizeitaktivitäten und für die Schutzhüttenversorgung ist das geringere Gewicht und Volumen von Getränkedosen ein nicht zu unterschätzender Vorteil. Nachteilig hingegen ist das mit dieser Verpackung verbundene Litterproblem, wofür die Dose selbst aber nicht verantwortlich gemacht werden kann.

6.4. Wirtschaftlicher Vergleich

Die Systemkosten von Einweg- und Mehrweg-Glasflaschen sowie von PVC- und PET-Kunststoffflaschen verglich BRUYNSEELS (38) auf Basis Belgien 1981. Das in Tab. LIV anhand relativierter Indexzahlen (die kostengünstigste Verpackung erhielt den Index 100) dargestellte Ergebnis zeigt, daß wie bei allen zuvor besprochenen Wirtschaftlichkeitsvergleichen bei Einwegsystemen die Packmittel, bei Mehrwegsystemen der Distributionsaufwand den höchsten Anteil an den Systemkosten haben. Der Aufwand für die Entsorgung wurde auf Basis der Entsorgungskosten von 1 t Abfall aufgrund des Behältnisgewichtes berechnet, wodurch Glasbehältnisse kalkulatorisch höhere Kosten verursachen. Die auf gleiche Füllmenge bezogenen Systemkosten von PVC-Flaschen (für stille Getränke) erwiesen sich deutlich niedriger als von Mehrweg-Glasflaschen, selbst wenn diese 22 Umläufe machen. Die Sy-

Tab. LIV: Vergleich der **Systemkosten** (Kostenindex der PVC-Flasche = 100) verschiedener Packmittel für stille und kohlensäurehältige Erfrischungsgetränke nach BRUYNSEELS (38)

Füllinhalt	1,0 l		1,5 l			
Packmittel	MW-Glasflasche	EW-Glasflasche	MW-Glasflasche		PET-Flasche	PVC-Flasche
Umlaufzahl / Kostenart	22	1	22	12	1	1
Packmittel	19	122	28	42	156	57
Abfüllung und Reinigung	18	9	19	19	10	22
Distribution und Handel	72	23	78	78	22	22
Entsorgung	1	12	1	2	1	1
Recycling[1)]	0[2)]	- 3	0[2)]	0[2)]	- 5	- 2
Systemkosten/Gebinde	110	163	126	141	184	100
Systemkosten/Liter Füllgut	110	163	84	94	123	67

1) Gutschrift für Altglasrecycling bzw. Verbrennung
2) die auf den einzelnen Umlauf bezogene Gutschrift für das Recycling einer Mehrwegflasche ist < 0,5 Indexeinheiten

stemkosten von PET-Flaschen (für kohlensäurehältige Getränke) sind nach (38) rd. 40 % höher als von Mehrweg-Glasflaschen, aber rd. 25 % niedriger als von Einweg-Glasflaschen.

6.5. Zusammenfassung

6.5.1. Umweltauswirkungen

Mangels umfassender, auf alle Umweltparameter Bezug nehmender Studien muß der Vergleich der Umweltauswirkungen von Einweg- und Mehrweg-Glasflaschen, Kunststoffflaschen sowie Weißblech- und Aluminiumdosen für stille und kohlesäurehältige Erfrischungsgetränke auf den Energieverbrauch beschränkt bleiben. Nur Mehrweg-Glasflaschen und PET-Flaschen wurden auch hinsichtlich ihres Abfallvolumens verglichen.

Nach BRUYNSEELS (38) verbrauchen Mehrweg-Glasflaschen für stille und kohlensäurehältige Getränke selbst bei nur 12 Umläufen erheblich weniger Energie als alle alternativen Einweg-Gebinde. Nach einer Studie der Franklin Ass. (41) trifft dies auf 2,0-l-PET-Flaschen erst dann zu, wenn 1,0-l-Mehrwegflaschen mehr als 20 Umläufe machen.

Nach den Untersuchungen von BRUYNSEELS (38) und SPRENG (37) ist die PVC-Flasche, die sich allerdings nur für stille Getränke eignet, das Einweg-Gebinde mit dem geringsten Energieverbrauch, gefolgt von der Weißblechdose. Ein höherer Energieverbrauch wurde für Einweg-Glasflaschen festgestellt. Dieser wird von Aluminium-Getränkedosen als energieaufwendigstes Packmittel dann unterschritten, wenn > 50 % der Dosen recycliert werden. BRUYNSEELS (38) stuft den Energieverbrauch bei Verwendung von PET-Flaschen etwas höher ein als bei Verwendung von Einweg-Glasflaschen. BOUSTEAD (39)(40) fand, daß Einweg-Glas nur bei Gebindegrößen < 0,75 l energiegünstiger als die PET-Flasche ist.

Nach den Angaben der Franklin Ass. (USA) verbrauchen bei gleich hoher Recycling- bzw. Rücklaufquote 2,0-l-PET-Flaschen weniger Energie und Deponievolumen als 1,0-l-Mehrweg-Glasflaschen. Die PET-Flasche würde dann mehr Energie und Deponievolumen verbrauchen, wenn ihre Recyclingquote unter 73 bzw. 76 % liegt und die Mehrwegflasche mehr als 10 Umläufe macht.

6.5.2. Technische Eigenschaften

Einweg- und Mehrweg-Glasflaschen unterscheiden sich in ihren technischen Eigenschaften von Metalldosen und diese wieder von Kunststoffflaschen durch spezifische Vor- und Nachteile, wodurch jede dieser Verpackungen besondere Eignungsmerkmale für bestimmte Einsatz- und Marktbereiche aufweist.

Glas- und Kunststoffflaschen mit Füllmengen ≥ 1,0 l sind für die Haushaltsversorgung (verzehrgerechte Portionen ausgenommen) gedacht. Der Vorteil von Glasgebinden gegenüber Kunststoffflaschen liegt in der höheren Gasdichtigkeit, die längere Haltbarkeitszeiten ermöglicht. Der Nachteil von Glasflaschen ist im höheren Gewicht und in ihrer Bruchanfälligkeit zu sehen, welche bei kohlensäurehältigem Füllgut zu den selten vorkommenden, aber gefährlichen Berstbrüchen führt. Produktschutz und Convenience-Anforderungen werden von Glas- und Kunststoffflaschen in unterschiedlicher Weise erfüllt.

Glasflaschen und Metalldosen mit Füllmengen ≤ 0,5 l sind für den portionsgerechten Verzehr unterwegs gedacht, finden aber auch im Haushalt Verwendung. Der Vorteil von Metalldosen gegenüber Glasflaschen liegt im absoluten Lichtschutz, im geringeren Gewicht und Raumbedarf sowie in der Bruchfestigkeit. Aufgrund dieser Eigenschaften ist der Einsatz von Metalldosen dort sinnvoll, wo Platzbedarf und Gewicht eine besondere Rolle spielen, wie beim Unterwegsverzehr, bei der Schutzhüttenversorgung und im Export. Nachteilig ist, daß leere Dosen häufiger zum achtlosen Wegwerfen verleiten dürften als Glasflaschen, deren Splittergefahr doch eine gewisse psychische Hemmschwelle ist.

Die vorteilhaften Distributions- und Gebrauchseigenschaften von Dosen und Kunststoffflaschen trugen zur teilweisen Verdrängung der traditionellen Mehrweg-Glasflasche am Erfrischungsgetränkemarkt bei.

6.5.3. Wirtschaftlichkeit

Nach einer belgischen Untersuchung (38) aus 1981 sind die Systemkosten von PVC-Flaschen (für stille Getränke) deutlich niedriger als von Mehrweg-Glasflaschen, selbst wenn > 22 Umläufe angenommen werden. Die Systemkosten von PET-Flaschen (für kohlensäurehältige Getränke) erwiesen sich damals rd. 40 % höher als von Mehrweg-Glasflaschen, aber um rd. 25 % niedriger als von Einweg-Glasflaschen.

7. Einweg- und Mehrweg-Glasflaschen sowie Weißblechdosen für Bier

7.1. Übersicht

Über die Umweltauswirkungen durch Verwendung von Einweg- und Mehrweg-Glasflaschen sowie Weißblechdosen (mit Weißblech- oder Aluminiumdeckel) für Bier liegen 4 Studien vor (38)(39)(42)(43), von denen die 1974 von SUNDSTRÖM (42) veröffentlichte Arbeit nicht mehr den heutigen Stand der Technik repräsentiert und deshalb nicht weiter besprochen wird. Wie Tab. LV zeigt, wurden von BRUYNSEELS (38) und BOUSTEAD (39) nur Packmittel mit Nennfüllmengen < 0,33 Liter verglichen. Auch wurde von anderen Umverpackungen, Systemannahmen und Randbedingungen ausgegangen. Nähere Angaben hierüber fehlen in der Veröffentlichung von BRUYNSEELS, weshalb in Tab. LVI eine Kurzbeschreibung der verglichenen Verpackungssysteme nur für die Studien von BOUSTEAD (39) und GOTTWALD (43) aufscheint.

Während GOTTWALD umfassende Angaben über alle wichtigen Umweltparameter machte, verglich BOUSTEAD nur den Energieverbrauch.

Tab. LV: **Übersicht** über **Vergleiche der Umweltauswirkungen** von Einweg- und Mehrweg-Glasflaschen sowie Weißblech- und Aluminiumdosen für Bier

Autor Zitat Jahr	BRUYNSEELS (38) 1983	BOUSTEAD (39) 1983	GOTTWALD (43) 1986
0,5-l-MW-Glasflasche (Eurofl. 370 g)			+
0,5-l-MW-Glasflasche (Eurofl. 345 g)			+
0,5-l-Weißblechdose (Weißbl.-Deckel)			+
0,5-l-Weißblechdose (Alu-Deckel)			+
0,33-l-EW-Glasflasche (155 g)			+
0,33-l-EW-Leichtglasflasche (110 g)			+
0,33-l-Weißblechdose (Weißbl.-Deckel)			+
0,33-l-Weißblechdose (Alu-Deckel)			+
0,28-l-MW-Flasche (300 g)		+	
0,28-l-EW-Flasche (200 g)		+	
0,28-l-Weißblechdose		+	
0,25-l-MW-Flasche	+		
0,25-l-EW-Flasche	+		

Tab. LVI: **Kurzbeschreibung** der in den angeführten Studien verglichenen **Verpackungssysteme** (Mehrweg- und Einwegflaschen sowie Weißblechdosen) für Bier

Autor	BOUSTEAD			GOTTWALD							
Zitat	(39)			(43)							
Jahr	1983			1986							
Verbraucher-	MW-Glas-	EW-Glas-	Weißblech-	MW-Glas-	MW-Glas-	Weißbl.-	Weißbl.-	EW-Glas-	EW-Leicht-	Weißbl.-	Weißbl.-
packung	flasche	flasche	dose	flasche	flasche	dose	dose	flasche	glasflasche	dose	dose
Nennfüllmenge	0,28 l	0,28 l	0,28 l	0,5 l	0,5 l	0,5 l	0,5 l	0,33 l	0,33 l	0,33 l	0,33 l
Gewicht*	300 g	200 g	n.a.	370 g	345 g	39,9 g*	39,9 g*	155 g	110 g	31, 5 g*	31, 5 g*
Verschluß	Kronenk.	Kronenk.	n.a.	Kronenk.	Kronenk.	Deckel	Deckel	Kronenk.	Kronenk.	Deckel	Deckel
Weißblech	n.a.	n.a.		2,0 g	2,0 g	-	12,3 g*	2,0 g	2,0 g	-	12,3 g*
Aluminium	-	-		-	-	5,1 g*	-	-	-	5,1 g*	-
PVC-Comp.	n.a.	n.a.		0,3 g	0,3 g	-	-	0,3 g	0,3 g	-	-
Etikett	n.a.	n.a.		0,5 g	0,5 g	-	-	0,3 g	0,3 g	-	-
Transport-	Trays	Trays	Trays	Trays	Trays	Trays	Trays	Trays	Trays	Trays	Trays
verpackung	geschrumpft	geschrumpft	geschrumpft	geschrumpft	geschr.	geschr.	geschr.	geschr.	geschr.	geschr.	geschr.
(Hersteller)	palettiert	palettiert	palettiert	palettiert	palettiert	palettiert	palettiert	palettiert	palettiert	palettiert	palettiert
verw.Packmittel	n.a.	n.a.	n.a.	n.a.	n.a.	n.a.	n.a.	n.a.	n.a.	n.a.	n.a.
Umverpackung	PE-Flaschen-	Tray	Tray geschr.	Flaschen-	Flaschen-	Tray	Tray	Tray	Tray	Tray	Tray
(Distribution)**	kasten	geschrumpft	Multipack	kasten	kasten	geschrumpft	geschrumpft	Multipack	Multipack	geschr.	geschr.
Format	n.a.	n.a.	n.a.	20 Fl.	20 Fl.	24 Dosen	24 Dosen	24 Fl.	24 Fl.	24 Dosen	24 Dosen
HD-PE	n.a.	-	-	1,1 kg	1,1 kg	-	-	-	-	-	-
Wellpappe	-	n.a.	n.a.	-	-	100 g	100 g	12,5 kg	12,5 kg	100 g	100 g
Papier	-	-	-	-	-	-	-	20,5 kg	20,5 kg	-	-
PE-Schrumpff.	-	n.a.	n.a.	-	-	24 g	24 g	-	-	18 g	18 g

* Weißblech inkl. Lack und Dichtungscompound ** Verbrauch für 1000 l Füllgut n.a. nicht angegeben

Der von BRUYNSEELS (38) angegebene Wasserverbrauch ist offensichtlich unvollständig erfaßt und die Angaben über die Luftbelastung berücksichtigen nur einige Schadstoffe wie CO, C_nH_x und NO_x, weshalb diese Daten hier nicht wiedergegeben werden.

7.2. Vergleich der Umweltauswirkungen

7.2.1. Wasser- und Rohstoffverbrauch

Wie Tab. LVII und Abb. 39 zeigen, ist der Wasserverbrauch von 0,5-l-Mehrweg-Glasflaschen nach den Untersuchungen von GOTTWALD (43) ab dem 2. bis 3. Umlauf deutlich geringer als von Weißblechdosen mit gleicher Nennfüllmenge. Den höchsten Wasserverbrauch haben 0,33-l-Einweg-Glasflaschen. Geringeres Glasgewicht sowie die Verwendung von Aluminium-Aufreißdeckeln für Weißblechdosen verringern den Wasserverbrauch um rd. 12 % bzw. 20 - 25 %.

Bezüglich eines Vergleiches des Rohstoffverbrauches sei auf die Originalarbeit sowie auf die Ausführungen in Abschn. 2.1.2. dieses Kapitels verwiesen.

7.2.2. Energieverbrauch

Über den Energieverbrauch von Mehrweg- und Einweg-Glasflaschen für Bier machte neben BOUSTEAD (39) und GOTTWALD (43) auch BRUYNSEELS (38) Angaben. In dieser Veröffentlichung scheinen die Gewichte der Gebinde und deren Umlaufzahl nicht auf. Der Energieverbrauch der 0,25-l-Mehrweg-Glasflasche wurde mit 384 kWh/1000 l Füllgut extrem niedrig, jener der 0,25-l-Einwegflasche (der allgemeinen Bandbreite entsprechend) mit 2.050 kWh/1000 l Füllgut angegeben. BOUSTEAD (39) nennt für Einweg- und Mehrweg-Glasflaschen sowie für Weißblechdosen mit 0,28 l Nennfüllmenge Energieverbräuche, die, wie schon in Abschn. 6.2.1. dieses Kapitels erwähnt wurde, z.B. bei Einweg-Gebinden um den Faktor 3,2 bis 5,3 höher sind als in den Angaben anderer Autoren: So wird der Energieverbrauch für

- die Mehrwegflasche nach dem 1. Umlauf mit 12.481 kWh/1000 l und nach 50 Umläufen mit 5.368 kWh/1000 l
- die Einweg-Glasflasche mit 9.822 kWh/1000 l
- und für die Weißblechdose mit 8.692 kWh/1000 l

angegeben. Die von GOTTWALD (43) ermittelten Verbrauchswerte können Tab. LVII und Abb. 40 entnommen werden. Danach verbrauchen

Tab. LVII u. Abb. 39: **Wasserverbrauch** (m^3/1000 l Füllgut) bei Verwendung von Mehrweg- und Einweg-Glasflaschen sowie Weißblechdosen für Bier nach GOTTWALD (43)

Umlaufzahl	0-5-l-Mehrweg-Glasflasche		0,33-l-Einweg-Glasflasche		0,5-l-Weißblechdose		0,33-l-Weißblechdose	
	370 g (m^3)	345 g (m^3)	155 g (m^3)	110 g (m^3)	Weißbl.-deckel (m^3)	Alu-deckel (m^3)	Weißbl.-deckel (m^3)	Alu-deckel (m^3)
1	18,08	17,01	15,27	13,50	9,88	7,87	12,36	9,34
2	10,00	9,47	-	-	-	-	-	-
5	5,14	4,95	-	-	-	-	-	-
10	3,53	3,44	-	-	-	-	-	-
20	2,72	2,68	-	-	-	-	-	-
30	2,45	2,43	-	-	-	-	-	-
40	2,31	2,31	-	-	-	-	-	-
50	2,23	2,23	-	-	-	-	-	-

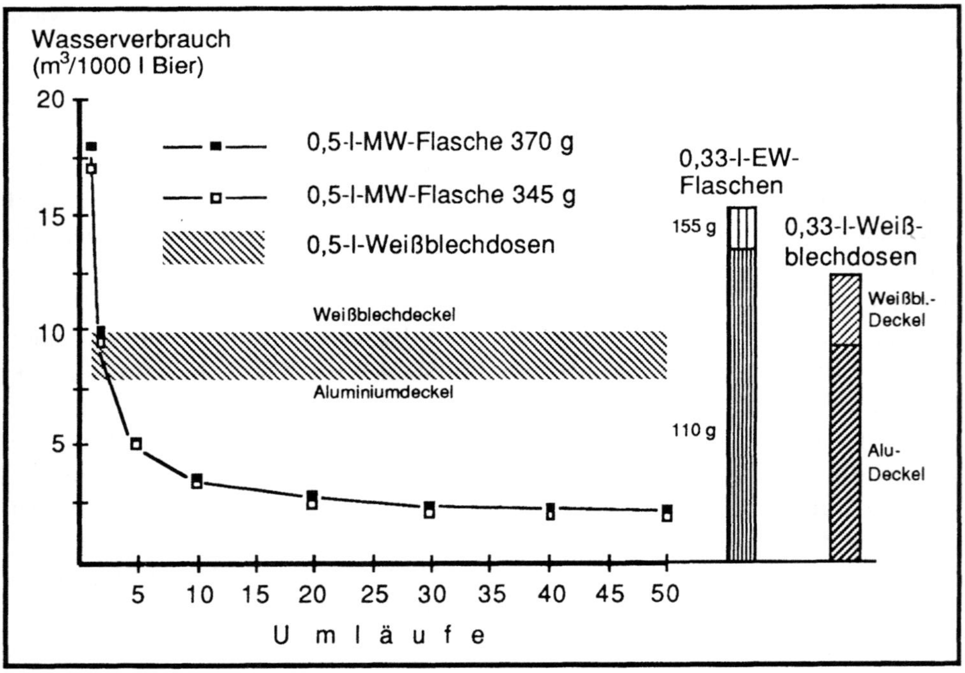

Tab. LVIII u. Abb. 40: **Energieverbrauch** (kWh_{th}/1000 l Füllgut) bei Verwendung von Mehrweg- und Einweg-Glasflaschen sowie Weißblechdosen (bei 77 % **Verbrennung** der Abfälle mit Energierückgewinnung, ***inkl.*** *Energieinhalt des Holzrohstoffes* in den verwendeten Packmitteln und 43 % Altglasrecycling) für Bier nach GOTTWALD (43)

Umlaufzahl	0,5-l-Mehrweg-Glasflasche		0,33-l-Einweg-Glasflasche		0,5-l-Weißblechdose		0,33-l-Weißblechdose	
	370 g (kWh_{th})	345 g (kWh_{th})	155 g (kWh_{th})	110 g (kWh_{th})	Weißbl.-deckel (kWh_{th})	Alu-deckel (kWh_{th})	Weißbl.-deckel (kWh_{th})	Alu-deckel (kWh_{th})
1	2501	2354	1859	1563	1188	1981	1518	2710
2	1391	1317	-	-	-	-	-	-
5	725	695	-	-	-	-	-	-
10	503	488	-	-	-	-	-	-
20	392	384	-	-	-	-	-	-
30	355	350	-	-	-	-	-	-
40	336	333	-	-	-	-	-	-
50	325	322	-	-	-	-	-	-

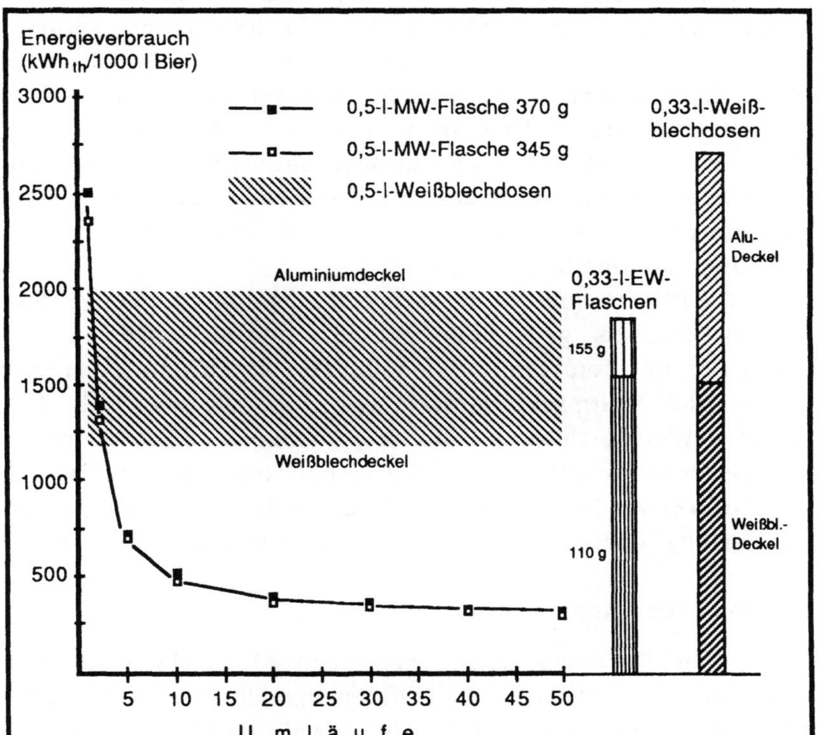

0,5-l-Mehrwegflaschen ab dem 3. Umlauf weniger Energie als Weißblechdosen gleichen Inhaltes. Der Energieverbrauch von 0,33-l-Einwegflaschen wäre nach dieser Untersuchung etwas höher als von Weißblechdosen mit gleicher Nennfüllmenge, wenn diese auch mit Weißblechdeckeln verschlossen werden. Die Verwendung von Aluminiumdeckeln erhöht erwartungsgemäß den Energieverbrauch für Weißblechdosen.

Trotz beträchtlich abweichender Energieverbrauchswerte stimmen BRUYNSEELS (38) und BOUSTEAD (39) darin überein, daß Mehrweg-Glasflaschen für Bier einen deutlich geringeren Energieverbrauch aufweisen als Einwegflaschen. Weißblechdosen würden nach BOUSTEAD etwas weniger Energie verbrauchen als Einweg-Glasflaschen gleicher Füllmenge, was mit Ausnahme aluminiumdeckel-verschlossener Dosen auch GOTTWALD (43) fand.

7.2.3. Luft- und Wasserbelastung

Wie aus den in Tab. LIX und Abb. 41 zusammengefaßten Ergebnissen der Untersuchungen von GOTTWALD (43) hervorgeht, verursacht die Verwendung von 0,33-l-Einweg-Glasflaschen im Durchschnitt eine doppelt so hohe Luftbelastung wie der Vertrieb von Bier in Weißblechdosen mit gleichem Füllvolumen. 0,5-l-Weißblechdosen verursachen eine mehr als doppelt so hohe Luftbelastung wie die Verwendung von 0,5-l-Mehrweg-Glasflaschen nach 30 Umläufen. Die Verwendung von Aluminiumdeckeln zum Verschluß von Weißblechdosen erhöht die Luftbelastung um durchschnittlich 60 %.

Die beträchtlich höhere Wasserbelastung durch Verwendung von Einweg-Glasflaschen gegenüber Weißblechdosen wird in dem von GOTTWALD untersuchten Systemmodell durch die Umverpackung (Pappetrays und Multipack) bewirkt. Wie Tab. LX und Abb. 42 zeigen, verursachen Weißblechdosen, die mit Weißblechdeckeln verschlossen sind, keine nennenswert höhere Wasserbelastung als Mehrweg-Glasflaschen. Die Verwendung von Aluminiumdeckeln erhöht allerdings die Wasserbelastung über jene von Mehrwegflaschen mit 5 Umläufen.

7.2.4. Deponiebelastung

Der Bezug der Deponiebelastung auf einen Müllverbrennungsanteil von 77 % hat auf die abzulagernde Abfallmenge der hier betrachteten Verpackungssysteme nur geringen Einfluß, weil dadurch nur das von den

Tab. LIX u. Abb. 41: **Luftbelastung** (kritisch werdende Luftmenge in Mio m^3/1000 l Füllgut) bei Verwendung von Mehrweg- und Einweg-Glasflaschen sowie Weißblechdosen für Bier nach GOTTWALD (43)

Umlaufzahl	0,5-l-Mehrweg-Glasflasche		0,33-l-Einweg-Glasflasche		0,5-l-Weißblechdose		0,33-l-Weißblechdose	
	370 g (Mio m^3)	345 g (Mio m^3)	155 g (Mio m^3)	110 g (Mio m^3)	Weißbl.-deckel (Mio m^3)	Alu-deckel (Mio m^3)	Weißbl.-deckel (Mio m^3)	Alu-deckel (Mio m^3)
1	236,26	221,34	152,50	124,00	41,77	65,20	52,54	87,73
2	125,45	117,99	-	-	-	-	-	-
5	58,96	55,97	-	-	-	-	-	-
10	36,79	35,30	-	-	-	-	-	-
20	25,71	24,97	-	-	-	-	-	-
30	22,02	21,52	-	-	-	-	-	-
40	20,17	19,80	-	-	-	-	-	-
50	19,06	18,76	-	-	-	-	-	-

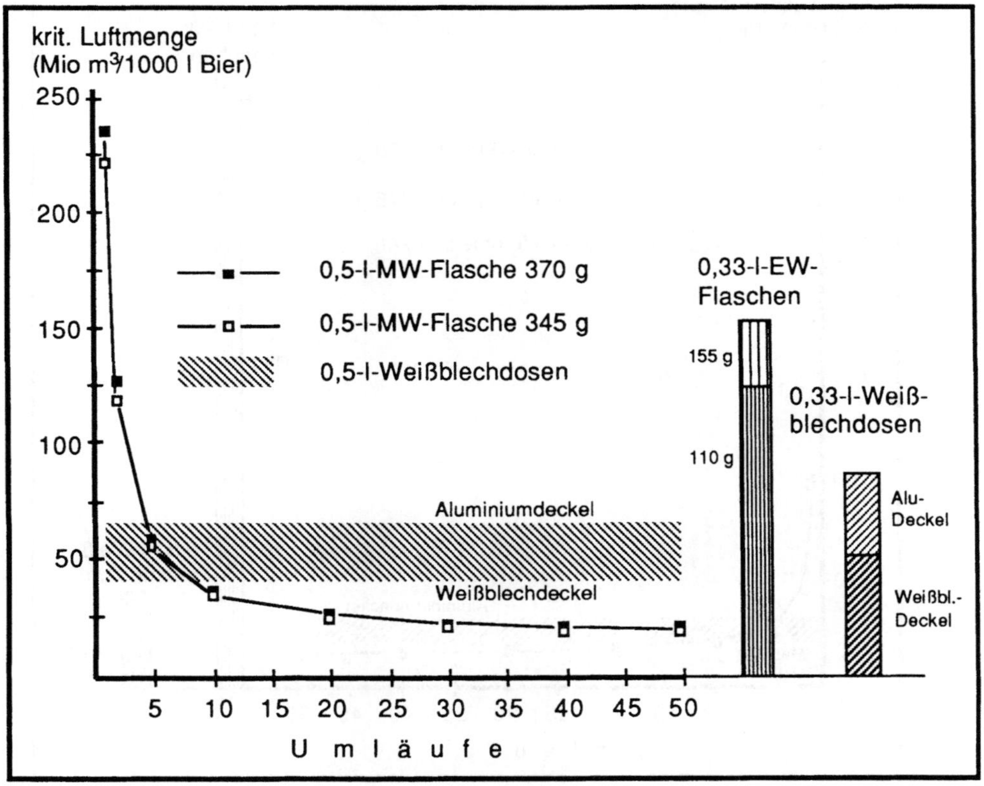

Tab. LX u. Abb. 42: **Wasserbelastung** (kritisch werdende Wassermenge in m^3/1000 l Füllgut) bei Verwendung von Mehrweg- und Einweg-Glasflaschen sowie Weißblechdosen für Bier nach GOTTWALD (43)

Umlaufzahl	0,5-l-Mehrweg-Glasflasche		0,33-l-Einweg-Glasflasche		0,5-l-Weißblechdose		0,33-l-Weißblechdose	
	370 g (m^3)	345 g (m^3)	155 g (m^3)	110 g (m^3)	Weißbl.-deckel (m^3)	Alu-deckel (m^3)	Weißbl.-deckel (m^3)	Alu-deckel (m^3)
1	100,43	94,51	294,39	283,40	18,23	31,40	25,23	45,01
2	56,45	53,73	-	-	-	-	-	-
5	30,45	29,26	-	-	-	-	-	-
10	21,70	21,11	-	-	-	-	-	-
20	17,32	17,03	-	-	-	-	-	-
30	15,87	15,67	-	-	-	-	-	-
40	15,14	14,99	-	-	-	-	-	-
50	14,70	14,58	-	-	-	-	-	-

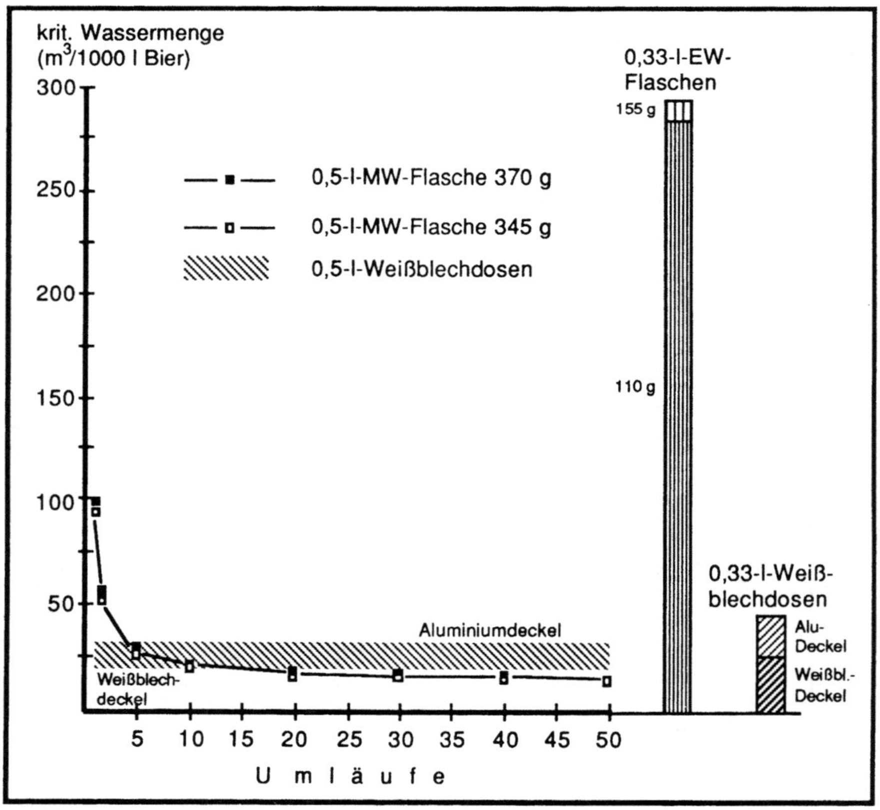

Tab. LXI u. Abb. 43: **Deponiebelastung** (dm^3/1000 l Füllgut) bei 77 % Verbrennung der Abfälle, durch Verwendung von Mehrweg- und Einweg-Glasflaschen sowie Weißblechdosen für Bier nach GOTTWALD (43)

Umlaufzahl	0,5-l-Mehrweg-Glasflasche 1)		0,33-l-Einweg-Glasflasche 1)		0,5-l-Weißblechdose		0,33-l-Weißblechdose	
	370 g (dm^3)	345 g (dm^3)	155 g (dm^3)	110 g (dm^3)	Weißbl.-deckel (dm^3)	Alu-deckel (dm^3)	Weißbl.-deckel (dm^3)	Alu-deckel (dm^3)
1	463	433	258	192	102	118	128	151
2	235	220	-	-	-	-	-	-
5	99	93	-	-	-	-	-	-
10	53	50	-	-	-	-	-	-
20	30	29	-	-	-	-	-	-
30	23	22	-	-	-	-	-	-
40	19	18	-	-	-	-	-	-
50	17	16	-	-	-	-	-	-

1) inkl. Gewerbe- und Industriemüll aus den Vorstufen; 43 % Altglasrecycling berücksichtigt

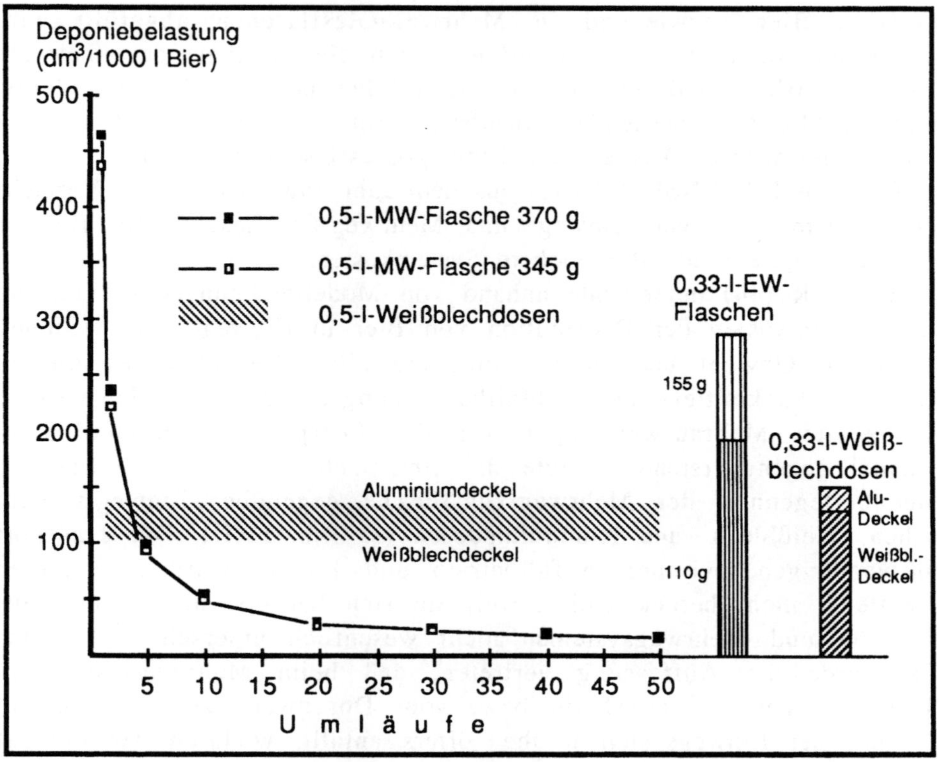

einmal verwendeten Transportverpackungen beanspruchte Deponievolumen reduziert wird. Wie Tab. LXI und Abb. 43 zeigen, verbrauchen 0,33-l-Einweg-Glasflaschen selbst bei Berücksichtigung einer Altglasrecyclingquote von 43 % mehr als das doppelte Deponievolumen von Weißblechdosen. Mehrweg-Glasflaschen, die mehr als 5 Umläufe machen, belasten die Deponie weniger als Weißblechdosen.

7.3. Technischer Vergleich

Wie schon in Kap. II ausgeführt, muß Bier vor allem vor Sauerstoff- und Lichteinwirkung geschützt werden. Darüber hinaus müssen die Packmittel ausreichende Innendruckdichtigkeit und -festigkeit aufweisen. Eine ausführliche Besprechung der Schutz- und Distributions- und Gebrauchseigenschaften sowie der Verbraucherakzeptanz von Glasflaschen und Weißblechdosen enthält Abschn. 6.3. dieses Kapitels.

7.4. Wirtschaftlicher Vergleich

Obwohl Bier vorwiegend in Mehrweg-Glasflaschen abgefüllt wird, steigt der Anteil der Dosenabfüllung durch die Zunahme des überregionalen Vertriebs und der Bierexporte infolge des verschärften Wettbewerbes. Mit der wachsenden Nachfrage nach Spezialbieren ist auch ein (etwas geringerer) Anstieg der Einweg-Glasflasche verbunden.

Der von BRUYNSEELS (38) aus dem Jahr 1981 stammende Vergleich der Systemkosten von Einweg- und Mehrweg-Glasflaschen für Bier ergab für erstere rund 10 % höhere Systemkosten.

STEGER (44) untersuchte anhand von Modellrechnungen die monetären Gesamtkosten der Distribution von Bier in Einweg- und Mehrweggebinden. Obwohl bei Zusammenfassung aller Kostenfaktoren die geringeren Packmittel- und Abfallbeseitigungskosten des Mehrweg-Systems den Mehraufwendungen für die Leergebindemanipulation im Handel gegenüberstehen, zeigte die Untersuchung eine eindeutige Kostenüberlegenheit der Mehrweg-Glasflasche gegenüber Einweg-Glasflaschen, Weißblech- und Aluminiumdosen (s. Tab. LXII). Die Transportaufwendungen zwischen Abfüllbetrieb und Handel wurden in diesem Vergleich nicht berücksichtigt, weil sie sich bei den hier untersuchten Einweg- und Mehrwegsystemen nicht wesentlich unterscheiden sollten. Es wurde die Auffassung vertreten, daß beim Mehrwegsystem der Transport von der Glashütte bzw. vom Dosenwerk zur Brauerei nur einmal, bei Einwegsystemen aber öfters anfällt, wodurch der Leergut-

VI/309

Tab. LXII: **Kostenvergleich** für Herstellung, Entsorgung und Mehraufwendungen im Handel für den Vertrieb von 1000 l Bier in Mehrweg- und Einweg-Glasflaschen sowie in Weißblech- bzw. Aluminiumdosen nach STEGER (44)

Nenn-füll-menge	Packmittel	Herstellungskosten					Handel	Entsor-gung[4]	Summe	Kostendifferenz zum Mehrwegsystem (DM)	Index[5]
		Verpak-kung[1] (DM)	Reini-gung (DM)	Umver-packung (DM)	Trans-porte[2] (DM)	Summe (DM)	Mehrkosten MW-System[3] (DM)	(DM)	(DM)		
0,5 l	MW-Glasfl.	36,30[6]	30,00	2,20	n.a.	68,50	228,00-387,00	-	296,50-455,50	-	100
0,5 l	EW-Glasfl.	351,62	9,00	55,22	n.a.	415,84	-	58,0	473,84	18,34 - 177,34	104-160
0,5 l	Dose	534,49	-	42,00	n.a.	576,90	-	58,0	634,90	179,40-338,40	139-214
0,33 l	MW-Glasfl.	54,36[6]	45,00	3,30	n.a.	102,66	228,00-387,00	-	330,66-495,66	-	100
0,33 l	EW-Glasfl.	386,34	12,00	82,44	n.a.	480,08	-	58,0	538,08	42,42-207,42	109-163
0,33 l	Dose	618,75	-	63,33	n.a.	682,08	-	58,0	740,08	244,42-409,42	149-224

1) inkl. Verschluß und Etikett
2) die Distributionskosten für das hier betrachtete Mehrweg- und Einwegsystem wurden als gleich angenommen und daher im Kostenvergleich nicht berücksichtigt (siehe Kommentar hiezu im Textteil)
3) es wurde nur der Manipulations-Mehraufwand gegenüber Einwegsystemen berechnet, der je nach Rückgabe des Leergutes in Flaschenkasten oder als Einzelgebinde zwischen den angegebenen Grenzwerten liegt (siehe Kommentar hiezu im Textteil)
4) für das Mehrwegsystem wurden keine Entsorgungskosten berechnet
5) die Kostensumme für das Mehrwegsystem (Herstellungskosten + Entsorgungskosten + Mehrkosten im Handel) erhielt jeweils den Index 100
6) bei ca. 50 Umläufen
n.a. nicht angegeben

Tab. LXIII: Durchschnittliche **Verkaufspreise** für Bier in verschiedenen Verpackungen (BRD 1986) nach (44)

Füll-menge	Verpackung	Verkaufspreis/Liter (DM)	Index[1)]
0,5 l	Mehrwegflasche	1,59	100
0,5 l	Einwegflasche	1,74	109
0,5 l	Dose	2,07	130
0,33 l	Mehrwegflasche	2,08	100
0,33 l	Einwegflasche	2,00	96
0,33 l	Dose	1,91	92

1) Der Verkaufspreis in der Mehrwegflasche erhielt jeweils den Index 100

rücktransport und der höhere Platzbedarf des Mehrwegsystems kompensiert werden[1)]. Die Höhe der im Handel entstehenden Manipulationskosten für das Mehrwegsystem wird durch die Art des Flaschenrücklaufes (Einzelflaschen oder Kastenware) beeinflußt, woraus sich je nach dem Anteil der Kastenware eine Bandbreite der Mehrkosten gegenüber dem Einwegsystem ergibt. Daß diese nur in geringem Ausmaß auf den Verbraucher überwälzt werden, zeigt Tab. LXIII, welche die durchschnittlichen Verkaufspreise für Bier (BRD 1986) vergleicht.

7.5. Zusammenfassung

7.5.1. Umweltauswirkungen

Werden die von GOTTWALD (43) angegebenen Umweltauswirkungen durch Verwendung von 0,5-l-Mehrwegflaschen (mit 345 bzw. 370 g Glasgewicht) und Weißblechdosen (mit Weißblech- oder Aluminiumdeckel) zusammengefaßt, so ergeben sich die aus Tab. LXIV ersichtlichen Bandbreiten für die belastungsäquivalente Umlaufzahl. 0,5-l-*Mehrweg*-Glasflaschen, die > 3 Umläufe machen, verbrauchen weniger Wasser und Energie als Weißblechdosen. Sie belasten ab 5 Umläufen die Deponie weniger als Weißblechdosen (Verschluß mit Weißblechdeckeln). Um Luft und Wasser nicht mehr zu belasten als Weißblechdosen (mit Weißblechdeckeln), müssen 0,5-l-Mehrwegflaschen mindestens 8 bis 9 bzw. 16 bis 17 Umläufe machen. Werden Dosen jedoch mit Alu-

1) hier wird vorausgesetzt, daß die Transportkosten zur Brauerei in den Packmittelkosten nicht enthalten sind

Tab. LXIV: Bandbreiten der **belastungsäquivalenten Umlaufzahl** von 0,5-l-Mehrweg-Glasflaschen im Vergleich zu den Umweltauswirkungen von Weißblechdosen für Bier

Parameter	Bandbreite der belastungsäquivalenten **Umlaufzahl** von 0,5-l-Mehrweg-Glasflaschen und	
	Weißblechdosen mit Weißblechdeckel	Weißblechdosen mit Aluminiumdeckel
Wasserverbrauch	> 1 bis < 3	>2 bis < 3
Energieverbrauch	> 2 bis < 3	> 1 bis < 2
Luftbelastung	> 8 bis < 9	> 4 bis < 5
Wasserbelastung	> 16 bis < 17	> 4 bis < 5
Deponiebelastung (Volumen)	> 4 bis < 5	> 3 bis < 5

miniumdeckeln verschlossen, so erweist sich die Mehrweg-Glasflasche spätestens ab dem 5. Umlauf in allen Parametern umweltschonender.

Nach GOTTWALD (43) sind 0,33-l-Weißblechdosen (auch mit Aluminiumdeckel) in allen Parametern mit Ausnahme des Energieverbrauches deutlich umweltschonender als 0,33-l-*Einweg*-Glasflaschen, obwohl dem Vergleich eine Altglasrecyclingquote von 34 % zugrundegelegt wurde. BOUSTEAD (39) gab für 0,28-l-Einweg-Glasflaschen einen 13 % höheren Energieverbrauch an als für Weißblechdosen. GOTTWALD (43) stellte bei Verwendung von 0,33-l-Einweg-Glasflaschen je nach Glasgewicht einen um 3 - 22 % höheren Energieverbrauch als bei Weißblechdosen fest. Werden Dosen jedoch mit Aluminiumdeckel verschlossen, ist der Energieverbrauch um 46 - 73 % höher als bei Verwendung von Einweg-Glasflaschen mit gleichem Nenninhalt.

7.5.2. Technische Eigenschaften und Wirtschaftlichkeit

Einen zusammenfassenden Vergleich der technischen Eigenschaften von Einweg- und Mehrweg-Glasflaschen sowie Weißblechdosen mit Füllmengen $\leq$ 0,5 l enthält Abschn. 6.5.2. dieses Kapitels.

Nach (44) sind die Systemkosten für den Vertrieb von Bier in Einweg-Glasflaschen bzw. Dosen aufgrund der Herstellungskosten um 4 - 63 % bzw. 39 - 124 % höher als bei Verwendung von Mehrweg-Glasflaschen. Dieser Mehraufwand wird allerdings nur zum Teil auf den Verbraucher überwälzt, wie die durchschnittlichen Verkaufspreise von Bier in diesen Packmitteln zeigen (s. Tab. LXIII).

8. Zusammenfassung

8.1. Meinung und Wissen über die Umweltauswirkungen von Getränkeverpackungen

Die Umweltauswirkungen von Verpackungen sind Gegenstand einer kontroversen, oft von geringer Sachkenntnis geprägten Diskussion, deren Breite und Intensität den Stellenwert von Verpackungsfragen in der gesamten Umweltproblematik bei weitem übertrifft. Verpackungen sind aber ubiquitär, in unserem Alltag ständig sichtbar präsent. Sie erwecken durch ihre auffällige Gestaltung häufiger als andere Güter unsere Aufmerksamkeit und fordern damit kritische Fragen über ihre technische Notwendigkeit, ihren wirtschaftlichen Aufwand und ihre Auswirkungen auf die Umwelt heraus. Dies gilt in besonderem Maße für Getränkeverpackungen, über deren Umweltauswirkungen und Anteil am Abfallproblem scheinbar widersprüchliche Untersuchungsergebnisse vorliegen (43).

In der Umweltpolitik werden Verpackungssysteme fast ausschließlich aus der Sicht des Abfalls an Einzelhandelsverpackungen, also lediglich anhand des für die Allgemeinheit sichtbaren Teils ihrer Endstufe beurteilt. Es wird kaum berücksichtigt, daß eine ganzheitliche Beurteilung der Umweltverträglichkeit sämtliche Auswirkungen mit allen wesentlichen Stoff- und Energieflüssen von der Rohstoffgewinnung bis zur Entsorgung beachten muß (47)(48).

Vergleicht man die von der politischen Diskussion beeinflußte Entwicklung der öffentlichen Meinung mit dem fortschreitenden Wissensstand in dieser Frage, entsteht der Eindruck, daß Meinung und Wissen sich eher auseinanderentwickeln als angleichen. In der Öffentlichkeit festigt sich mehr und mehr die Auffassung, daß *Einweg*systeme die Umwelt *grundsätzlich* mehr belasten und mehr Abfall verursachen als *Mehrweg*systeme, obwohl eine derartige Pauschalierung - wie die vorangegangenen Abschnitte zeigten - nicht gerechtfertigt ist. Schließlich gibt es auch Einwegsysteme, die aufgrund einer gesamtheitlichen Betrachtung umweltverträglicher einzustufen sind als das alternative Mehrwegsystem (49).

Lediglich beim Vergleich von Einweg- und Mehrwegsystemen, deren Packmittel aus dem *gleichen* Packstoff, unter gleichen Bedingungen erzeugt, verwendet und entsorgt werden (wie z. B. *Einweg*- und *Mehrweg*-Glasflaschen in gleichen Transportverpackungen), kann erwartet werden, daß sich das Mehrwegsystem in der Regel ökologisch günstiger erweist und auch weniger Abfall verursacht. Vergleichende Aussagen über die Umweltverträglichkeit von Verpackungssystemen, deren Packmittel aus *verschiedenartigen* Werkstoffen hergestellt sind (wie z. B. Mehrweg-*Glas*flaschen und Einweg-*Kunststoff*flaschen) können nur differenziert, aufgrund eines umfassenden Vergleiches der Umweltauswirkungen beider Gesamtsysteme gemacht werden.

8.2. Ursachen unterschiedlicher Angaben über die Umweltauswirkungen alternativer Getränkeverpackungssysteme

Mit dem Ziel, die Umweltauswirkungen von Einweg- und Mehrweg-Verpackungssystemen anhand ausgewählter Parameter oder ganzheitlich zu vergleichen, wurde eine Reihe von Getränkeverpackungen von verschiedenen Autoren untersucht. Diese gingen - wie bereits in Abschn. 1 dieses Kap. erwähnt - aufgrund andersartiger lokaler Verhältnisse und Randbedingungen oft von unterschiedlichen Systemannahmen (Packmittelgewichten, Packhilfsmitteln, Transportverpackungen, Distributionsverhältnissen und Umlaufhäufigkeiten) aus. Auch wurden mitunter nicht alle Produktions- und Verwendungsstufen sowie alle wesentlichen Umweltbelastungen erfaßt. Manchmal wurde von einem unterschiedlichen technischen Standard der Packstoff- und Packmittelproduktion der zu vergleichenden Systeme in bezug auf den Rohstoff- und Energieverbrauch, die Luft- und Wasserbelastung sowie die Abfallbehandlung und Abfallverwertung ausgegangen. Darin ist auch die Hauptursache für zum Teil erhebliche Ergebnisunterschiede zwischen manchen Studien zu sehen.

Nicht selten fehlt es bei der Erstellung von ÖKO-Bilanzen an exakt erhobenen Verbrauchs- oder Belastungsdaten, so daß mitunter auf unsichere Informationen oder auf Daten aus bereits veröffentlichten Studien ausgewichen werden muß. Die Verwendung der gleichen Datenquellen in mehreren Studien erhärtet keineswegs deren Zuverlässigkeit oder Aktualität.

Unterschiede in den Umweltauswirkungen eines Verpackungssystems kommen auch dadurch zustande, weil nicht allerorten die gleichen Einzelkomponenten verwendet oder alle Komponenten nach den gleichen Verfahren hergestellt werden. So vermitteln Ergebnisunterschiede zwischen einzelnen Studien zugleich auch eine Vorstellung von der möglichen Streubreite der Umweltauswirkungen des gleichen Verpackungssystems unter verschiedenartigen Randbedingungen. Diese Variationsmöglichkeiten können Ursache einer anderen Rangordnung der Umweltverträglichkeit alternativer Verpackungssysteme in verschiedenen Fallstudien sein.

8.3. Fehler und Mißverständnisse in der Beurteilung der Umweltauswirkungen alternativer Getränkeverpackungssysteme

Oft sind die Unterschiede zwischen den Umweltauswirkungen alternativer Verpackungssysteme zu gering, als daß sie aufgrund der Ungenauigkeit der ermittelten Daten als "gesichert" gelten könnten. Wie schon in Kap. V, Abschn. 2.2. erläutert, sind geringere Belastungen oder Verbräuche eines Mehrwegsystems, die sich gegenüber dem alternativen Einwegsystem erst im Bereich hoher Umlaufhäufigkeiten, also im asymptotisch flach verlaufenden Teil der Belastungskurve abzeichnen, meist geringer als die Datengenauigkeit.

Dadurch kann, wie im vorangegangenen Abschnitt schon erläutert wurde, der Vergleich zweier Verpackungssysteme in einem Fall (zahlenmäßig aber nicht signifikant) zugunsten des einen, im anderen Fall wieder zugunsten des anderen Systems ausgehen. Dies mag den Eindruck widersprüchlicher Ergebnisse erwecken. Nicht selten werden daher Studien von jener Seite, der das Ergebnis ungelegen kommt, als "fehlerhaft", "nicht objektiv" oder "bezahlte Auftragsarbeit" abgewertet. In solchen Fällen gäbe der über den Blick in die Zusammenfassung hinausgehende Vergleich des Aufbaues und der Ausgangsdaten Aufschluß

- wodurch die aufscheinenden Divergenzen zustandekamen
- ob sie grundsätzlicher Art sind oder durch andersartige Annahmen bzw. Randbedingungen zustandekamen
- und ob sie überhaupt von relevanter Größenordnung sind.

Statt der Versuche mit *einer* Fallstudie die Unrichtigkeit *anderer* Untersuchungen oder die *grundsätzliche* Überlegenheit eines Verpackungssystems über ein anderes beweisen zu wollen, sollten ÖKO-Bilanzen zur *Ortung* bedenklicher Belastungen sowie zum *Aufzeigen* von Möglichkeiten für deren *Vermeidung* genutzt werden und nicht dazu, um Verpackungssysteme gegeneinander auszuspielen. Wird dieser Grundsatz nicht beachtet, muß dies zwangsläufig zu einer den ursprünglichen Zielsetzungen kaum dienlichen Verquickung von Umwelt-

und Geschäftsinteressen führen, wie dies in der Packmittelwerbung mit Umweltargumenten zu beobachten ist. Sinn und Zweck von ÖKO-Bilanzen wäre es, unerwünschte Auswirkungen bestehender Verpackungssysteme aufzuzeigen, statt sie als Untermauerung für abwertende Behauptungen über alternative Systeme oder für Aufforderungen, auf Waren in bestimmten Verpackungen zu verzichten, zu mißbrauchen.

Da kaum ein Verpackungssystem in *allen* umweltrelevanten, technischen *und* wirtschaftlichen Eigenschaften schlechter als alle anderen abschneidet, wären auf bestimmte Systeme bezogene, legislative Eingriffe vorwiegend (subjektive) Ermessenssache, die durch keine noch so exakte Leistungs- oder ÖKO-Bilanz objektiviert werden könnten. Dagegen wären konkrete Auflagen mit dem Ziel, aus ÖKO-Bilanzen erkennbare, systemspezifische Umweltbelastungen auf Grenzwerte zu verringern, die dem neuesten Stand der Technik entsprechen, objektiv begründbar. Regelungen dieser Art würden gegenüber den unsicheren Auswirkungen häufig diskutierter legislativer Eingriffe (s. Kap. IV, Abschn. 3.4. und 3.5.) Umweltbelastungen nachweisbar und überprüfbar verringern und Marktbehinderungen vermeiden.

8.4. Derzeitiger Wissensstand über die Umweltauswirkungen und Wirtschaftlichkeit alternativer Getränkeverpackungssysteme

Der aktuelle Wissensstand über die Umweltverträglichkeit und Wirtschaftlichkeit alternativer Einweg- und Mehrweg-Verpackungssysteme für flüssige Frischmilch- und Dauermilchprodukte sowie für stille und kohlensäurehältige Getränke sei anhand eines Vergleiches der Bandbreiten des Wasser- und Energieverbrauches sowie der Luft- und Wasserbelastung bzw. des Abfallgewichtes oder der Deponiebelastung und der Systemkosten aufgrund der Angaben in allen zuvor besprochenen Studien dargestellt. Dazu wurde in den folgenden Übersichten für Einwegsysteme von jedem Parameter der niedrigste und der höchste Verbrauchs- bzw. Belastungwert angegeben und die Breite dieses Bereiches grafisch dargestellt. Bei Einwegsystemen, für die nur eine Zahlenangabe vorlag, wurde die Bandbreite in der Grafik mit ±10 % des angegebenen Wertes eingetragen. Für Mehrwegsysteme wurde der jeweils kleinste und größte Belastungs- bzw. Verbrauchswert im Bereich der angeführten Umlaufzahlen angegeben und dessen Bandbreite ebenfalls grafisch dargestellt. Trotz der zuvor erwähnten, zum Teil erheblichen

Unterschiede zwischen den Ergebnissen der ausgewerteten Studien lassen sich zusammenfassend folgende Aussagen treffen:

Rohstoffverbrauch
Obwohl in der Darstellung der Umweltauswirkungen von Getränkeverpackungssystemen Auflistungen des Rohstoffverbrauches hier nicht wiedergegeben wurden, kann aufgrund der Darlegungen in Kap. III zusammenfassend festgestellt werden, daß - von Brenn- und Treibstoffen abgesehen - für die Packmittelherstellung keine knappen Ressourcen verbraucht werden. Zum Teil (z.B. für Verbundkarton- und Transportverpackungen) wird überwiegend Holz als regenerierbarer Rohstoff eingesetzt. Transportverpackungen haben auf den mengenmäßigen Verbrauch an Rohstoffen allerdings einen deutlichen Einfluß.

Wasserverbrauch (siehe auch Übersicht 1)
Bei Verwendung von **Mehrweg-Glasflaschen** oder **Verbundkartonverpackungen** für *past. Trinkmilch, Dauermilchprodukte* und *Fruchtsäfte* ist der Wasserverbrauch weitgehend gleich groß. Das System Verbundkartonverpackung verbraucht dann mehr Wasser, wenn der Karton nach älteren Produktionsverfahren, die viel Wasser verbrauchen, hergestellt oder zusätzlich aluminiumkaschiert wird und wenn Mehrweg-Glasflaschen eine hohe Verwendungshäufigkeit erreichen.

Bei Verwendung von **Einweg-Glasflaschen** oder **Weißblechdosen** für *Fruchtsaftgetränke* bzw. *Bier* ist der Wasserverbrauch durchwegs höher als bei Verwendung von **Mehrweg-Glasflaschen** oder **Kombidosen** (für Fruchtsaftgetränke).

Energieverbrauch (siehe auch Übersicht 2)
Bei Verwendung von **Mehrweg-Glasflaschen** oder **Verbundkartonverpackungen** für *past. Trinkmilch, Dauermilchprodukte* und *Fruchtsäfte* bewegt sich der Energieverbauch weitgehend im gleichen Bereich. Ein geringerer Energieverbrauch für das eine oder andere System resultiert aus der Berechnungsart (inkl. oder exkl. Energie des Holzrohstoffes), aus dem energietechnischen Produktionsstandard, ferner aus der Abfallbehandlung (Deponieren oder Verbrennen) und aus der jeweiligen Verwendungshäufigkeit der Mehrweg-Glasflasche.

Bei Verwendung von **Einweg-** oder **Allweg-Glasflaschen** (letztere als alternatives Packmittel statt **Kunststoffbecher**) für *Dauermilch-*

VI/317

Übersicht 1: **Bandbreite** des von verschiedenen Autoren angegebenen **Wasserverbrauch**es (m^3/1000 l Füllgut) bei Verwendung der angeführten Getränkeverpackungssysteme

Füllgut	Füllmenge (l)	Verpackungssystem	Umlaufzahl	Zitat	Wasserverbrauch (m^3/1000 l Füllgut)
past. Trinkmilch	1,0	MW-Glasflasche	10 - 25	(6)(8)	1,4 - 2,3
	1,0	Verbundkarton	1	(6)(8)	1,8 - 2,3
Dauermilchprodukte u. Fruchtsäfte	1,0	MW-Glasflasche	10 - 25	(43)(46)	1,1 - 4,3
	1,0	Verbundkart. Alu	1	(43)(46)	2,7 - 6,9
	1,0	EW-Glasflasche	1	(43)(46)	6,0
Fruchtsaftgetränke	0,7	Kombidose	1	(35)	5,5 - 5,8
	0,7	EW-Glasflasche	1	(35)	9,9
Bier	0,5	MW-Glasflasche	10 - 25	(43)	2,5 - 3,5
	0,5	Weißblechdose	1	(43)	7,9 - 9,9
	0,33	Weißblechdose	1	(43)	9,3 - 12,4
	0,33	EW-Glasflasche	1	(43)	13,5 - 15,3

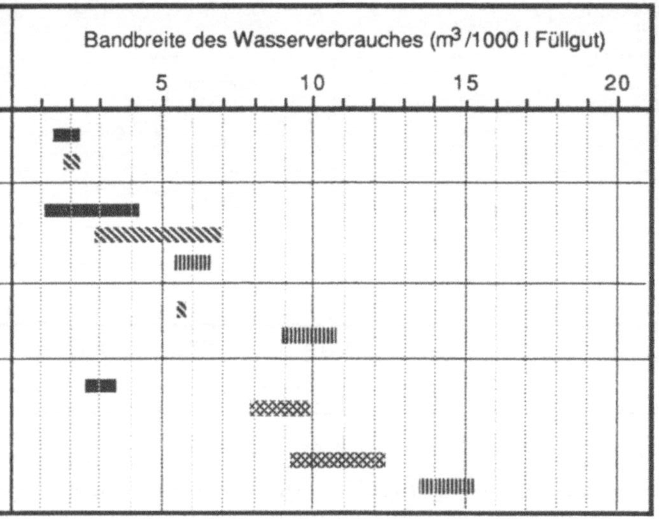

VI/318

Übersicht 2: **Bandbreite** des von verschiedenen Autoren angegebenen **Energieverbrauch**es (kWh_{th}/1000 l Füllgut, inkl. bzw. exkl. Energieinhalt brennbarer Stoffe, bei Deponieren oder Verbrennung der Abfälle) durch Verwendung der angeführten Getränkeverpackungssysteme

Füllgut	Füllmenge (l)	Verpackungssystem	Umlaufzahl (Rücklaufquote)	Zitat	Energieverbrauch (kWh_{th}/1000 l Füllgut)
past. Trinkmilch	1,0	MW-Glasflasche	10 - 25	(2)(5)(7)(8)	127 - 581
	1,0	Verbundkarton	1	(2)(5)(7)(8)	376 - 631
Dauermilchprodukte u. Fruchtsäfte	1,0	MW-Glasflasche	10 - 25	(43)(46)	442 - 709
	1,0	Verbundkart. Alu	1	(43)(46)	396 - 752
	1,0	EW-Glasflasche	1	(43)(46)	1158 - 1684
flüssige Sauermilchprodukte	0,18	PS-Becher	1	(29)	1086 - 1182
	0,18	PP-Becher	1	(29)	1201
	0,18	PE/Papierbecher	1	(29)	1283
	0,18	Allweg-Glas	2	(29)	1551
stille und CO_2-hältige Getränke	1,5	MW-Glasflasche	22	(38)	529
	2,0	PET-Flasche	(70 - 90 %)	(41)	930 - 1047
	1,0	MW-Glasflasche	3 - 22	(38)(41)	357 - 1861
	1,5	PET-Flasche	1	(38)	2081
	0,25 ?	PVC-Flasche	1	(37)	1810
	0,25 ?	Weißblechdose	1	(37)	2080
	0,25 ?	EW-Glasflasche	1	(37)	2780
	0,25 ?	Alu-Dose	(0 - 75 %)	(37)	1920 - 3340
Fruchtsaftgetränke	0,7	Kombidose	1	(35)	719 - 1094
	0,7	EW-Glasflasche	1	(35)	2098
Bier	0,5	MW-Glasflasche	10 - 25	(43)	364 - 503
	0,5	Weißblechdose	1	(43)	1188 - 1981
	0,33	EW-Glasflasche	1	(43)	1563 - 1859
	0,33	Weißblechdose	1	(43)	1518 - 2710

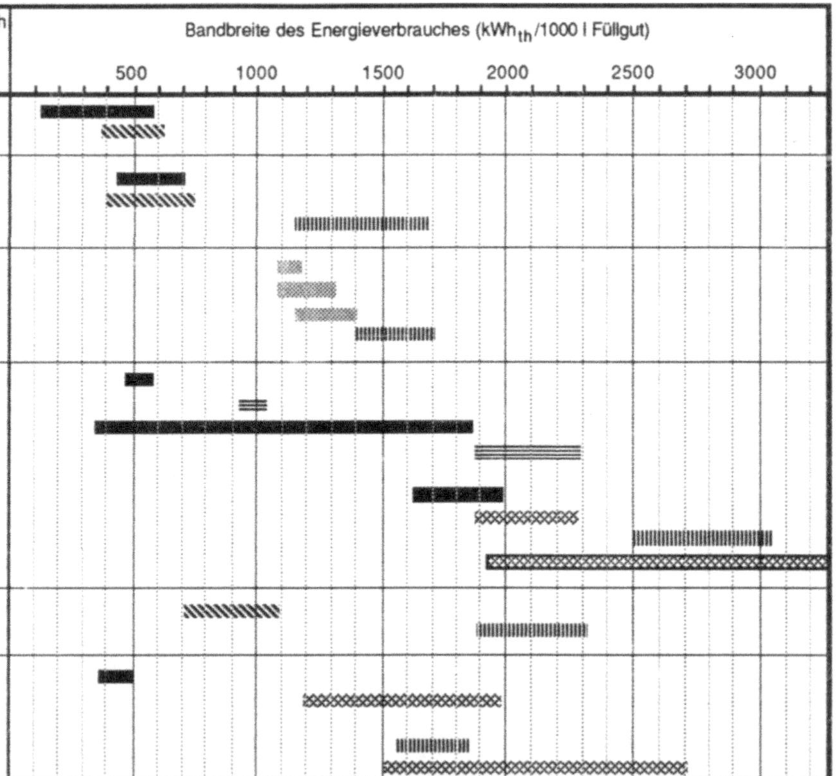

produkte, Fruchtsäfte und *flüssige Sauermilchprodukte* ist der Energieverbrauch eindeutig höher.

Bei Verwendung von **2,0-l-PET-Flaschen** für *stille* und *kohlensäurehältige Getränke* bewegt sich der Energieverbrauch nur bei entsprechend hohen Recyclingquoten (≥ 70 %) innerhalb der Bandbreite von **1,0-l-Mehrweg-Glasflaschen** (bei 3- bis 22maliger Verwendung). Bei gleichem Nenninhalt (z.B. 1,5 l) bzw. bei Verwendung von 1,0-l-PET-Flaschen (ohne Recycling) ist der Energieverbrauch des Systems Mehrweg-Glasflasche geringer.

PVC-Einwegflaschen für *stille Getränke* verbrauchen ebensoviel bis etwas mehr Energie als **Mehrweg-Glasflaschen** (bei geringer Verwendungshäufigkeit). Sie benötigen im Durchschnitt aber weniger Energie als **Weißblechdosen** bzw. **Einweg-Glasflaschen** oder **Aluminiumdosen**. Der Energieverbrauch letzterer ist nur bei entsprechend hohen Recyclingquoten gleich groß oder geringer als von Einweg-Glasflaschen bzw. mit dem von Weißblechdosen vergleichbar.

Für den Vertrieb von *Fruchtsaftgetränken* erweist sich die **Kombidose** energetisch günstiger als die **Einweg-Glasflasche**.

Unter den Verpackungssystemen für *Bier* verbrauchen **Mehrweg-Glasflaschen** mit Abstand weniger Energie als **Weißblechdosen**, deren Energieaufwand etwas geringer als für **Einweg-Glasflaschen** ist, wenn für den Verschluß Weißblechdeckel verwendet werden.

Luftbelastung (siehe auch Übersicht 3)

Bei Verwendung von **Verbundkartonverpackungen** für *past. Trinkmilch* ist die Luftbelastung in Abhängigkeit vom Stand der Herstellungstechnik gleich groß bis etwas geringer als bei Verwendung von **Mehrweg-Glasflaschen** mit hoher Umlaufhäufigkeit. Durch die Aluminiumkaschierung kann die Luftbelastung durch Verbundkartonverpackungen für *Dauermilchprodukte* und *Fruchtsäfte* bei Herstellungstechniken welche nicht dem heutigen Stand entsprechen, auch etwas höher sein. Sie ist so wie bei **Kombidosen** aber dennoch erheblich geringer als bei Verwendung von **Einweg-Glasflaschen**.

Mehrweg-Glasflaschen für *Bier* verursachen eine geringere und **Einweg-Glasflaschen** eine deutlich höhere Luftbelastung als **Weißblechdosen**.

Wasserbelastung (siehe auch Übersicht 4)

Die Wasserbelastung kann bei Verwendung von **Verbundkartonverpackungen** für *past. Trinkmilch* - je nach der Verwendungshäufigkeit

VI/320

Übersicht 3: **Bandbreite** der von verschiedenen Autoren angegebenen **Luftbelastung** (kritisch werdende Luftmenge in Mio m^3/1000 l Füllgut) durch Verwendung der angeführten Getränkeverpackungssysteme

Füllgut	Füllmenge (l)	Verpackungssystem	Umlaufzahl	Zitat	Luftbelastung (Mio m^3/1000 l Füllgut)
past. Trinkmilch	1,0	Verbundkarton	1	(6)(7)(8)	2,4 - 30,9
	1,0	MW-Glasflasche	10 - 25	(6)(7)(8)	6,7 - 34,8
Dauermilchprodukte u. Fruchtsäfte	1,0	MW-Glasflasche	10 - 25	(43)(46)	22,6 - 38,2
	1,0	Verbundkart. Alu	1	(43)(46)	21,8 - 51,9
	1,0	EW-Glasflasche	1	(43)(46)	95,4 - 100,4
Fruchtsaftgetränke	0,7	Kombidose	1	(35)	97,1 - 102,7
	0,7	EW-Glasflasche	1	(35)	155,1
Bier	0,5	MW-Glasflasche	10 - 25	(43)	22,5 - 36,8
	0,5	Weißblechdose	1	(43)	41,8 - 65,2
	0,33	Weißblechdose	1	(43)	52,5 - 87,7
	0,33	EW-Glasflasche	1	(43)	124,0 - 152,5

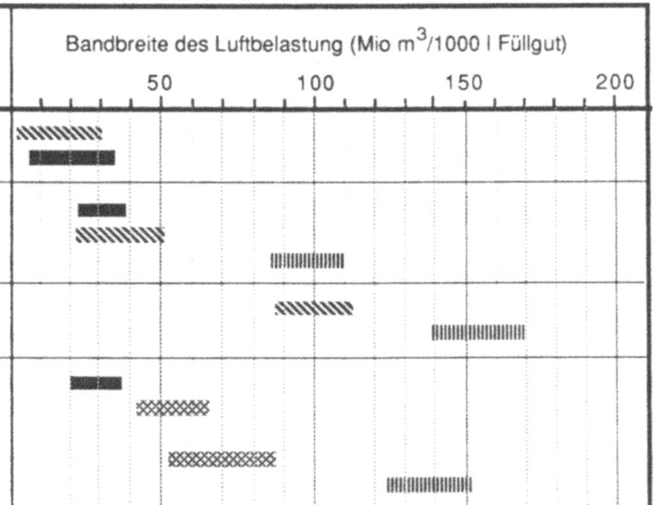

VI/321

Übersicht 4: **Bandbreite** der von verschiedenen Autoren angegebenen **Wasserbelastung** (kritisch werdende Wassermenge in m^3/1000 l Füllgut) durch Verwendung der angeführten Getränkeverpackungssysteme

Füllgut	Füllmenge (l)	Verpackungssystem	Umlaufzahl	Zitat	Wasserbelastung (m^3/1000 l Füllgut)
past. Trinkmilch	1,0	MW-Glasflasche	10 - 25	(6)(7)(8)	32,3 - 119,3
	1,0	Verbundkarton	1	(6)(7)(8)	18,3 - 169,5
Dauermilchprodukte u. Fruchtsäfte	1,0	MW-Glasflasche	10 - 25	(43)(46)	11,0 - 138,9
	1,0	Verbundkart. Alu	1	(43)(46)	24,6 - 313,2
	1,0	EW-Glasflasche	1	(43)(46)	91,9 - 790,2
Fruchtsaftgetränke	0,7	EW-Glasflasche	1	(35)	110,5
	0,7	Kombidose	1	(35)	332,3 - 402,0
Bier	0,5	MW-Glasflasche	10 - 25	(43)	16,2 - 21,7
	0,5	Weißblechdose	1	(43)	18,2 - 31,4
	0,33	Weißblechdose	1	(43)	25,2 - 45,0
	0,33	EW-Glasflasche	1	(43)	283,4 - 294,4

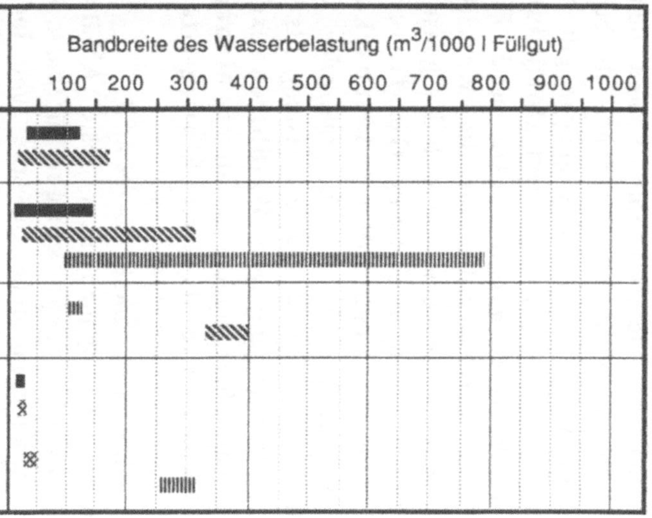

des alternativen Mehrweggebindes und dem Stand der Herstellungstechnik - etwas geringer oder höher als bei Verwendung von **Mehrweg-Glasflaschen** sein. Das gleiche gilt auch für den Vergleich der **Mehrweg-Glasflasche** mit dem **aluminiumkaschierten Verbundkarton** für *Dauermilchprodukte* und *Fruchtsäfte*. Extrem unterschiedliche Werte wurden für die Wasserbelastung durch **Einweg-Glasflaschen** angegeben, die sich im günstigeren Fall im oberen Belastungsbereich von **Mehrweg-Glasflaschen** bzw. im unteren Bereichsdrittel von **Verbundkartonverpackungen** bewegen.

Als Verpackung für *Fruchtsaftgetränke* verursacht die **Kombidose** eine deutlich geringere Wasserbelastung als die **Einweg-Glasflasche**.

Durch Verwendung von **Weißblechdosen** für *Bier* entstehen kaum höhere Wasserbelastungen als durch **Mehrweg-Glasflaschen**, jedoch wesentlich geringere als durch **Einweg-Glasflaschen**.

Feste Abfälle (siehe auch Übersicht 5)
Aufgrund der Angaben über feste Abfälle durch Verwendung von **Verbundkartonverpackungen** für *past. Trinkmilch* (bei ausschließlichem Deponieren, ohne Gewerbe- und Industriemüll aus den Vorstufen) sollte das Abfallgewicht selbst bei beachtlichen Altglasrecyclingquoten nicht höher sein als bei Verwendung von **Mehrweg-Glasflaschen**, die eine mittlere Umlaufhäufigkeit (15 bis 20 Umläufe) erreichen. Höhere Umlaufhäufigkeiten haben ein geringeres, niedrigere Umlaufhäufigkeiten hingegen ein höheres Abfallgewicht des Systems **Mehrweg-Glasflasche** zur Folge.

Ähnliche Berechnungen für Verpackungen für *Dauermilchprodukte* und *Fruchtsäfte* ergaben (allerdings bei einer Altglasrecyclingquote von nur 10 %) ein noch günstigeres Ergebnis für den **aluminiumkaschierten Verbundkarton**.

Deponiebelastung (siehe auch Übersicht 6)
Bei Rücklauf- bzw. Recyclingquoten von > 70 bis 98 % (was etwa 3 bis 50 Umläufen von Mehrwegflaschen entspricht) sollte die Deponiebelastung durch **2,0-l-PET-Flaschen** für *kohlensäurehältige Getränke* bei ausschließlichem Deponieren nicht recyclierter Abfälle nicht größer sein als durch **1,0-l-Mehrweg-Glasflaschen**.

Bei einem Verbrennungsanteil von 77 % verbrauchen **aluminiumkaschierte Verbundkartonverpackungen** für *Dauermilchprodukte* und *Fruchtsäfte* nicht mehr Deponievolumen als 25mal zirkulierende **Mehrweg-Glasflaschen** bei einer Altglasrecyclingquote von 43 %.

VI/323

Übersicht 5: **Bandbreite** der von verschiedenen Autoren angegebenen **festen Abfälle** (kg/1000 l Füllgut, bei ausschließlichem Deponieren der Abfälle; ohne Gewerbe- und Industriemüll aus den Vorstufen, ohne bzw. bei teilweisem Recyclieren des Glasbruches und der Abfälle aus der Verbundkartonerzeugung) durch Verwendung der angeführten Getränkeverpackungssysteme

Füllgut	Füllmenge (l)	Verpackungssystem	Umlaufzahl	Zitat	feste Abfälle (kg/1000 l Füllgut)	Bandbreite des festen Abfälle (kg/1000 l Füllgut)
past. Trinkmilch	1,0	MW-Glasflasche	10 - 25	(6)(8)	8,3 - 48,6 1)	
	1,0	Verbundkarton	1	(6)(8)	21,2 - 24,4 1)	
Dauermilchprodukte u. Fruchtsäfte	1,0	MW-Glasflasche	10 - 25	(46)	31,0 - 63,0 2)	
	1,0	Verbundkart. Alu	1	(46)	33,0 2)	
	1,0	EW-Glasflasche	1	(46)	356,0 2)	

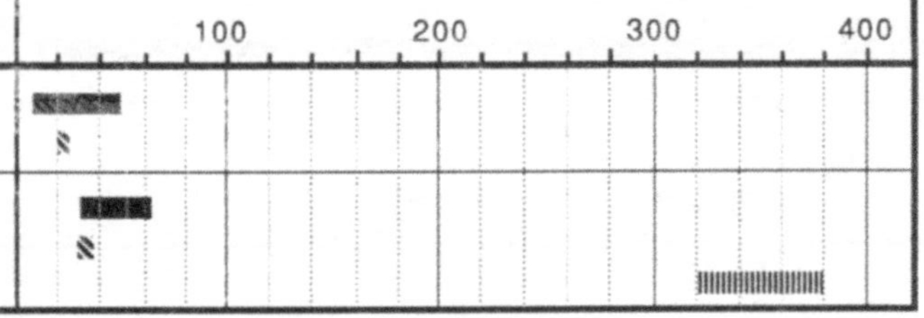

1) ohne Gewerbe- und Industriemüll aus den Vorstufen; ohne bzw. mit Altglasrecycling (bis 52 %); ohne bzw. mit Recycling von Abfällen aus der Verbundkartonproduktion (bis 90 %)

2) ohne Gewerbe- und Industriemüll aus den Vorstufen; mit 10 % Altglasrecycling; 90 % Recycling der Abfälle aus der Verbundkartonerzeugung

VI/324

Übersicht 6: **Bandbreite** der von verschiedenen Autoren angegebenen **Deponiebelastung** (dm^3/1000 l Füllgut, bei ausschließlichem Deponieren oder teilweisem Verbrennen der Abfälle; ohne bzw. mit Gewerbe- und Industriemüll aus den Vorstufen; bei teilweisem bzw. vollständigem Recycling der Altstoffe) durch Verwendung der angeführten Getränkeverpackungssysteme

Füllgut	Füllmenge (l)	Verpackungssystem	Umlaufzahl (Rücklaufquote)	Zitat	Deponiebelastung (dm^3/1000 l Füllgut)
stille und CO_2-hältige Getränke	2,0	PET-Flasche	(70 - 100 %)	(41)	28 - 198 1)
	1,0	MW-Glasflasche	(70 - 100 %)	(41)	25 - 448 1)
Dauermilchprodukte u. Fruchtsäfte	1,0	Verbundkart. Alu	1	(43)	19 2)
	1,0	MW-Glasflasche	10 - 25	(43)	24 - 46 2)
	1,0	EW-Glasflasche	1	(43)	204 2)
Fruchtsaftgetränke	0,7	Kombidose	1	(35)	32 - 41 3)
	0,7	EW-Glasflasche	1	(35)	324 3)
Bier	0,5	MW-Glasflasche	10 - 25	(43)	25 - 53 2)
	0,5	Weißblechdose	1	(43)	102 - 118 2)
	0,33	Weißblechdose	1	(43)	128 - 151 2)
	0,33	EW-Glasflasche	1	(43)	192 - 258 2)

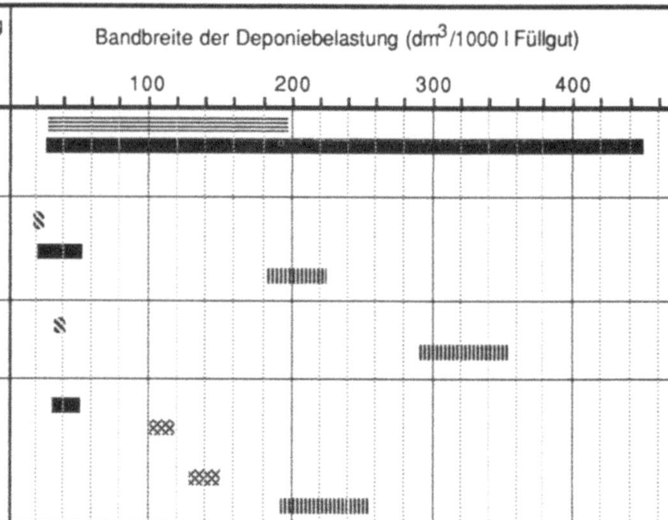

1) bei ausschließlicnem Deponieren und teilweisem bzw. vollständigem Recycling der Altstoffe

2) inklusive Gewerbe- und Industriemüll aus den Vorstufen; 77 % Verbrennungsanteil und 43 % Altglasrecycling berücksichtigt

3) inklusive Gewerbe- und Industriemüll aus den Vorstufen; 34 % Verbrennungsanteil und 45 % Altglasrecycling berücksichtigt

Einweg-Glasflaschen beanspruchen unter den gleichen Voraussetzungen erheblich mehr Deponievolumen als **aluminiumkaschierte Verbundkartonverpackungen** oder **Kombidosen**.

Unter den hier besprochenen Verpackungssystemen für *Bier* beansprucht die **Mehrweg-Glasflasche** das geringste Deponievolumen. **Weißblechdosen** belasten die Deponien schon wesentlich mehr, während die höchste Deponiebelastung aus der Verwendung von **Einweg-Glasflaschen** (selbst bei 45 % Altglasrecycling) resultiert.

Zusammenfassend betrachtet dürften *Einweg-Glasflaschen* unabhängig vom jeweiligen Füllgut, selbst bei Berücksichtigung von Altglasrecyclingquoten zwischen 43 und 45 %, das meiste Deponievolumen verbrauchen. Deutlich mehr Deponievolumen als *Mehrweg-Glasflaschen* benötigen auch *Weißblechdosen für Bier* (ohne Recycling), während *Verbundkartonverpackungen* und *Kombidosen* für stille Füllgüter bei entsprechendem Müllverbrennungsanteil das Deponievolumen nicht mehr belasten als *Mehrweg-Glasflaschen*. Letztere verbrauchen nicht weniger Deponievolumen als *PET-Flaschen*, wenn deren Recyclingquote der Rücklaufquote der alternativen Mehrweg-Glasflasche entspricht.

Wirtschaftlichkeit (siehe auch Übersicht 7)

PVC-Flaschen für *stille Füllgüter* verursachen die geringsten Systemkosten, gefolgt von **Mehrweg-Glasflaschen**, die nach den vorliegenden Untersuchungen das kostengünstigste Packmittel für *Bier* und *CO_2-hältige Füllgüter* sind. Aufgrund des größeren Volumens können sich **1,5-l-PET-Flaschen** für diese Füllgüter ebenso wirtschaftlich erweisen wie **1,0-l-Mehrweg-Glasflaschen** bei geringerer Umlaufhäufigkeit. Gegenüber 1,5-l-Mehrweg-Glasflaschen wurden 1,5-l-PET-Flaschen jedoch nicht als kostengünstiger angesehen.

Einweg-Glasflaschen für *Bier* und *CO_2-hältige Getränke* verursachen gleich hohe bis höhere Systemkosten als **Mehrweg-Glasflaschen**, während bei Verwendung von **Getränkedosen** die höchsten Systemkosten anfallen.

Für *past. Trinkmilch, Dauermilchprodukte* und *Fruchtsäfte* erweist sich die **Verbundkartonverpackung** kostengünstiger als die **Mehrweg-Glasflasche**. Das gleiche gilt auch für die Verwendung von **Kunststoff- und Kunststoff/Papier-Kombinationsbechern** statt **Allweg-Gläsern** für *flüssige Sauermilchprodukte*.

VI/326

Übersicht 7: **Bandbreite** der von verschiedenen Autoren angegebenen **Systemkostenindizes**/1,0 l Füllgut, durch Verwendung der angeführten Getränkeverpackungssysteme (das jeweils kostengünstigste Verpackungssystem erhielt den Kostenindex 100 bzw. einen Index < 100)

Füllgut	Füllmenge (l)	Verpackungssystem	Umlaufzahl	Zitat	Systemkostenindex /1,0 l Füllgut
past. Trinkmilch	1,0	Verbundkarton	1	*)	100
	1,0	MW-Glasflasche	10 - 50	*)	108 - 169 (262)
Dauermilchprodukte u. Fruchtsäfte	1,0	Verbundkart. Alu	1	(25)	100
	1,0	MW-Glasflasche	10 - 40	(25)	147 - 154
flüssige Sauermilchprodukte	0,18	PS-Becher	1	(29)	100
	0,18	PE/Papierbecher	1	(29)	100
	0,18	Allweg-Glas	2	(29)	128
stille und CO_2-hältige Getränke	1,5	PVC-Flasche	1	(38)	67
	1,5	MW-Glasflasche	12 - 22	(38)	84 - 94
	1,5	PET-Flasche	1	(38)	123
	1,0	MW-Glasflasche	22	(38)	110
	1,0	EW-Glasflasche	1	(38)	163
Bier	0,5	MW-Glasflasche	ca. 50	(44)	100
	0,5	EW-Glasflasche	1	(44)	104 - 160
	0,5	Getränkedose	1	(44)	139 - 214
	0,33	MW-Glasflasche	ca. 50	(44)	100
	0,33	EW-Glasflasche	1	(44)	109 - 163
	0,33	Dose	1	(44)	149 - 224

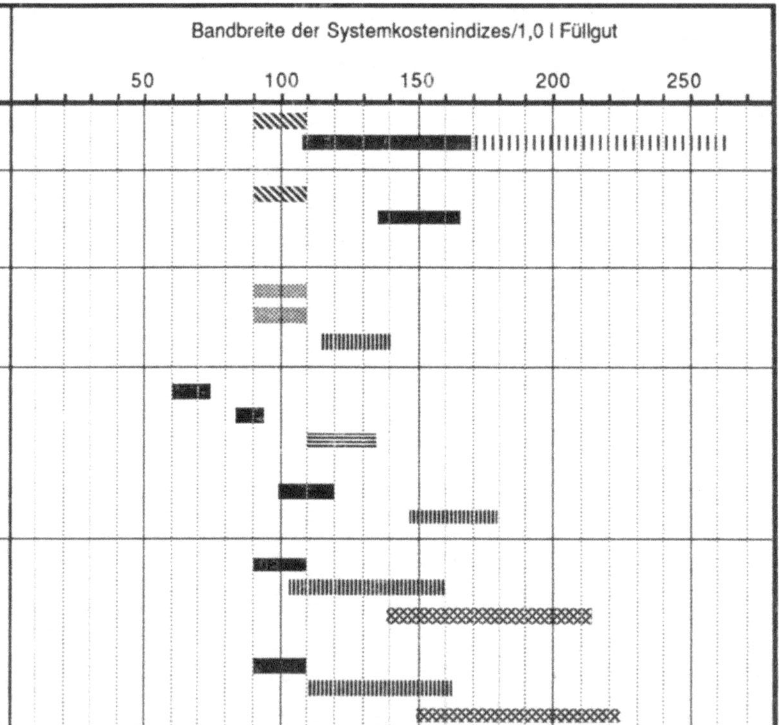

8.5. Schlußwort

Wie die zusammenfassende Darstellung aller verfügbaren Vergleiche der Umweltauswirkungen, des Abfallaufkommens und der Deponiebelastung sowie der Wirtschaftlichkeit alternativer Getränkeverpackungssysteme im vorangegangenen Abschnitt zeigte, ist das oft zitierte Schlagwort "Mehrweg ist besser als Einweg" weder pauschal noch ohne Berücksichtigung des lokalen oder regionalen, umwelttechnischen Standards der Packmittelproduktion, -verwendung und -entsorgung auf alle Systeme übertragbar. Lokal begrenzte Märkte vorausgesetzt, hat diese Behauptung nur für *gleichartige* Packmittel aus dem *gleichen* Packstoff Geltung. Die in der umweltpolitischen Diskussion sich abzeichnende Tendenz, Hohlglasverpackungen gegenüber Packmitteln aus Kunst- oder Verbundstoffen zu bevorzugen (51), kann sich - Einzelfälle ausgenommen - nicht auf bisher vorliegende Erkenntnisse stützen, wenn protektionistische Absichten als Motiv ausscheiden.

Bei der Beurteilung der Umweltauswirkungen von Verpackungssystemen darf nicht übersehen werden, daß ÖKO-Bilanzen nur den jeweiligen Stand der Umwelttechnik wiedergeben, nicht aber die realisierbaren, umwelttechnischen Verbesserungsmöglichkeiten erkennen lassen, deren praktische Nutzung erhebliche Veränderungen in der Beurteilung alternativer Einweg- und Mehrweg-Verpackungssysteme bewirken kann. Diesem dynamischen Potential können gesetzlich verankerte Maßnahmen, die sich *gegen* die Verwendung bestimmter Verpackungen richten, aufgrund ihrer Schwerfälligkeit nicht gerecht werden, ja sie wirken dem weiteren Fortschritt eher entgegen. Innerhalb der Möglichkeiten, unerwünschte Umweltauswirkungen und Abfall zu vermindern, bleibt aufgrund der festgefahrenen Vorstellung, Einweg durch Mehrweg substituieren zu müssen, die Möglichkeit, herkömmliche Einwegsysteme durch ökologisch *und* wirtschaftlich günstigere zu ersetzen, derzeit völlig unbeachtet.

Abfallproblem

Die Knappheit an Deponieraum, das Fehlen von Abfallbehandlungsmöglichkeiten, welche den abzulagernden Hausmüll effizient verringern können, und die steigenden Entsorgungskosten lassen allein den Abfall an *Verbraucher-Verpackungen* in den Blickpunkt kommunaler und legislativer Überlegungen rücken, während die Gesamtheit der an verschiedenen Orten entstehenden Abfälle und Umweltauswirkungen, welche ein *Verpackungssystem* verursacht, außer acht gelassen wird.

Solange jedoch das weder ökologisch noch wirtschaftlich sinnvolle Deponieren von Abfällen - sowie auch von Hausmüll - überwiegt, sind Kommunal- und Umweltbehörden von Verbrauchszentren - im Gegensatz zu solchen von Produktionszentren - lediglich an der Zurückdrängung von Einweg-Verbraucherverpackungen, die keine hohen Recyclingquoten nachweisen können, interessiert. Mit der unausbleiblichen Schaffung von Abfallbehandlungseinrichtungen, die

- der Vermeidung abzulagernder Abfälle
- den Erfordernissen einer umweltgerechten Abfallbehandlung
- aber auch hinsichtlich ihrer Kapazität dem Konsumbedürfnis hochentwickelter Industriestaaten

Rechnung tragen, stellt sich diese Problematik für die Konsumgüterverpackung nicht mehr, weil

- *gesondert erfaßbare und verwertbare* (sortenreine und nicht verunreinigte) Verpackungsabfälle (d.s. Faserstoffe, Metalle, Glas und einige Kunststoffe) der stofflichen Verwertung
- und *nicht gesondert erfaßbare bzw. verwertbare* (vermischt oder verunreinigt anfallende) Verpackungsabfälle der energetischen Verwertung

zugeführt werden können.

Verpackungs- und Abfallentsorgungskosten

Auch die Kostenseite von Einweg- und Mehrwegsystemen bietet kein einheitliches Bild: Während Einwegsysteme für kohlensäurehältige Getränke derzeit fast durchwegs höhere Systemkosten als das alternative Mehrwegsystem verursachen, trifft dies nicht auf alle Einwegsysteme für stille Getränke zu. Da die Auswahl von Verpackungssystemen nicht nach den geringsten Kosten in einer Stufe, also auch nicht nach den geringsten Kosten in der Entsorgungsstufe, sondern nach dem geringsten Gesamtaufwand zu erfolgen hätte, ist die Inkaufnahme höherer Aufwendungen für Mehrwegsysteme, deren höhere Systemkosten nicht durch entsprechende Einsparungen an Abfallbeseitigungskosten kompensiert werden, nur aus der Sicht der (die Abfallentsorgung durchführenden) Kommunalverwaltungen sowie der Aufsichtsbehörden, nicht aber gesamtwirtschaftlich gerechtfertigt (s. Kap. I, Abschn.1.3.1.). Restriktionen oder Verbote bestimmter Getränkeverpackungen, die als umwelt- oder abfallbelastend angesehen werden, können, quantitativ betrachtet, keine merkliche Verringerung der Umweltbelastung oder des Abfallaufkommens bewirken, sie können aber Produkte verteuern.

Verpackungsdiskussion - Umweltpolitik
Trotz der grundsätzlichen Berechtigung, die Umweltauswirkungen von Verpackungen kritisch zu hinterfragen, hat das unverhältnismäßig große öffentliche "Interesse" daran dennoch tiefergreifende Wurzeln: Die stellvertretende Auseinandersetzung mit den Auswirkungen des Konsumverhaltens unserer Zeit, die den Sack schlägt und den Esel meint.

- So wird in der öffentlichen Diskussion von "unnötigen" Verpackungen gesprochen, obwohl diese bis zum Verbrauch des Füllgutes wichtige Funktionen zu erfüllen haben (s. Kap. I). Tatsächlich wird aber die Befriedigung vieler *nicht* lebensnotwendiger, selbstgewählter Bedürfnisse und der ständig steigende Konsum gemeint.
- In Ablenkung vom Kern des Abfallproblems (dem hinter dem Wirtschaftswachstum und dem Konsumanstieg zurückgebliebenen Ausbau umweltgerechter Abfallbehandlungskapazitäten) wird versucht den Eindruck zu erwecken, daß Verpackungen einen wesentlichen Anteil am Abfallproblem haben, indem durch wiederholte Erwähnung ihres "50 %igen Volumensanteils" die Meinung entstehen soll, daß es sich um das verbrauchte (knappe) *Deponie*volumen und nicht um das unverdichtete *Hausmüllsammel*volumen handelt. Dieses stellt aber nur einen Bruchteil des *gesamten,* heute abzulagernden Abfallvolumens dar (s. Kap. IV, Abschn. 3.3.).
- In Unkenntnis der tatsächlichen Auswirkungen auf die Abfallsituation oder als Nachweis für umweltpolitisches Handeln wurden oder werden Gesetzesvorschläge zur "Vermeidung der Flut an Verpakkungsabfall" eingebracht, die undifferenziert auf die Substitution von Einweg- durch Mehrweg-Getränkeverpackungen oder auf die wirtschaftliche Benachteiligung bzw. das Verbot *einzelner* Getränke-Verpackungssysteme ausgerichtet sind, obwohl die Effizienz solcher Maßnahmen unbedeutend ist und bekannt sein müßte, daß der weitaus größere Anteil des Verpackungsabfalls auf andere Bereiche als auf Getränke entfällt (s. Kap. IV, Abschn. 3.3. bis 3.5).
- Mangels (derzeitiger) Recyclierfähigkeit und geeigneter Verbrennungseinrichtungen wird die Verwendung von Verbundpackstoffen, die Rohstoffe, Energie und Kosten sparen, kritisiert, obwohl deren energetische Verwertung sinnvoll und ökologisch vertretbar wäre.

Verpackung, Wirtschaft und Umwelt - Ausblick
Diese offensichtlichen Fehleinschätzungen des Beitrages von Getränkeverpackungen zur gesamten Umweltbelastung und zum Abfallproblem

sowie vorhandene Denkbarrieren bei der Einbeziehung einer fortschrittlichen Verpackungstechnik in eine ressourcenschonende, auf die geringstmöglichen Umweltauswirkungen Bedacht nehmende und ökonomisch tragfähige Kreislaufwirtschaft, können nicht als Argumente gegen eine Verringerung der Umweltauswirkungen durch das Verpakken von Gütern gelten. Als solche wären *nicht* marktbehindernde Lenkungsmaßnahmen, *sondern*

- dem Stand der Technik entsprechende *Begrenzungen der Luft- und Wasserbelastung* bei der Packmittelproduktion und -verwendung
- sowie die *Verringerung der eingesetzten Primär- und Rohstoffmengen* durch eine dem jeweiligen Stand der Technik und der Wirtschaftlichkeit entsprechende Verwertung von Verpackungsabfällen

anzustreben.

Die Rückführung ausgedienter Packmittel in den Stoffkreislauf müßte im Lebensmittelbereich auf einem anderen als auf dem Distributionsweg erfolgen; nicht um zusätzliche Belastungen des Handels und der abpackenden Wirtschaft zu vermeiden, sondern aus hygienischen Gründen, und weil zu erwarten ist, daß eine gesonderte, auf Altstoff*kategorien* ausgerichtete Rückführung, gegenüber der alleinigen Sammlung bestimmter *Packmittel*, wirtschaftlicher ist.

Umweltschonende Produktionsweisen, eine effiziente, von der Gesamtbevölkerung akzeptierte Art der Altstoffsammlung und die weitestgehende Wiederaufbereitung der Altstoffe wird nicht zu einer Abnahme, sondern zu einer Erhöhung des Energieeinsatzes bei vielen Packmitteln führen, die sich auch auf die Kosten auswirken wird. Solche Entwicklungen können in einem freien Markt aber nur dann zügig voranschreiten, wenn Primärstoffe teurer werden oder ihre Beschaffung schwieriger wird. Da dieser Zeitpunkt angesichts der vielen einflußnehmenden Faktoren nicht vorhersehbar ist, werden jene Staaten im Vorteil sein, welche ihre Forschung auf die Entwicklung von Recyclingkonzepten und Recyclingverfahren ausrichten.

Schließlich scheint die Vorsorge für die Einrichtung einer Kreislaufwirtschaft und die Erschließung der dazu ausreichenden Energiequellen der Schlüssel für den längerfristigen Weiterbestand des wirtschaftlichen und sozialen Gefüges der Industriestaaten in einer das Gleichgewicht der Natur erhaltenden, lebenswerten Umwelt zu sein. Diese ist neben anderen wesentlichen Faktoren auch Voraussetzung für die Verbesserung der Lebensbedingungen in weniger entwickelten Staaten.

Abschließend seien einige, auf die Zukunft unserer Industriegesellschaft ausgerichtete Gedanken, welche M. EIGEN und R. WINKLER darlegten (52), zitiert. Sie mögen die Beziehung vom Randthema "Umwelt und Verpackung" zur globalen Umweltsituation herstellen:

Wenn MEADOWS (53) auch im ersten Bericht an den "Club of Rome" als Weg aus der Begrenztheit unserer Ressourcen von globalen Restriktionen sprach, stieß diese Empfehlung auf berechtigte Kritik. Globale Restriktionen würden äußerst unangenehme Konsequenzen haben und, sich selbst überlassen, einen erbarmungslosen Konkurrenzkampf auslösen - mit allen wirtschaftlichen und sozialen Konsequenzen. Es wäre eine Illusion, zu glauben, daß eine nach Milliarden zählende Weltbevölkerung als "Mangelgesellschaft" in Frieden existieren könnte.

Oft wird als Gegenbeispiel zu nicht risikofreien Eingriffen des Menschen in die Natur auf die Selbstregelung in Ökosystemen hingewiesen. Dabei wird nur zu oft übersehen, wie wenig erstrebenswert - weil inhuman - deren Konsequenzen sind. Das sich von selbst einstellende Gleichgewicht wäre nicht das, was wir als menschenwürdiges Dasein bezeichnen. Man macht es sich heute zu einfach, wenn die Umweltmisere - beispielsweise - nur auf eine überhandnehmende Technisierung und Industrialisierung abgeschoben wird. Wenn überhaupt, so kann *nur* die Technik, und zwar Technik im weitesten Sinne des Wortes - unter Einschluß vom Menschen gesteuerter, biologischer und ökologischer Kontrollverfahren - der steigenden Umweltbeeinträchtigung Einhalt gebieten.

"Schwarzmalerei aufgrund einfacher Extrapolationen ist heute weit verbreitet. Durch Sparsamkeit allein ist das Problem der begrenzten Ressourcen nicht zu lösen. Ein Rohstoff, der bei der jetzigen Verbrauchsrate nach ca. 50 Jahren erschöpft wäre, würde bei Reduzierung des Verbrauchs (die nicht ohne Gefahren für die Stabilität der Wirtschaft ist) vielleicht hundert Jahre reichen. Oder anders ausgedrückt: Die Katastrophe könnte um fünfzig Jahre hinausgeschoben werden. Sollte man nicht alle Bemühungen auf die unbegrenzte Sicherung der Ressourcen - etwa durch Regenerierung der Rohstoffe in einer Kreislaufwirtschaft und Erschließung hinreichend ergiebiger Energiequellen - konzentrieren? Wie immer man dieses Problem lösen wird, ... sollten wir begreifen: Der Mensch ist weder ein Irrtum der Natur, noch sorgt diese automatisch und selbstverständlich für seine Erhaltung. Der Mensch ist Teilnehmer an einem großen Spiel, dessen Ausgang für ihn offen ist. Er muß seine Fähigkeiten voll entfalten, um sich als Spieler zu behaupten und nicht Spielball des Zufalls zu werden."

9. Literatur

1. ÖSTERR. INSTITUT FÜR VERPACKUNGSWESEN: Systemvergleich Einwegverpackungen - Mehrwegverpackung. Schriftenreihe Verpackungsforschung. Im Eigenverlag, Wien (1977)

2. NUNN D.: Alternative Milk Packaging - an Impact Analysis. CMI-Report 790306-1, Norge (1980)

3. SUNDSTRÖM G. u. LUNDHOLM M.: Milchverpackungen und Energie in der BRD. Im Eigenverlag (1981)

4. PAUTZ D.: Energie und Verpackung. Verpackung und Umwelt, S 292 - 304. EF - Verlag für Energie und Umwelttechnik, Berlin (1982)

5. PAUTZ D. u. PIETRZENIUK H.: Abfall und Energie, S 133. Abfallwirtschaft Bd. 13, Erich Schmidt-Verlag, Berlin (1984)

6. FRANKE M.: Umweltauswirkungen durch Getränkeverpackungen. EF - Verlag für Energie und Umwelttechnik, Berlin (1984)

7. BUNDESAMT FÜR UMWELTSCHUTZ: ÖKO-Bilanzen von Packstoffen, Schriftenreihe Umweltschutz Nr. 24. Im Eigenverlag, Bern (1984)

8. LUNDHOLM P. u. SUNDSTRÖM G.: Ressourcen- und Umweltbeeinflussung durch zwei Verpackungssysteme für Milch, Tetra Brik und Pfandflasche. G. Sundström A.B. Im Eigenverlag, Malmö (1986)

9. MIGROS: Systemvergleich Einweg/Mehrwegverpackung. (1979)

10. VERPACKUNGSLABOR FÜR LEBENSMITTEL UND GETRÄNKE: Systemanalytische Methode zum Vergleich des Müllaufkommens von Ein- und Mehrweg-Verpackungen. Projektbericht in Ausarbeitung (1987)

11. VERPACKUNGSLABOR FÜR LEBENSMITTEL UND GETRÄNKE: Berechnung des Verbrauches an Packstoffen sowie der hausmüllrelevanten Packmitteltonnage 1984 für flüssige Milchprodukte (Frisch-, H- und Dauermilchprodukte). Interner Bericht SK 1591 (1986)

12. SCANAD ÅRHUS: Alternative emballager til maelk. Im Eigenverlag, Århus (1975)

13. MINISTRY OF ENVIRONMENT: Report on an Investigation Concerned with Socio-economic, Environmental and Resource Aspects on Alternative Consumer Packages for Milk. Im Eigenverlag, Copenhagen (1978)

14. DANSKE KONSUMMAELKMEJERIERS FAELLESPRESENTATION et al.: Economic Investigations Concerning Packaging for Market Milk. Im Eigenverlag (1980)

15. CHR. MICHELSENS INSTITUTT: Alternative emballasje for melk. Studie im Auftrag des Norwegischen Umweltministeriums. Im Eigenverlag, Fantoft (1980)

16. ROLAND BERGER & PARTNER: Kostenvergleich von Einweg-Kartonverpakkungen und Mehrwegflaschen. Im Eigenverlag, München (1981)

17. PRODUKTSCHAP VOOR ZUIVEL: Milk Packaging and the Environment. Im Eigenverlag, Niederlande (1981)

18. WIETBRAUK H. u. LONGUET D.: Systemkosten der Einweg/Mehrwegverpakkung von past. Konsummilch unter besonderer Berücksichtigung der Flaschenumlaufhäufigkeit. Kieler Milchwirtschaftl. Forschungsberichte 34/2, 189 - 262 (1982)

19. DREWS M. et al.: Aktuelle Fragen zur pasteurisierten Konsummilch. Mikroökonomische Beurteilung der Einweg-Mehrwegverpackung. Kieler Milchwirtschaftl. Forschungsberichte 35/2, 107 - 238 (1983)

20. KARJALAINEN L. u. VIERTIÖ P.: Pakattujen juomien jakelujärjestelmätutkimus. Osa 2: Joumapakkarusjärjestelmien kustannukset. Pakkausteknologiaryhmä S 49, R. Y. Raportti No. 5 (1985)

21. WIETBRAUK H.: Zum Stand der Wiedereinführung von Mehrwegverpackungen für Milch. dmz 108/24, 774 - 781 (1987)

22. SULZER E.: Probleme des Umweltschutzes im Molkereibereich. Referat AG "Milchverpackung", Milchwirtschaftsfonds, Wien (1983)

23. BOJKOW E.: Praxisbezogene Beurteilung der Lichtschutzeigenschaften von Verpackungen für Molkereiprodukte. dmz 105/45, 1592 - 1598 (1984) und dmz 105/46, 1624 - 1629 (1984)

24. HEISS R.: Verpackung von Lebensmitteln. Springer-Verlag, Berlin-Heidelberg-New York (1980)

25. MILJØSTYRELSEN: Emballage til maelk og juice. (Miljøprojekt Nr. 88), ØKO-consult Aps, og Emballage- & Transportinstituttet (ETi). Im Eigenverlag, Kopenhagen (1987)

26. HAASE H.: Verpackungsnutzung und Umweltbewußtsein. Im Eigenverlag, Frankfurt (1986)

27. BÖCKER F. u. REITER C.: Das Qualitätsurteil von Konsumenten. Brauerei-Journal 10, 506 ff. (1978)

28. KNEIFEL W.: Zum lagerungsbedingten Abbau einiger wasserlöslicher Vitamine in Haltbarmilch. Österr. Milchwirtschaft 41/23, Beilage 10, 79 - 87 (1986)

29. EMPA UND FORSCHUNGSINSTITUT FÜR HANDEL: Analyse Joghurt-Verpakkung. Wirtschaftliche, technische und ökologische Bewertung. Im Eigenverlag, St. Gallen (1979)

30. MIGROS. Die Joghurt-Verpackung im Vergleichstest. Im Eigenverlag (1985)

31. BOJKOW E.: Derzeitiger Stand der Verwendung von Glasflaschen in der BRD und in der Schweiz für die Distribution flüssiger Milchprodukte. Österr. Milchwirtschaft 39/1, 1 - 3 (1984)

32. BOJKOW E.: Polystyrol- oder Polypropylenbecher ? Vergleich der funktionellen Eigenschaften für Frischprodukte des Molkereibereiches. nv 9, 1302 - 1315 (1981)

33. VERPACKUNGSLABOR FÜR LEBENSMITTEL UND GETRÄNKE: Auswirkungen einer CO_2/N_2-Schutzbegasung des Kopfraumes von Polystyrol-Bechern mit Kaffeejoghurt auf die Qualität und Haltbarkeit des Bechers. Interner Bericht SK 1661 (1987)

34. VERPACKUNGSLABOR FÜR LEBENSMITTEL UND GETRÄNKE: Qualitätsvergleich - Kunststoffbecher für flüssige Milchprodukte. dmz 103/19, 604 - 612 (1982)

35. FRANKE M. u. THOMÉ-KOZMIENSKY K.: Umweltrelevanz der Verpackung - Stand, Erkenntnisse, Tendenzen. In Thomé-Kozmiensky K. u. Franke M.: Verpackung und Umwelt, S 236 ff. EF - Verlag für Energie- und Umwelttechnik, Berlin (1987)

36. THOMÉ-KOZMIENSKY K. u. GOTTWALD E.: Umweltauswirkungen durch Verpackungssysteme für Fruchtsaftgetränke. Techn. Universität, Berlin 1985 (Nicht veröffentlicht)

37. SPRENG T.: Energieaufwand und Recycling von Aluminiumverpackungen. Verpackung und Umwelt, Ressourcen und Recycling. Technik, Wirtschaft, Umweltschutz Bd. 4, S 305 - 323. EF - Verlag für Energie und Umwelttechnik, Berlin (1983)

38. BRUYNSEELS-PAIRON G.: One-Way and Returnable Containers for Beverages. In Butlin J. u. Lidgren K.: Container Costs, S 85 ff. Van Nostrand Reinhold (UK) Co. Ltd., Berkshire (1983)

39. BOUSTEAD I.: Comparing the Energy Requirements of Beverage Container Systems. In Bridgwater A. u. Lidgren K.: Energy in Packaging and Waste, S 61 ff. Van Nostrand Reinhold (UK) Co. Ltd., Berkshire (1983)

40. BOUSTEAD I. u. HANCOCK G.: Energiebilanz und Recycling bei Glas- und PET-Getränkebehälter-Systemen. In K. Thomé-Kozmiensky: Recycling International, S 829 ff. EF - Verlag für Energie- und Umwelttechnik, Berlin (1984)

41. MÜLLER H.: Die PET-Pfandflasche - Ein neues System der verbrauchergerechten Verpackung auf dem deutschen Erfrischungsgetränkemarkt. In Thomé-Kozmiensky K. u. Franke M.: Verpackung und Umwelt, S 477 ff EF - Verlag für Energie- und Umwelttechnik, Berlin (1987)

42. SUNDSTRÖM G.: Getränkeverpackungen und die Energie. Untersuchungen über den Energiebedarf für vier verschiedene schwedische Bierverpackungen, von der Rohware bis zur Müllbeseitigung. Im Eigenverlag, Malmö (1974)

43. GOTTWALD E.: Vergleichende Untersuchung über die Umweltauswirkungen durch Verpackungssysteme für Bier und CO_2-freie Erfrischungsgetränke. Dissertation, Techn. Universität, Berlin (1986)

44. STEGER U. u. FEESS-DÖRR E.: Strategien zur Stabilisierung und Ausweitung der Mehrwegsysteme in der Getränkedistribution. Institut für Ökologie und Unternehmensführung. Im Eigenverlag, Oestrich-Winkel (1988)

45. BUCHNER N., SCHLOTTER H. u. WATTENDORF H: Untersuchungen zur Haltbarkeit von Qualitätswein in heißgesiegelten Kombidosen. nv 41/9, 26 - 38 (1988)

46. LUNDHOLM P. u. SUNDSTRÖM G.: Ressourcen und Umweltbeeinflussung. Tetrabrik Aseptic Kartonpackungen sowie Pfandflaschen und Einwegflaschen aus Glas. G. Sundström A.B. Im Eigenverlag, Malmö (1985)

47. SCHRICKER N. u. MÖLLER F.: Umweltverträglichkeit von Verpackungen. dmz 109/37, 1142 (1988)

48. KREFT H.: Neues Abfallgesetz. dmz 199/37, 1147 - 1148 (1988)

49. VOGEL G.: Beiträge zur Lösung verpackungsorientierter Abfallprobleme im Bereich der Getränkeindustrie. WU-Schriftenreihe Umweltschutz und Ressourcenökonomie Bd. 14. Ges. zur Förderung von Umweltschutz und Ressourcenökonomie. Im Eigenverlag, Wien (1988)

50. SVI-INFORMATIONSBLATT: Verpackung in der Gesamtsicht: Die optimale Verpackung. EMPA, St. Gallen (1984)

51. STRECKER A.: Die Zukunft der Kunststoffverpackung nach Erlaß der VO über die Rücknahme und Bepfandung von Kunststoffgetränkeverpackungen. Verpackungs-Rundschau 12, 1331 - 1332 (1988)

52. EIGEN M. u. WINKLER R.: Das Spiel. Naturgesetze steuern den Zufall. 3. Auflage. R. Piper & Co. Verlag, München (1979)

53. MEADOWS D. u. MEADOWS D. : Das Globale Gleichgewicht. Modellstudien zur Wachstumskrise. dva "Öffentliche Wissenschaft". Deutsche Verlags-Anstalt, Stuttgart (1974)

Sachverzeichnis

Kursiv gesetzte Seitenzahlen weisen auf eine ausführliche Behandlung des betreffenden Sachbegriffes hin.

GPSR Compliance

The European Union's (EU) General Product Safety Regulation (GPSR) is a set of rules that requires consumer products to be safe and our obligations to ensure this.

If you have any concerns about our products, you can contact us on ProductSafety@springernature.com

In case Publisher is established outside the EU, the EU authorized representative is:

Springer Nature Customer Service Center GmbH
Europaplatz 3
69115 Heidelberg, Germany

Batch number: 10584556

Printed by Printforce, the Netherlands